Philosopher's Stone Series

哲人石丛书

立足当代科学前沿

彰显当代科技名家

绍介当代科学思潮

激扬科技创新精神

策　划

哲人石科学人文出版中心

当代科技名家传记系列

Waters of the World

The Story of the Scientists Who Unravelled the Mysteries of our Seas, Glaciers, and Atmosphere—and Made the Planet Whole

---

世界之水

跟随气候科学家认识冰川、云雾与洋流

[英] 莎拉·德里（Sarah Dry） 著
袁 元 译

对本书的评价

◇

《世界之水》是一本关于200年来全球性气候系统研究历程的著作。它在一个合适的时机问世，是我这么长时间以来读过的科学书籍中最优美的一本。对于创作这样一本书来说，能够清晰地传达这个复杂且重要的主题很关键，而使其文字充满诱惑力、诗意和魅力也很关键。在读完这本书后，我不禁想读约翰·丁铎尔关于冰的著作、想去阿尔卑斯山听冰川如史诗般的轰鸣声、想去特内里费岛看云卷云舒，还想去苏格兰把欧洲萝卜放在湖里看它在水面沉浮。这本书描绘了现代科学中最重要但最不受关注的历史，使许多帮助我们了解地球运作方式的先驱者走到台前，这是一项卓越的成就。

——菲利普·鲍尔(Philip Ball)，
《我们为什么听音乐》(*The Music Instinct*)，
《量子力学，怪也不怪》(*Beyond Weird*)的作者

◇

《世界之水》既抒情又风趣。作者莎拉·德里在讲故事方面极具天赋，她对地球系统科学的研究背景进行了深入挖掘，讲述了许多关于冒险、反抗和发现的经典传奇。这是一本独一无二的重要佳作。

——黛博拉·科恩(Deborah Coen)，
耶鲁大学科学史教授，
《帝国、气象、科学家》(*Climate in Motion*)的作者

◇

在这本巧妙的历史著作中，作者精彩地讲述了自19世纪中叶以来，气候科学层出不穷的发现是怎样与气候科学历史中6位重要人物的职业生涯产生联系的。这

本书有很多值得学习的地方，它呈现了气候科学最坚实知识的根源，并且展现了在其完整的历史背景和文化背景下最佳的理解方式。

——西蒙·谢弗(Simon Schaffer)，

剑桥大学科学史教授，

《利维坦与空气泵》(*Leviathan and the Air-Pump*)的作者

◇

这本书可以被当成历史书，甚至是个人传记、科学教材、哲学书。莎拉·德里在书中将气候科学随时间推移而发展的过程，以科学家个人的视角呈现了出来。她描述了科学家们在推动气候科学发展过程中的曲折经历、情感波澜、理论困惑和观测困难，以及在探索之路上所体验到的纯粹快乐。

——卡尔·温施(Carl Wunsch)，

麻省理工学院物理海洋学荣休教授

内容提要

从阿尔卑斯山白雪皑皑的冰川，到加勒比海上空翻滚的积雨云，再到北大西洋变幻莫测的洋流，本书带领我们穿越150年的历史，聚焦一个至关重要却鲜为人知的理念：地球拥有一套由各部分相互关联而成的全球气候系统，其状态每时每刻都在各个时空尺度上发生动态变化。这一理念构成了发现全球变暖与气候变化的基石，而该理念的孕育者，正是那些专注于大气、海洋和冰川研究的科学家们。本书，就是关于丁铎尔、斯托梅尔、丹斯加德等人的传奇篇章。

作者莎拉·德里巧妙地将地球的沧桑巨变与气候科学开拓者们的人生轨迹交织在一起，引领我们追随这些卓越科学家的脚步：他们勇攀火山之巅，透过重重水汽观测大气；他们从厚达千米的冰盖钻取冰芯，抽丝剥茧般揭示地球气候历史的尘封过往；他们胆识过人，奋不顾身穿越飓风和云层，探寻微小能量波动如何掀起狂风暴雨，驱动大气环流。每一位科学家都在地球气候科学的不同角落辛勤耕耘，他们各自的点滴发现汇聚成川，展现出一幅描绘地球气候运行机制的完整画卷。

作者简介

莎拉·德里(Sarah Dry),英国科学史家,著有《居里夫人传》(*Marie Curie*)和《牛顿手稿漂流史》(*The Newton Papers*)等。她在美国费城出生长大,本科毕业于哈佛大学,后移居伦敦,获得剑桥大学科学史博士学位。目前在剑桥大学从事气候科学史研究。

深切怀念雪莉·德里(Shirley Dry,1918—2014)女士,

并献给罗伯(Rob)和雅各布(Jacob)。

CONTENTS 目录

目 录

第一章

引　言

历史是残酷的。如今约翰·丁铎尔(John Tyndall)默默无闻地安眠于安静的萨里公墓中,他的书鲜有人问津。但在他有生之年,他是广为人知且备受争议的科学家,他认为只有分子运动才能解释从人类意识到宇宙起源这样最深层的奥秘。他是一位天生的讲述者,其讲座座无虚席,书籍畅销不衰——他能把物理写得如游记小说一般引人入胜。他曾与托马斯·卡莱尔(Thomas Carlyle)和阿尔弗雷德·丁尼生(Alfred Tennyson)勋爵等名流共进晚餐。

虽然曾享有如此盛名,可是这位热情洋溢、激励着维多利亚时代科学发展的人如今已几乎被人们遗忘——但也没有被彻底遗忘。事实上,经过了几近无名的一个多世纪,最近十年间丁铎尔开始重新具有影响力。由于他在19世纪50年代末到60年代初在实验室中完成的关于水蒸气吸收热量的研究(今天我们称之为温室效应),丁铎尔被誉为“现代气候科学之父”。随着他影响力的扩大,开始有一些文章描述他的发现,英国东安格利亚大学的一个气候变化研究中心也以他的名字命名,一项旨在编订他的大量来往信件的重要的学术项目也正在开展,而65年来他的第一本传记也刚刚出版。[1]

丁铎尔最近因被奉为现代气候科学的奠基人而重获关注,而有点矛盾的是,这门学科本身是如此新颖。仅60多年前,气候还被认为是不随时间推移而变化的。当时气候学主要是一门地理科学，人们认为不同的地方有不同的气候，气候学家研究的是某些地区的气候与众不同的原因，而不是这些气候是如何变化的。他们用描述性和分类的方法，而非物理或数学的方法来研究气候。气候科学在第二次世界大战后才成为一门关注变化而非连续性的科学（并且通过改名与旧的“气候学”区别开），是几个不同学科融合的产物。《气候变化》（*Climatic Change*）杂志社成立于1977年，杂志的第一版投稿须知明确表示这是一门跨学科的科学，鼓励来自气象学、人类学、医学、农业科学、经济学和生态学领域的投稿。但实际上，这门新的跨学科科学是以地球物理学为中心的，包括海洋学、大气物理学、冰川学以及气象学。此外，还有新兴的计算机科学为其提供重要的技术支持。[2]在这种跨学科的概念出现之前，气候变化是一个矛盾的词。

现代气候科学向我们提出了一个挑战：如何叙述这门新兴的、主动跨越学科界限的科学的历史？丁铎尔因作为“全球变暖之父”而重新走进大众视野，该领域的其他先驱如斯万特·阿伦尼乌斯（Svante Arrhenius）、盖伊·卡伦德（Guy Callendar）和查尔斯·基林（Charles Keeling）也备受关注，这让部分气候科学家越来越意识到：相关的历史故事可以让这门学科更加通俗易懂。之前对气候科学历史的讲述只强调成功而忽略失败，重要的发现就像一个个“里程碑”似的在历史中依次出现，如同前往已知目的地的旅途中一定会遇到的指示路牌一样。科学观点在脱离了政治、经济或民族主义的干扰后往往会孕育出新的科学观点。科学家们讲述的历史的确缤纷多彩，但考虑到气候科学的跨学科起源，人们更感兴趣的其实是最具代表意义的历史时刻，特别是展现这门学科从过去到现在如何演变的各种发现。丁铎尔重获盛名是气候科学家的一次大胆尝试，他们想要借此叙述一门复杂科学的非凡历史。

虽然科学家们希望将气候科学的发展历史简洁明了地讲述出来，

但这很容易误导我们。其实从各种意义上来说,丁铎尔并不是全球变暖理论的奠基人。他虽然帮助证实了水蒸气和二氧化碳具有吸收地球表面辐射热量的特殊能力,但他从未考虑过人类可能会在区域甚至行星尺度上影响气候,比如他并未考虑人类燃烧煤炭时释放到大气中的二氧化碳。当时的科学家开始研究人类活动对气候的影响也并不是受他的启发。此外,从严格意义上来说,丁铎尔也并非第一个发表气候变化相关论文的人。早在他之前三年,美国的一位女性科学家尤妮斯·富特(Eunice Foote)就已经发表了相关研究。如果将气候科学的发展历史简化为一个个"里程碑",就会忽略其发展过程中更深层次的复杂性。有时,这种讲述会过分强调某个人物的影响力,而更多的时候,与当前科学观点不相符的人和看法则会被略去不提。因此,这样的历史表述会导致我们对过去乃至现在的理解变得单薄。

丁铎尔确实为我们现今对地球的认知奠定了基础,他值得被大众重新记住并在科学史上留名,但他的影响力来源并不只是"发现"了温室效应这么简单,而是更复杂、更具有争议性的。丁铎尔的成就是改变了温室效应对地球研究的意义。他怀着对科学的一腔热血,不顾个人安危,排除一切干扰,专注于解决问题。

他身体力行地开创了观察和认知(这两者总是相辅相成的)大自然奥秘的新角度:连续性。对丁铎尔来说,没有什么物质比水更能展示这种连续性,他带着几近病态的狂热对水的各种表现进行了研究。他在自己的畅销书《水的形态》(*The Forms of Water*)的开头写道:"自然界中的每一个事件都能找到早先事件作为因,也能找到后续事件成为果。人类不满足于只是观察和研究一个个自然现象,还热衷于找出每个自然现象的因果。"丁铎尔在书中邀请读者与他一起追溯一条河流的源头,循着它的众多支流一路追溯到落雨的大气层。如丁铎尔所述,要产生这场雨,水蒸气必须通过热作用从海洋蒸发到大气中,这让他领悟到了地球上所有运动的最终来源。"在自然界中是否存在一个热源,能让海洋中的水蒸发到大气中形成云?"丁铎尔自问自答道,"以河流为终点,追本溯源,沿着这一系列因果我们最终会发现它的源头是太阳。"[3]

太阳的热量使水的研究具有了更深层的意义。太阳的能量不断地改变着水的形态,而水又关系着地表的能量流动。丁铎尔坚持研究连续性,用他那维多利亚时代跨学科的研究思想成功揭示了水的本质。这一研究思想不仅跨越了时间和空间,还把在19世纪时已逐渐分离的艺术领域和科学领域联系在了一起。同样地,他提供了一个窗口,让我们得以了解研究地球的意义,以及在把气候当成一门科学之前人们是怎么看待它的,毕竟没人曾想象我们甚至能影响全球性气候。丁铎尔就如同了解气候科学历史的另一扇大门。他对水的研究所倾注的热情是他继续研究自然连续性的基石,而这激发了我创作本书的灵感。我希望这本书可以在展示自然的奇迹的同时,介绍一种属于人类的奇迹。

在本书中,水不再与能量的流动相关,而是作为一种串联各时代人类——从丁铎尔和他的同时代学者,到20世纪构建地球科学框架的科学家——活动和思想的媒介。这样做不仅可以使科学变得更加生动有趣,也有助于解决上文提出的挑战——如何讲述这一跨学科的科学的历史。气候科学显然具有超越科学本身范畴的影响,所以之前的人们是如何逐渐认识地球的,这不仅仅是气候科学家应该关心的,也是我们所有人都应该关心的。先辈科学家们的生活和工作可以给我们提供启示——如何找到理解这个世界的角度和方法。

目前整个世界范围内都在研究我们的地球是如何运作的、我们已经对它产生了什么影响而又将继续产生什么影响,我们用来研究的工具如今被称为气候科学。本书旨在通过讲述水科学领域中几个关键人物的故事,来阐释过去150年间人类对地球的认知历史,我希望以此揭示现在和过去之间认知的承接和跳跃。我们作为先辈科学家们的接班人，比他们知道得既更多又更少。

现在我们很容易看到人类是如何在地球上最偏远的地方留下痕迹的：堆成山的塑料在大洋中漂浮；垃圾遍布遥远的阿拉斯加海岸；大气中的二氧化碳含量也在无形中升高。大气、尘暴以及火山爆发，这些过去的事件都可以在冰盖压缩的冰层中找到漫长时间的记录。丹麦研究冰芯的科学家威利·丹斯加德（Willi Dansgaard）形象地称冰盖为“终极冰封编年史”。这些冰封档案只是我们研究过去事件所需要的记录之一，湖泊和海洋中的沉积物、地下钟乳石以及树木年轮也保存了地球的历史和人类在其中的作为。它们讲述了人类存在之前地球的历史，以及后来人类对地球日益增加的影响。

这些记录非常重要，它们可以向我们展示过去的许多重要信息。此外，由于这些观测记录可以用来校验我们的气候模型，因此它们也能帮助我们尽可能地预测未来。虽然这些实实在在的记录很重要，但在全方位了解气候的迫切需求面前，其他的记录也同样重要——虽然它们中的大多数是未被重视和充分利用的。它们并非过去气候的物理留痕，而是人们过去对气候的认知中充满想象力的痕迹。我们的想象力塑造了我们对地球的认知，而我们的科学想象力则以决定性的方式塑造了我们的认知。在西蒙·沙玛（Simon Schama）的《风景与记忆》（*Landscape and Memory*）一书中，他写道：“即使我们认为一些风景与人类的文化无关，但仔细观察后也可能发现它们其实就是人类文化的产物。”[4] 我们之所以能够理解这个观点，是因为随着时间的推移，我们对待风景的态度也会发生变化。曾被认为可怕的山峰，现在却被视为最美丽的景色之一；早期美洲殖民者曾把当地的景色看作空旷而凄凉的荒野，无论是从物质上还是精神上来说都是一片虚无，而今天我们则可能称赞这样的风景宏伟壮丽且充满生机。每个人对周围风景的反应都会不自觉地受到文化习惯的影响。各人有各人的偏好,有人喜欢海岸,有人喜欢山谷,还有人喜欢城市景观或农田,但这些个人差异其实还是基于同一个文化背景,而这种文化背景只会随着时间推移缓慢地变化(尽管在不同文化之间可能会有很大的差异)。

我想对沙玛的简洁表述进行补充:那些看起来与我们文化无关的风景,其实正是受到了我们文化的影响。西方世界对于人迹罕至的自然环境的认知,是充满想象力的,比如上至大气层顶,下至大洋深处,以及两英里*厚的冰盖的冰心。科学文化同其他任何文化一样,其运作的过程就是对研究对象的认知根基进行打破和重构的过程。我们可以从积极的视角看待这一结果,即在看似混乱之处梳理出秩序。科学与自然的交界可能并不分明。换句话说,我们看到的是我们想看到的。更激进一点说,在观察的过程中,我们也会改变被观察的事物。人类对冰川的影响其实很小,但人类对冰川运动的研究、那种求解冰川移速的热情,往往会掩盖和抹去其他认识冰川的方式——冰川可以是美丽的,可以是恐怖的,可以作为当地人通行的道路,也可以让人关注其难以预测的崩塌(通常以碎裂、雪崩和决堤的形式),甚至可以只是毫无意义的存在。关于冰川的真相到底是存在于物理研究中还是情感体验中?丁铎尔及其同时代学者做的很多研究——比如研究冰川移速——似乎暗示着物理研究得出的真相更真实。在用纯粹物理语言描述冰川方面,丁铎尔扮演了重要的角色,但讽刺的是,他本人却极为热衷于提倡从对冰川的情感体验中认识冰川。

对于以上提出的充满想象力的假设,我们可以通过很多种途径来揭示它:历史学家对于文化的理解依赖于多种多样的文字记录;在文学作品中可以清晰地找到对这些文化主题的反映、呼应和阐述;在绘画、

---

* 1英里约为1.6千米。——译者

摄影和戏剧中也是如此。艺术作品既反映了它所诞生的文化背景，同时又加强了这种文化背景的影响力。科学著作也能很好地体现人们对自然世界感受的转变。直到19世纪末，大多数科学家所写的书都是面向所有水平的读者的。如今重读这些书，我们可以了解当时的公众认知，如果再对这些书做更深入研究的话，我们甚至可以了解谁读过这些书，以及他们对这些书的看法。

如今，大多数科学家不再为普通公众写作。他们不再在大众杂志上写文章，而是开始在昂贵的、难以阅读到的学术杂志上为他们的学科同行发表学术文章。科学家们曾经会用大量篇幅详细描述获得新见解的过程，例如研究冰川运动的考察，或前往南美洲的航行，但在现代学术文章中这种故事已经几乎不可见，只能缩减为方法论部分中的简洁术语。这只是在公众领域发生的情况。在私下里，如会议上、电子邮件中甚至一杯茶和一瓶啤酒里，野外的苦难和成就的故事仍在流传。人们对分享经验、吹嘘自夸和提醒警示的热情短时间内还不会消失，但不同的是，普通公众很难窥知一二。

为了弥补公众对科学经验知之甚少的遗憾，本书接下来将讲述科学家的科研故事。这些故事不是编造出来的，也不是对地球的纯粹想象或臆测。这些故事展示了观察、测量、计算和表达方面来之不易的技术，以及在结合学科背景、人员培训和社会传统的基础上对仪器的精心制造和巧妙部署。

将零散的事实、理论、观察和实验转化为可以被称为整体认知的过程，是所有科学都需要的技巧之一，即将某些理解的碎片——如一个关键的实验、一组构成数学抽象基础的测量结果——作为依据来证明对自然界各种现象的见解。对于地球的研究来说，这一点尤为重要，因为地球对我们的特殊性不言而喻，我们已经把它看成是一个整体。本书的一项任务就是展示这种对地球不言而喻的认知其实是个来之不易的结果，是许许多多的科学家在不同时间、不同地点努力工作的成果。

以大量的见解来构建整体认知很重要，但记住有多少见解被忽略了也同样重要。尽管我们都在这个星球上生活，但这并不意味着每个人的发声都同等响亮，能被他人听到。这在政治领域是显而易见的，但在讲述科学史时就不那么明显了，因为构建整体认知的过程往往被认为是科学发展中理所当然的进步，所以几乎在讲述所有科学史时人们都会歌颂这种进步。从根本上说，科学是一种人类付出努力后获得的进步。在某些方面的确如此，但对其他方面来说，科学同时也是一个省略、删减和排除的过程。

重要的观念往往是潜移默化的，其在我们的思想中根深蒂固，甚至我们无法想象从其他的角度看世界，我们只会认为自己看到的就是事物本身，比如我们认为地球是一个由相互关联的部分组成的整体，这种基础的观点连那些质疑人类对气候影响的人也认同。全球性气候的概念很少有争议（虽然当你开始思考这个问题时，很难说清楚气候是什么，或者说它存在于哪里），争论的焦点反而是全球温度是在上升还是在下降，或者当温度上升变得越来越无法反驳时，未来的气候又会变成什么样。气候系统的概念，以及在全球尺度上相互关联并发挥功能的一系列自然特性，已经显而易见。

这个"显而易见"的事实从何而来？许多人认为是1972年美国国家航空航天局（NASA）阿波罗17号任务中所拍摄的著名的"蓝色弹珠"（Blue Marble）照片，这张照片让我们第一次看到了地球的整体面貌，就像是一种启示，在那一瞬间人们终于从中领悟到地球上所有事物都是脆弱的、独特的而又相互关联的。耀眼夺目的地球在荒芜的月球表面升起，这一具有冲击力的画面确实大大推进了当时正在兴起的环保运动。但其实我们早就以这种方式看待地球了——太空竞赛其实就是把地球看作整体的结果，而不是它的起因。早在“斯普特尼克”（Sputnik）卫星和阿波罗任务之前，科学家们就已经通过无数对地球物理复杂性的研究，构建了地球是一个互相连接的整体的观点。[5]

为了了解对于气候科学我们知道什么又不知道什么，掌握当今这门学科的知识广度至关重要。人们倾向于以预测能力来评判气候科学，公民和国家在面对未知的未来时所做出的决策深深受到这种倾向的影响。气候科学能够并且应该对未来进行预测，这种观点表明了旧时的“模范”科学——天文学——的阴影如今仍然笼罩着我们。然而，在通常被称为气候科学的领域中，有许多不同的知识产生方法，这些方法有时被称为子学科。对于整体的气候知识而言，这些子学科包括地质学、气候学、气象学、大气物理学、冰川学和计算机科学。为了理解我们对地球的认知是如何以地球是一个整体为基础的，我们需要了解这些学科在更大的科学体系内是如何相互关联的。我们对地球认知的历史必然是这些学科（以及所有与之相关的实践、教育、仪器、技术和社会结构）产生知识的历史。换句话说，想要创造对气候的整体认知，必须形成一个统一的气候**学科**，找出以前各种碎片化知识之间的联系，并将它们整合起来。

要了解气候科学的本质（我们已经从广义上理解了），需要回溯它形成的具体细节，这意味着要涉及地点和人物。我之前写了两本传记[一本关于玛丽·居里（Marie Curie），另一本关于艾萨克·牛顿（Isaac Newton）的手稿]，写传记就好像是我的本能，这也是我在本书中所做的事。人，才是这本书真正的主题，而非水。这些人是科学家，他们中最年长的出生于1819年，最年轻的出生于1923年。我用他们的眼睛观察地球，作为同伴和他们一起穿越回过去，同时调查、讲解和赞美这一趟旅程。这场关于水的调查立足于一群杰出思想家的个人经历中，是非常脚踏实地的。

这场调查的起点是19世纪50年代，开始于人类首次尝试在全球尺度同时观测气候和天气的变化，这也是现代天气预报和气候科学的开端。本书中我还回顾了关于大气对调节气候的重要作用的开创性研究，当时没人会想到人类能影响整个地球的温度。然而，那也是热力学这门新科学似乎要揭开地球乃至整个宇宙奥秘的时期。新的方程式可以从统计学的角度解释分子运动，这些方程能否解释冰川、云和水蒸气等真实世界中的分子运动，还有待观察。

在19世纪50年代，科学家们希望能解释冰川运动，进而解释过去和未来地球的气候，但是当时的他们遇到了最大的挑战。尽管如今冰期的存在是一个公认的事实，但曾经这是一个好像真实却又无法解释的全球尺度的极端难题。丁铎尔在阿尔卑斯山冰川那冷酷而又壮烈的美丽中尝试解决关于时间、运动和衰减的深层难题，回到伦敦后他继续埋头于地下实验室中寻找答案。最终他发现了热量是如何作用于冰和水蒸气的，这体现了他是如此沉醉于对能量和耗散的研究，沉醉于对地球过去和未来的探索。

1856年，苏格兰天文学家和科学旅行家查尔斯·皮亚齐·史密斯(Charles Piazzi Smyth)，正在加那利群岛之一的特内里费岛上一座高耸的火山山顶进行天文学研究，他首次在研究中尝试减少或排除水蒸气的存在。后来他想用一种强大且高度便携的新型仪器来研究水蒸气，以进行更安全、更可靠、更易成功的天气预报。但是他的努力未能成功，并因捍卫“英制单位是神通过埃及金字塔赋予人类的神圣单位”这一观点而名誉扫地。最终，他被科学界除名，转而在宗教和科学的奇特融合中寻求安慰，还曾尝试独自编排一部摄影云图集。晚年的他孤独且充满怨恨，但仍然是一个虔诚的科学信徒。

丁铎尔和皮亚齐·史密斯都曾致力于为科学预测做贡献，以准确解释在冰川的移动、水蒸气的运动、云的形成和雨水的降落过程中水的行为。尽管他们都试图冷静客观地描绘这个世界，但他们同时也享受着在做研究时所体会到的神秘感和惊奇感。这两位科学家体验到了对于这两种矛盾立场的强烈情感冲突。他们的故事反映出维多利亚时代的这一代人所经历的煎熬，这些人试图在混乱的情感体验之中，梳理出隐藏的地球环境的科学真相，但同时他们也不想在科学进步的同时完全放弃所损失的情感体验。获得的知识能足够补偿所丧失的神秘感吗？从各种角度来说，丁铎尔和皮亚齐·史密斯是最后一代从公众的角度考虑这种纠结的科学家。他们在书籍中邀请普通读者感受壮丽景象——如云的各色形态和雄伟的冰川——带给自己的恐惧、惊奇和敬畏，然后他们试图将这些景象转化为数字、方程和理论，以便解释和预测之前仅凭语言所无法描述的详尽细节。

吉尔伯特·沃克(Gilbert Walker)是一位天赋异禀的英国数学家，他的故事反映了19世纪和20世纪之间的一种转变：19世纪时，像丁铎尔和皮亚齐·史密斯之类的个人仍然可以通过书籍向公众传递科学观点，可是到了20世纪，干巴巴的科学论文则取代了他们那些跌宕起伏的游记类叙述。当沃克担任印度气象台的台长时，许多人认为揭开季风降水秘密的关键在于太阳黑子的周期，而数百万人依赖着(现在也仍然依赖着)季风降水来养活庄稼。借助从国家网络收集的天气数据，以及英国政府雇用的当地计算员的辛勤工作，沃克进行了统计调查并据此得出了一个惊人的发现，并否定了太阳的影响，摧毁了太阳黑子理论拥护者的最后希望。他的计算表明，印度的季风与世界各地的气压和温度之间存在着某种联系(实际上是一种远程联系)，沃克将这种相互联系的气象现象命名为“世界天气”，更具体一点，他把影响印度的现象称为南方涛动。丁铎尔致力于证明物理现象之间的联系，而沃克则不同，他的科学见解纯粹是统计学上的。他无法解释为什么西太平洋的气压会影响印度洋的降水，他只能说它确实如此。(事实上，又过了40年，驱动南方涛动的物理联系才得以阐述。)

在二战时期,出于对空气和水文资料的迫切需求,在大量资金的推动下,物理海洋学和气象学迎来了一个黄金时代,并持续至冷战之后的几十年间。这是个建立在非常简单的大尺度模型及图片基础上的大图景时代,特点是新型国际合作和来源于现实政治的压力。1948年,亨利·斯托梅尔(Henry Stommel)还是个年轻人,他发表了一篇论文,解释了为什么世界上每个大洋都存在快速流动的西边界流。他的创造性思维引领了新一代的海洋学家,他们表明海洋的运动方式比前人想象的要复杂和活跃得多,并且存在于多种时间尺度和空间尺度上。斯托梅尔的工作开创了一个新的海洋时代:认为海洋的特点是变化而非稳定的,以及进行海洋实验需要大规模长时间的合作。但后者是斯托梅尔本人极为反感的。与此同时,乔安妮·辛普森(Joanne Simpson)研究了相对较小尺度的云动力是如何在行星尺度上驱动大气和海洋环流的。她还寻求新的科研方式,比如与政府机构合作、利用装备了观测仪器的飞机在云层甚至在飓风中进行播云催化实验。开展这项关于人工影响天气和气候的工作时,美国正对来自苏联的可能的攻击威胁感到焦虑。这些关于水的故事表明,一个相互关联的地球既可能是战争的预兆,也可能是实现和平的愿景。

在这场全球性的科学棋局中,有些科学家既是棋子又是棋手。丹麦物理学家和气象学家威利·丹斯加德遵循自己的直觉,发现他可以利用新质谱仪按重量分类水分子。但是为了将自己的理论完善,他必须说服那些有权有势的国内及国际的科学机构(有时还有军事机构)为其提供他绝无可能负担得起的技术。研究冰芯和旧时温度(或"古温度测量")的历史,是冷战背景下一个关于个人聪明才智、坚忍不拔的意志和外交手腕的故事。丹斯加德的工作改变了我们对过去气候的理解,并为我们如今对全球性气候变化的认知奠定了基础。但是,正如我所说的，让地球的某个部分——比如说格陵兰岛北部的冰盖——完完全全地代表整个地球，这种假设是不准确的，尤其是对重要的细节来说。被古代冰所启发的全球变化的**观点**，比冰芯中记录的数据更重要。

这些科学家们取得的胜利中都伴随着失去。这种失去通常是个人层面的，比如某位科学家无法维持人际关系，又如另一位科学家遭受了严重的精神崩溃，但这种失去确有其存在的意义。这些科学家创造的全球性认知往往产生于对地球上不断变化的状态的研究，新知识同时也会激发新的问题——我们知道了什么？我们怎么知道的？我们应如何看待所知道的？在追求科学和落实发现的过程中，神秘感、无知感和惊奇感仍然同以往一样重要，尽管我们已经不再像维多利亚时代的人们那样愿意承认这个事实。本书关注的是在科学发现中情绪、敬畏和渴望的作用，因此它既是一部科学史，也是一部情感史。

虽然我们今天操心的是人类对气候变化的影响，但以前的几代人却有着不同的担忧。以我们现在意识到全球变暖的角度，这些早期的调查者似乎总是犯错，他们净在担心一些无关紧要的事，错过眼前显而易见的事物。但回顾过去不是为了重新学一遍我们如今已经获得的知识，相反，我重温这些过去科学家的忘我奉献，是为了更好地理解是什么在激励着他们。这包括很多担忧与焦虑：丁铎尔忧虑于热力学第二定律所暗示的可能；20世纪50年代到60年代，核武器试验释放放射性元素污染了整个水循环，影响人类可能长达千年；20世纪70年代，人们在对全球降温和全球变暖的焦虑中反复摇摆。对海洋环流和大气环流的研究，所用的工具从相对简单的模型转变到混沌模型，这一点易被忽视但也许是更为基本的动机。这种连确定性的可能都丧失的情况，使气候变化危机进一步笼上了政治博弈的阴影。如果科学不能给我们带来确定性，那么什么可以？我们是否需要发明新的知识形式和新的方法来了解地球是什么？或者我们是否需要放弃对确定性的执着，接受一个不断变化着的地球?

丁铎尔在《云与河、冰与冰川中的水的形态》(*The Forms of Water in Clouds and Rivers, Ice and Glaciers*)一书中,向读者(对他来说,读者就是听众,文字就像冻结在书页上的故事)讲述了他探索多年并热爱着的世界——这是一个富含能量、满载运动的水世界,尽管其中生命寥落却让人感觉它充满活力。旗云在空中伸了个懒腰,冰川由于裂隙而低下了头,晶莹剔透的湖面冰"嘎吱"一声破裂。丁铎尔徜徉其中,想象一个听众在侧,他承认,这位听众对他来说越来越栩栩如生,以至于旅程结束时自己已真正喜欢上了这个虚拟的听众。丁铎尔就是这样一个人,他不由自主地赋予事物以生命,不论是想象中的听众还是冰封的风景。

你手中的这本书和丁铎尔的书一样,通过水的故事让地球上最荒凉死寂的地方鲜活起来,比如大洋的最深处、格陵兰岛和南极洲的巨大冰盖、弥漫在大气层最远处的水蒸气等。虽然丁铎尔的想象之旅旨在与读者分享自然世界的奇妙,但我想分享的是科学史上的奇迹。随着时间的推移,我们关于水的故事发生了怎样的变化?这些变化说明我们对今天的地球有怎样的认知(以及我们认为自己有怎样的认知)?它们又如何帮助我们为一个必然不确定的未来做好准备?

第二章

热　冰

我们可以从任何地方开始讲述。正如丁铎尔所明确表示的那样，所有事物都是相互关联的。从他生命中的某个部分抽出一条线，可以勾勒出他整个人生的经纬。所以就让我们从他最喜欢的地方开始：阿尔卑斯山脉的腹地。那是1859年12月，39岁的丁铎尔正往山上走。他步履轻松，有节奏地一步接一步向前迈进。他身材瘦长而结实，不喜欢在行进中进食。他的朋友称他为"山羊"。天空是明亮的蓝色，比伦敦的天空更深邃、更清澈。山峰连绵陡峭，荒无人烟。冰川保持着它最原始的形态未被破坏，冬雪覆盖着夏天冰川融化时留下的坑洼和沟壑。云彩千变万化，令丁铎尔无法用言语形容。

他随身携带的东西很少：一本笔记本，一壶茶，一块塞在他后口袋里的硬饼干。他拄着一根手杖，上面歪歪扭扭地刻着他的名字，那是他的朋友约瑟夫·胡克(Joseph Hooker)用放大镜聚焦太阳光烧出来的。他穿着一双上好的靴子，脖子上系着一条围巾御寒。他不情愿地雇用了两名向导和四名搬运工随行。[1]虽然他确实需要人手帮自己运送沉重的仪器，但是他更喜欢独自旅行。这座山对他来说是一种慰藉，越孤独、越危险他就越兴奋。在山坡上，离着半步之遥的地方，他一不小心就可能因为一块松动的石头而滑入深渊。其他危险也同样存在，例如被突如其来的暴风雪围困而失温，或因高原反应而力竭晕倒。到目前为止，丁铎尔很幸运，也很小心谨慎。他不寻求刺激，只是在攀登时在脑内模拟这些可能的危险。他的眼睛来回扫视着山路、悬崖以及头顶的天空。他的大脑忙于记录这些假想体验，这让他无暇顾及其他。作为英国皇家学会的自然哲学教授，他在伦敦经常不得不与人争辩。在一个个失眠的夜晚，他的思绪孤独地呼啸着，徒留第二天的自己头脑发昏、眼睛干涩、心跳加速。

他一步步前行，注视着天空。清晨的云层消散得如此整齐，仿佛有人旋转了一下开关。丁铎尔知道水并没有消失，而是变成了另一种形式——看不见的水蒸气，而非一团团细小的水滴。他停下来休息，踢了一块石头，只是想看看它会滚去哪里。石头靠近山体落下，然后弹跳，在稀薄的空气中划出一条长长的弧线，撞到山的一侧，接着又落回来，引起一连串的小石子雨。丁铎尔听在耳里就像在听击打在屋顶的砾石。这样，他又为山体崩塌贡献了一点微不足道的力量。然而当他认真起来，他又会为山的衰败感到哀伤。他不受控地将思维拓展开，想象到了一个没有人类、没有生命甚至没有太阳的凄冷的未来时代。

消极想象并没有长期占据他的大脑。他也有兴高采烈的时刻，比如经常感到自己与周围各种形式的水融为一体，仿佛远离尘世。在圣诞节前往冰川考察时，他欣然拥抱大自然。“天空大部分是灰色的，”他在日记中写道，“湖面上笼罩着黏稠的水汽，一道道云彩割裂了红色的东方天空……马蹄在结冰的路面上发出欢快的哒哒声，路的左右两侧被雪覆盖，路中间是被压实的硬冰。随着山谷变窄，山壁越来越近，路上的冰越来越软直至在某些地方完全融化。随着太阳的升高，积云消失了，一个美丽的蓝色穹顶在上方铺陈。”[2]

上山后不久，丁铎尔和向导就前往一座叫蒙塔韦尔(Montanvert)的简陋小屋，这座小屋离他们要观测的冰海冰川很近。丁铎尔以前也因同样目的来过这里，但从未在冬天涉足。雪很快就下起来了，又大又急，他们赶紧到小屋躲避。丁铎尔躺在屋里听风彻夜呼啸。第二天清晨，他看着被日出染红的云朵镶嵌在冰川上方陡峭的山脊上，想起了丁尼生“永恒”的诗句：“上帝用黎明为自己点燃了一朵骇人之花。”[3] 山峰像一对火把一样燃烧了一阵，然后太阳完全升起，新的一天开始了。

天亮后，丁铎尔他们开始工作。丁铎尔在厚厚的积雪上摆放他的经纬仪，这是一种可以精确测量地理位置的工具。其他人则向冰川前行，到达目标地点后，他们就沿着丁铎尔用经纬仪定下的一条线在雪中设置木桩。大雪在冰川上飞舞，只有偶尔风停时，丁铎尔才能远远地与这些人沟通，而剩下大部分时间里他们面对的只有白茫茫一片和怒号的寒风。

随着时间的流逝，雪的质地发生了变化，变得像花朵一样，落在丁铎尔的外套上，“像羽绒一样柔软”。在丁铎尔看来，这种肆意的美丽似乎是对人类过度自负的一种斥责。如果大自然满足于在无人之处进行这样的表演，那么人类对大自然来说又算是什么呢？丁铎尔就是这样一个人，即使他在反思自己的微不足道，也不忘记录下对这美景毫不掩饰的欣赏。

历经了三个小时的暴风雪，丁铎尔和他的手下成功完成了对这排横跨冰川的木桩的测量工作。他们在第二天返回，记录这些木桩与前一天相比移动的距离。天气依然很糟，但丁铎尔设法在偶尔放晴时进行测量，直到中午工作才完成。当他沿着冰川往回走时，他转过身来，用哲学家的眼光审视着那一排木桩。“我当然知道是我把它们放在那里的，但它们在这片荒凉的景象中所展现的灵性和秩序令人愉悦，”他后来记录道，“这看起来像是在明显的混乱中呈现出的规律。”[4]

冰川上的空气清新而干燥，仿佛所有的水分都蒸发了。在丁铎尔集中注意力下山——这需要他万分小心脚下的冰——之前，他最后看了一眼这片被大雪覆盖的山谷，惊叹于微观的分子运动要花多长时间才能刻画出眼前的景象。这些广阔的冰原需要多长时间的累积才能形成,不是他或者任何人能说清楚的,尽管确实有人尝试过。在好的年份,会有约40厘米的新雪落下。究竟有多少雪被后来的雪压实,只形成一个狭长的条带象征着一整年的积雪?又有多少这样的细小条带构成了冰川的骨骼?这是无从得知的。更无解的是,冰川会产生自己的分泌物——淡水从它的最底部涌出,就像地下的泉水。这种水如同液态的呼吸,仿佛在证明冰川是有生命的。但它也破坏了探寻冰川寿命的可能性,因为它是从最古老的冰缓慢融化而来的,而谁又能说清楚冰川已经融化了多久呢?

在阿尔卑斯山冰川的混沌无序中寻找自然界的某些基本规律时,丁铎尔感到比在伦敦时更有活力。在冰上滑倒可能导致的危险迫使他集中注意力,专注于思考自己的下一步和再下一步。有点矛盾的是,虽然许多人在他之前也到访过这里,但是冰川上的工作让他感觉自己在科学事业中是孤独的。如果他是唯一开展这项工作的人,那他就会凭借解释冰盖是如何在地球上移动的而更有机会赢得奖赏。一想到这样争先恐后的角逐,他脑海中就会浮现出原始雪域的景象——冰川一片纯白,其山峰"如巨浪般跃起,陡峭而尖锐"。

当然他并不是字面意义上的一个人,因为他还有向导和搬运工。从抽象意义上来看,他也不是一个人,因为陪伴着他的是前人的理论以及所有提出和发展这些理论的科学家,这些人既是他思考问题时假想的合作者,也是他在争夺学术优先权和影响力时的竞争对手。他选择自己的一套研究方法,并相应地调配自己的资源。他选择在山上进行露天实验,不只像地质学家那样仅仅观察和记录所看到的,还利用他的木桩、经纬仪和听话的助手来对冰川进行一次特殊的调查,这是更趋近于物理学而非地质学的实验。作为实验而言,它相对粗糙——长度以

图2.1　1857年的丁铎尔，大约在他首次进行冰川调查时

码[*]为单位而非毫米，时间以日为单位而非毫秒。但这仍然是一个实验。丁铎尔正试图回答一个具体的问题：冰川在不同地点的移速有多快？他将利用从暴风雪中争分夺秒抢来的测量数据来支持他所谓的“冰川运动理论”（其他人可能有不同的观点）。通过比较这两天木桩的位置，他确定冰川在该位置移动了15.75英寸[**]。他之前的观测表明，

* 英美制长度单位。1码约为0.9米。——译者

** 1英寸约为2.5厘米。——译者

同一部分的冰川在夏天时移动的速度是这个速度的两倍多。

从冰川的移速可以推断其运动机制。丁铎尔来到冰海冰川的目的是收集证据，并据此提出公式，进而确立一个理论来解释所有不可思议的冰川运动。在此过程中，他希望自己的理论能赢得胜利，击败那个在宗教上和社会学上都持保守主义观点的苏格兰地质学家詹姆斯·戴维·福布斯（James David Forbes）。福布斯比他大11岁，被他当作主要竞争对手。[5]福布斯曾说，冰像黏性物质一样运动，但丁铎尔想证明这只是一种观察结果，而非理论。在丁铎尔看来，福布斯的这一系列观测本身就解释不了任何问题。对他来说更糟糕的是，福布斯的理论掩盖了冰

图2.2　詹姆斯·戴维·福布斯，丁铎尔在冰川运动问题上的对手，他在19世纪40年代前往阿尔卑斯山，在冰上进行测量

川运动的真正本质。丁铎尔想表明的不仅是冰**看起来**像什么(糖浆或蜂蜜),更包括它**实际上**是如何运动的。丁铎尔为这次冬季考察精心选择了目的地。他来到冰海冰川,因为他想去的地方是“关于冰川的构成和运动的最重要的理论观点所依据的地方”。[6] 其他许多科学家也曾站在这片欧洲最大且最易到达的冰川上,进行他们自己的观察并提出理论,所有这些人想知道的都是冰移动的确切机制。跟随他们的脚步是前进的唯一途径。丁铎尔必须用新的眼光来看待同样的现象,并进行新的实验,以证明他的理解优于前人。如果他去另一个冰川做实验,批评者始终可以争辩说不同冰川的现象不同,结果并不适用。但是如果他在同一个地方做了这些实验,并证明自己对冰川运动的解释更加准确,那么他就将成为最前沿的科学家。

当时,除了一些重要的例外,根本没人想到冰可以移动,更不用说它是如何移动的。所谓的例外是当地人,主要是在被冰川包围的山中

图2.3　位于法国阿尔卑斯山的冰海冰川,丁铎尔和福布斯都曾在这里观测冰川运动

生活和工作的牧羊人，他们注意到冰川年复一年的或细微或明显的变化，正是这些变化表明冰川在移动。他们看到了陡峭山谷侧面的擦痕，以及从冰川脚下脱离的长条的岩石堆。他们偶尔也会经历灾难——当蓄积冰川湖的冰坝决堤时，倾泻出的洪水和可怖的冰块会在原本宁静的山谷中奔腾。但这些人并不是自然哲学家，他们把自己的想法保留在心里，而那些自称为“科学绅士”的小团体中没人想过要问问他们的想法。

直到19世纪30年代，阿尔卑斯山才开始引起那些并不在这里工作或生活的人们的注意。这些山脉开始成为伦敦等地的科学家的研究对象，这勾起了丁铎尔心中的火苗，他前往阿尔卑斯山调查的想法变得急切，他无法抗拒这种冲动。不可思议的是，正是工业、商业和贸易等领域的繁荣促使欧洲从一个不起眼的冰冷角落变成了重要的科学研究之地。贪婪的铁路公司修建铁路贯穿英国、采矿公司为寻找煤炭把矿井挖得越来越深，这些都促使地壳中越来越多的秘密被发现。这些新挖掘出的岩层和化石引发了越来越难以忽视的关于地球历史的问题。那些劳心劳力挥舞着锤子和放大镜、在新发现的岩石上爬来爬去的人们，最关心的是能否好好讲述一段地球过去的故事。铁路和采矿公司也会根据这些人提供的建议，挖掘地球潜藏的财富来赚取巨额利润。很快，这些研究地球历史的岩石勘探行为有了一个共同的名字——地质学。这些地质学家把《圣经》中关于大洪水的戏剧性叙述奉为圭臬，来指引和校正自己的研究，但他们中的大多数还是更乐意把《圣经》的叙述看成隐喻，将其中的一天或一年翻译成数千甚至数万年，如果需要的话。最重要的是，虽然充满了偶然事件，但是描写人类的《圣经》故事仍然可以作为地球编年史的模板，尽管在字面意义上地球编年史比《圣经》所涵盖的任何历史都要长得多。地球在人类出现之前还有一段长得多的历史，这个观点在当时是新颖且陌生的，但这段漫长历史的结构却一点也不新鲜。丁铎尔和其他科学家们继承的思维方式，实际上是一种看待地球的方式，而这种方式来源于所有最熟悉的故事中。地球的历史其实就像《圣经》中所记录的人类的历史，是一段充满了曲折的历史，让人感觉如果不是偶然事件的干预，事情可能会有不同发展。[7]

19世纪初，受到来自地壳下新发现的启发，地质学家开始以不同的眼光观察地球表面的事物，他们曾经忽略、不屑一顾或是无法看到这些东西，是因为他们根本就没有去寻找。与当地地貌格格不入的冰川漂砾，总是让当地人感到困惑，并促使地质学家试图解释它们是如何出现在那里的。在这些漂砾的附近经常发现奇怪的沉积物，是各种形状和大小的石头，没有特定的排列顺序。这些无序、非层状的岩石让地质学家感到十分棘手，因为他们分析地球结构的主要方法就是比较稳定地层中的化石。

图2.4　丁铎尔，中部靠右，戴着帽子留有胡须，与阿尔卑斯山俱乐部的其他成员站在采尔马特的俱乐部房间外。摘自 Edward Whymper, *Scrambles Amongst the Alps* (London: John Murray, 1871)

这些所谓的冰川沉积物是残缺不全的碎片，漂砾也像是毫无规律地散落在地表上，这给试图解释它们如何来到这里的科学家带来了巨大的挑战。在很长的一段时间里，主流的解释是一场大洪水，或者多场洪水，其威力大到足以将沉重的巨石运送到数百英里以外。但是对于当时杰出的地质学思想家查尔斯·赖尔(Charles Lyell)来说，全球大洪水的观点太过激进，也不可信。到1835年，赖尔提出了一种解释，更符合"地质变化在今天仍存在的因素作用下逐渐发生"这一观点。他说，关于不寻常的漂移物的最好解释是，曾经存在一个巨大的海洋，由陆地逐渐下沉形成，它曾经覆盖了地球的大部分区域，其上漂浮着无数的冰山，冰山上有很多石头和黏土。赖尔设想，随着冰山融化，其上的岩石将沉入海底，由于冰山的运动是随机的，岩石的沉积也同样无序。这一理论的优点在于合理化了地质学家对于这些漂流物的无措，毕竟根据冰山理论，因为沉积的机制依托于随机漂浮着的冰山，所以无法明确漂流物的来源。由于冰山在近代相对温暖的气候中仍然存在，所以他的理论的优点是不需要让过去的气候与现在完全不同。"采用这一冰山漂移理论，"赖尔保证说，"我们并不一定要假设曾存在一个比现在北美洲更寒冷的气候。"[8] 去设想过去曾有一个与如今截然不同的气候，这会让赖尔感到十分不安。

在丁铎尔的成长过程中，他听说过人们为了寻找传说中的西北航道而频繁出航，这条航道可以让船从英国出发，穿过加拿大北部狭窄的海湾和结冰的海洋，去往地球的另一端。航行故事中提到了巨大的冰山，大到需要船只花费数周的时间绕开。这些故事起初很难让人信服，但是一旦得到证实，它们就是赖尔理论的最佳证据。事实上，赖尔大量参考了加拿大和格陵兰岛探险故事中提到的高耸的冰山和连绵的冰盖，构建了一个足够普适的理论来解释沉积物广泛散布的地质难题。有人在北纬40度以南附近看到过冰山，这暗示着过去曾发生非常轻微的气候变化，形成了那些让地质学家头疼的沉积物。1819年，威廉·帕里(William Parry)带回了关于巨大冰山的奇闻，其中一座冰山估计高达860英尺*(包括水下部分)，轮船与之相比都显得渺小。1822年，捕鲸船船长威廉·斯科斯比(William Scoresby)率领英国探险队第一次目睹了格陵兰岛的东海岸。这座巨大岛屿的背部是沿海山脉，其顶部似乎覆盖着漫无边际的冰盖。途经南极的船只也报告称，航行时海面上遍布冰山。由于讲述者是权威人士，所以这些消息被视为事实，而这激发了作家、诗人和剧作家的想象力。这些故事使冰家喻户晓，甚至成为当时流行文化的一部分，也让丁铎尔及同时代学者对冰更加了解。1816年，年轻的玛丽·雪莱(Mary Shelley)以北极探险和遇难为背景，构思了一本引人入胜的小说，讲述的是一位科学家创造新生命的警示性故事。在19世纪初，冰成为一种刺激感官的新来源，既让公众兴奋，又让他们感到恐惧。

1840年，路易斯·阿加西(Louis Agassiz)提出了一个大胆的观点，彻底改变了所有人——包括科学家和公众——对冰的认识。阿加西综合了其他人提出的观点，认为可以用曾经覆盖欧洲和北美洲的巨大冰盖来解释漂砾和黏土矿床。这个关于冰期的想法引发了许多问题(比如长毛象是否真的曾与人类同时在英国乡间漫步?)，但其中最具挑战性的莫过于它影响了公众对地球历史的认知。过去曾存在巨大冰盖，这意味着一个当时大多数人几乎无法想象的可能:地球在不久之前比现在更加寒冷。[9]

之所以这在当时是难以想象的，并非归因于地质学家，而是另一类研究者。这些人通常不会花太多时间在山上忙碌，也不会在阿尔卑斯山的冰川上停留很久。威廉·汤姆森(William Thomson)和詹姆斯·汤姆

* 1英尺约为0.3米。——译者

图2.5　路易斯·阿加西，瑞士地质学家，于19世纪40年代推广了关于冰期的大胆新理论

森(James Thomson)这对兄弟是这类科学家中最杰出的代表。他们不以游记为根据，而是用数学来武装自己，通过实验室中精确的分析来进行预测，并取得了令人瞩目的成果。地质学家将历史看作无数偶然事件的产物，他们则不同，认为时间是统一的，与历史无关，是那种在蒸汽机暗无天日的内部仍然一丝不苟地流逝着的时间。他们的圣经是牛顿的《自然哲学的数学原理》(*Principia Mathematica*)，希望能像牛顿为天体物理学所做的那样，为地球物理学提供可以完美解释其运动的方程式。

我们如今会称这些人为物理学家，而在当时这个词才刚刚兴起。他们痴迷于能量，特别是如何将热能转化为其他的能量形式，让其可以服务于人类的劳作。尽管他们的研究环境与煤矿或铁路挖掘场相去甚远，但是商业利益仍然对他们的研究产生了影响，就像影响地质学家的发现那样。工业革命的动力来自储存在黑色煤炭中的太阳能，太阳能及其能驱动的工作成为物理学家进行理论计算及各种实验的动力。他们研究金属在各种压强下的表现（这对设计不会爆炸的锅炉至关重要），研究特定量的工作会如何相应地导致蒸汽机温度的升高，以及如何设计出尽可能高效的蒸汽机。为了完成这些研究，他们不仅要预估车间或实验室中热能的变化，还要预估地球缝隙中热能的变化。汤姆森兄弟这类人从描述能量和物质行为的方程中推导出结论，为地球科学的新发展提供了坚实的数学基础，同时也为日益重要的工业不断寻求更高效的能源转化方式。

这种新思想催生出了一个重要观点：宇宙，以及其中的一切——包括地球——正在逐渐不可逆转地降温。这被称为宇宙的热寂。对于这样一个令人沮丧的情况，似乎一切（上帝本身除外）都无能为力。根据这个观点，地球的过去必然是一个非常稳定、单调且均匀的冷却过程，就像一杯早已被遗忘的咖啡。换句话说，地球在过去只会更温暖，而非更寒冷。之前出土的珊瑚礁和贝壳化石，比如（如今在热带的）珍珠鹦鹉螺化石，以及在北欧发现的热带植物，比如棕榈树和苏铁，都提供了更进一步、似乎无可辩驳的证据，来证明地球在不久之前确实是更温暖，而不是更寒冷。[10] 将物理学家的数学计算和证明过去气候更暖的化石放在一起考虑，地球变冷理论似乎是一个不可避免的事实。

然而，地球却展现出了与之相左的印迹。从挖掘铁路时的碎墙中和潮湿的煤矿隧道中翻出的证据支持了阿加西的冰期理论。这些关于地球过去的证据似乎相互矛盾，如何解决这个问题？有人认为，大陆本身在过去曾被抬高，使得冰盖在寒冷的高海拔地区形成，且没有改变地球的整体气候。但是，随着冰盖曾广泛存在的地质学证据的逐渐积累，这种观点变得越来越站不住脚了。威廉·霍普金斯（William Hopkins）

是一位非常老练的数学家,他作为剑桥大学的导师培养过许多同时代最好的数学家,他计算出,需要将整个欧洲大陆抬高10 000米才符合冰期的存在,他补充说:"所有地质经验告诉我们,这是不可能的,因为这将留下许多现在并不存在的明显标志。"[11] 尽管如此,关于地球过去既更冷又更暖的矛盾证据需要一个新的解释,霍普金斯对这一难题给出了一个数学上的答案。虽然地球内部确实在变冷,但霍普金斯的计算表明,它已经冷却到了一定程度,以至于地球表面只有微乎其微的热量来自地球的中心或"原始"热量(地球最初形成时高热量的残留)——只有"1/20华氏度"。[12] 如果残存热量对地球表面温度的贡献如此之小,那么影响地球气候的热寂"问题"也或多或少消失了,所以地质学家们也不再需要将地球表面的气候变化与地球熔核的冷却联系起来。霍普金斯自信但有些无助地宣称:"显然,我们必须找到其他原因来解释这一标志着近地质时期的温度变化。"[13] 不管是什么原因导致了最近发生的地球气候的变化,它都不会是地球熔核冷却的结果,至于其他可能的原因,还有待观察。

在离现在很近的过去,地球曾是寒冷的,但地球内部大体上却在冷却,这个曾经无法逾越的矛盾被霍普金斯解决了。到了1859年,也就是丁铎尔和他的团队在冰海冰川上冒着暴风雪工作的那一年,人们基本接受了阿加西的冰期理论,但仍有两个重要的问题未得到解答。首先,需要一个理论来解释阿加西所设想的覆盖北半球大部分地区的冰川和冰盖是如何移动的。其次,也是更根本的,科学家们仍然没有解释是什么导致地球气候在过去如此急剧地变冷。要回答第一个问题,就必须像丁铎尔那样去冰上研究其运动。要回答第二个问题,则需要走得更远,走出地球的范畴,进入太阳系本身。

在19世纪50年代末和60年代初,几乎与丁铎尔同时代,一位名叫詹姆斯·克罗尔(James Croll)的苏格兰人,正在格拉斯哥的一所小学院和博物馆默默做着门卫工作。丁铎尔在30多岁时就已经获得了英国为数不多的全职物理学教授职位,并因此有了一定的名望。与之相比,克罗尔则不为人知,他几乎没受过什么教育,却从很小的时候就喜欢阅读。很快,他对自然哲学产生了热情。他从事着一份又一份稀奇古怪的工作,比如打理一家茶店——这位沉默寡言的前木匠显然不适合这份工作,而在这期间,他从来没有放弃对自然哲学的热爱。在将近30年的时间里,他独立阅读了大量书籍,在这个过程中,他对理论性而非经验性的工作产生了兴趣。事实本身并不吸引他,他感兴趣的是支撑事实的理论结构,因为可以更好地理解这个世界。19世纪60年代初,他在轻松的工作之余,沉浸于学习他所谓的"现代能量转化和守恒原理以及热力学理论"。他阅读了丁铎尔、迈克尔·法拉第(Michael Faraday)、詹姆斯·焦耳(James Joule)和威廉·汤姆森关于热、电和磁的著作,同时他还关注着围绕"冰期的原因"的争论如何发展。[14]

克罗尔自学成才、思维独特,是这些辩论中的局外人。他既没有任何学术机构的背景,也没有接受过相关学科的专业培训。他局外人的身份给了他独特的视角以及不受拘束的自由,使他能够实现自己最大的认知飞跃。1864年,他发表了一篇论文,主张地球气候变化并非源于地球本身,而是可以在地球绕日运动的细微摇摆中找到这些冰期的原因。值得注意的是,这里提到了"这些"冰期。克罗尔之所以将目光投向地球之外,是为了解释为什么他认为过去发生过不止一个冰期,而是一系列交替出现的冰期和较温暖的间冰期[之前阿奇博尔德·盖基(Archibald Geikie)在冰川沉积物中发现的有机物层证明了冰期和间冰期的交替]。在克罗尔之前,一些杰出的科学家也考虑过这种天文学上的可能性,包括亚历山大·冯·洪堡(Alexander von Humboldt)、赖尔以及最有影响力的天文学家约翰·赫歇尔(John Herschel)。赫歇尔认为,由于长期引力扰动的影响,会产生地球轨道特别椭圆(类似被压扁)的情况,此时冬季会更长,夏季会更短。但是赫歇尔很快就否认了这是冰期的成因,他指出,照射到地球上的阳光总量始终保持不变——漫长的冬天会被异常炎热的夏天所抵消。

图2.6 自学成才的气候理论家克罗尔,他认为天文周期的变化通过地球上的"次要原因"(比如冰和云导致的阳光反射的变化,以及风和洋流的相应转变)在地球上产生了多个冰期,这个观点给查尔斯·达尔文和丁铎尔留下了深刻印象

克罗尔的创新有两个方面。一方面,他几乎忽略了地质学家提供的所有证据。他坦率地表示,他对所谓的科学"事实和细节"缺乏兴趣,

而更喜欢那些(对他来说)更具吸引力的基本“定律或法则”,它们是经验事实的基础。(他积极地谈到了自己曾在公务员系统中担任的地质学家的工作,该工作“真的不需要对地质学有多少了解”,因此“让我从必须学习自己不太喜欢的学科的压力中解脱,从而使我能将全部的闲暇时间都投入我所研究的物理问题中”。)[15] 克罗尔是一个顽固的大局观思想者,他摒弃了地质学家的狭隘假设,不再局限于大陆的升降、洪水的来去以及零散证据的烦琐细节。他创新的另一方面是找到了一个尽可能宏观的原因,即地球轨道的偏心率。他接下来所做的是真正的飞跃。他没有接受赫歇尔的说法,即地球气候的变化不能通过其绕日轨道的变化来解释。为此他提出了他所谓的“次要原因”,不再局限于行星轨道的尺度,而是回到地球本身,才更能解释冰期的发生。

水是热量在全球范围内传播的媒介,克罗尔现在转而关注的次要原因是水的各种形式之间复杂作用的结果。这些次要原因主要与水的物理性质有关。即使一年的总日照量保持不变,较冷的冬天也意味着更多的积雪。随着雪年复一年地累积,它的反射特性会突显出来。由于雪是白色的,它将阳光中大部分的光和热反射回太空,进一步降低地球的温度。这是一个正反馈机制(尽管克罗尔没有使用这个术语),而稳定增长的积雪覆盖面积有助于冰期的发生。积雪容易形成雾,这会进一步使地球与太阳的热量隔离,加剧了地球的变冷。随着寒冷的两极与温暖的热带地区之间温度梯度的增加,信风将更多地吹向赤道,使墨西哥湾流向北偏移,南赤道流向南偏移,进一步增加热量的不平衡。整体的结果就是地球变冷,进入冰期。根据克罗尔的惊人设想,这个过程会一直持续下去,直到引力发生变化,地球的轨道变圆,洋流跟着发生改变,雪在夏天融化,反馈机制开始逆转,在曾经加速变冷的地方加速融雪以及变热。

克罗尔是根据全球性因素提出的气候变化理论,这些因素不是地质学上的，而是物理学上的。克罗尔思考了热量在大气、海洋和冰盖之间的传递方式，用以解释气候发生的剧烈而持久的变化。因此他对赖尔压上自己荣誉提出的观点——以大陆规模发生的长期、缓慢、庞大的陆地上升和下降——不屑一顾。他写道："气候长期变化的**原因**是洋流的偏转，这是由于地球轨道偏心率增大造成的物理结果。"[16] 克罗尔坚定地站在物理学家的一边，他并不担心他的理论缺乏地质学依据，事实上，他声称地质数据的缺失本身就是支持他理论的有力凭证。冰期的特点是冰川的侵蚀作用会破坏它们自己（连续）途经某地的证据。克罗尔和丁铎尔一样，擅长根据基本物理学来推断，他对自己的物理学知识和推理逻辑非常有信心，认为自己的假设能够做到逻辑上的严丝合缝。尺度不是问题。如果是逻辑让他把地球上的冰期视为天文变化与全球性物理动力相结合的结果，那就顺从逻辑接受这种观点吧。

尽管克罗尔在科学界地位不高，但他提出的理论过于引人注目，无法忽视。这一理论引起了当时一些杰出思想家的兴趣，同时也引发了他们的反感。在赖尔修订其伟大著作《地质学原理》（*Principles of Geology*）第十版的过程中，他致信自己的朋友——伟大的天文学家约翰·赫歇尔，询问其对克罗尔的理论持何种看法。尽管赖尔坚信地球气候的变化主要是由缓慢（而又一致）的地理变迁所致，但他不能忽视那些他也得承认有说服力的反对证据。"我越发确信地球上陆海位置的改变是过去气候变化的主要原因，当然天文因素也有其影响，但问题是它们在何种程度上产生了影响？"[17] 这正是问题所在。在赖尔看来，气候变化主要源于地理变化——陆地的升降、随之而来的海平面的改变，以及洋流的阻塞或流通。[18] 他认为，无论是天文因素还是次要的物理机制，如变暖的洋流和反射热量的冰，都不足以解释地球所经历的气候变化。对此，赫歇尔的回复却并没有消除赖尔的疑虑。据这位天文学家所说，克罗尔的天文因素"足以解释任何数量的冰川和煤田的形成"。赫歇尔不情愿地接受了克罗尔的理论，并指出，只要具备合适的天文条件，“你想要多少冰川都可以”。[19]

除了赖尔等地质学家勉强接受外，克罗尔还找到了其他更为热情的支持者。当数据过多且过于复杂时，理论可以为此困境提供强有力的解决途径。几十年来，读取形式混乱、复杂的冰川沉积物的地质数据，一直是科学家们面临的挑战。冰川携带而来的沉积物是随机、无序的，而且几乎没有化石形式。在此之前，地质学家了解地球结构都是靠化石的存在（以确定相对的年代），以及假设沉积物是随着时间推移逐渐沉积的，因此可以将其作为判断过去变化的标准化指标。但是冰川沉积物并不遵循这些规律，这让科学家们无从下手。查尔斯·达尔文（Charles Darwin）在1831年到访威尔士的悬崖上时未能发现冰川运动的证据，他永远为此感到遗憾。一旦他学会了观察地貌，他就会明白这样的特征只能是由巨大的冰盖造成的。达尔文是克罗尔的忠实读者，他写信告诉克罗尔：“我想，在我的一生中，从未对任何地质学论述产生过如此浓厚的兴趣。我现在才开始理解一百万年意味着什么，我为自己过去愚蠢地使用一百万年这个词感到羞愧……我经常徒劳地猜测这个地区的白垩台地上山谷的起源，但现在一切都清楚了。”[20]

即使对于那些受过训练的人来说，也不太容易观察到冰川前进和后退的证据。1871年，詹姆斯·盖基（James Geikie，自1867年起与克罗尔一起在苏格兰地质调查局工作）出版了一本书，概述了自己关于冰期的理论。他的标志性主张是，冰期实际上是一系列冰川期，其间交替着较温暖的间冰期。在克罗尔的启发下，盖基才敢于在太阳系中寻找地球气候的原因。化石和植物证据证明了过去曾发生剧烈的气候变化，盖基不同意这是由庞大陆地的起落造成的。他思考着：“难道不可能在地球与太阳的关系中找到解决问题的方法吗？”[21]

盖基是一位受过训练的地质学家，有着地质学家自己的倾向。但是他不会仅凭复杂而零散的地质记录就得出他关于冷暖交替的理论。如果没有克罗尔的伟大想法在先，盖基既不会有信心也不会有这个洞察力来提出他的主张，即并不是只存在一个冰期，而是如同一位历史学家所言，有着一系列"多事"的冰期。当他发表了一系列关于这个话题的七篇论文时，盖基谨慎地以地质学证据——即在斯堪的纳维亚、瑞士和北美洲发现的冰川沉积物——为开篇，只在后面的论文中才提及了克罗尔的气候理论。他故意这样做，是为了让人觉得他是从一个地质学家的角度进行归纳，从许多关于冰川沉积物的证据中建立理论。这种方式对于地质学界来说，比演绎推理方法——先假设理论是正确的，再用它来解释复杂的冰川沉积记录——更温和、更具说服力。[22]

在冰期的问题上需要采用其他类型的思维方式，这让许多人感到不安。当不同的科学方法融合到一起时，很难确定什么样的东西才能被视为证据或事实。不能被检验的理论有多大价值？有时，就像克罗尔的故事一样，如果一个观点可以归纳整个地球的证据，例如冰期和间冰期的交替，那它应该被重视。但是研究过程中总会存在一些异常数据，关键是如果有的话，怎么去判定这些异常数据是偶然产生的，还是其实整个理论结构就是错的？同时，如果理论结构稳固并且有足够多符合理论的数据，那么忽略那些不符合的部分似乎是合理的。

盖基对于用跨学科的方法来解决重要问题的前景感到乐观，特别是冰期的问题。他在1874年出版的《大冰期》(*The Great Ice Age*)一书中写道："随着知识的扩展，学科的边界变得越来越模糊，而地质学可能是这一点最为明显的物理科学。曾几何时，研究地球过去历史的学者几乎独占了这个领域，而他们的研究范围也清晰明了，就像被划定测量的土地。然而，现在则很难预测他们必须越过哪个相邻学科的边界。无论朝哪个方向前进，他们都不可避免地会接触到相邻领域的研究者。他们的研究时常涉足其他学科的研究，而这些学科的研究也反过来涉足他们的研究。"盖基认为,这种学科之间的交叉本身就证明了所有自然现象都是紧密交织的整体。"因此,如果迄今为止困扰地质学家的复杂问题最终能够通过天文学家的研究和物理学家的总结来解决,这将进一步证明自然界的统一性。"[23]

最同意克罗尔理论、最受其激励的人,莫过于丁铎尔。考虑到他们都致力于物理推理,那么他们互相鼓励也并不出人意料了。这两位男士互通了信件,那位传统意义上更成功的英裔爱尔兰人鼓励了这位不知名的苏格兰人。克罗尔在完成了固体中热作用的研究之后,直接提出了他关于全球性变化的理论。与丁铎尔一样,他对行星尺度上的作用力的理解是以分子物理学为基础的;与丁铎尔一样,他也不擅长数学。二人更多依靠的是对物理相互作用力的惊人直觉,而非对复杂数学的精通。丁铎尔称赞克罗尔运用比喻来描述分子作用:"你的来信令我很感兴趣,你把分子比作锤子,刻画了一个明晰的物理形象,这非常好。"[24] 丁铎尔将克罗尔视为智识上的同道——一个运用画面来表达观点(甚至可能用画面来思考)并且勇于提出宏大理论的思想家。丁铎尔在另外一封关于热量研究的信中写道:"探寻你和我关于这个问题想法的相似之处,我感到既开心又有趣。"[25]

当克罗尔仍然坚持专注于最大尺度——即行星尺度——上时,丁铎尔却在他的职业生涯中游走在不同尺度之间。他在非常小的尺度上观察并提出理论,如冰晶和水分子,同时也涉及非常大的尺度,如冰川和山脉。丁铎尔看到了事物之间的联系,尤其注意到水拥有着直达宇宙核心的奥秘和美丽:它的连续性。丁铎尔写道,"阿尔卑斯山的寒冰源自太阳的热量",这听起来很奇怪,但却是事实。[26] 他继续说道:"如果你深入研究一片雪花,你很难不被逐步引导回到太阳的构造。整个大自然皆如是。它所有的部分都是相互依存的,对任何一个方面的**完全**研究都会涉及对所有方面的研究。"[27] 对丁铎尔来说,基本相互作用力在最大尺度上也仍然适用,相离无穷远的物体也会产生基本相互作用力。发生在冰川最深处的最微小的变化,不仅与整个冰川及其运动有关,而且与地球以及宇宙所有地方的普遍物理性质有关。丁铎尔的想象力没有止境,不断向上和向外延伸,将地球和太阳乃至宇宙从物理的角度紧密联系起来。

对于丁铎尔来说,自然界的连续性——能量和物质被一系列不间断的事件联系在一起——是一种俗世中的宗教信仰。虽然他在表达对这种连续性的信念时,声音比许多同时代的人都更响亮也更坚定,但在试图用研究物质结构的物理学来理解和解释最复杂的大尺度现象方面,他并非孤身一人。在更早之前,研究地球的人们只是自然学家和地质学家,他们满足于描述和绘制眼前所见。到19世纪中叶,人们才逐渐发现地球上物质的构成机制,才逐渐对地球上的现象进行解释而非简单的描述。因此,冰川是一个完美的实验室,不仅可以检验关于地球历史的观点,还有助于地球科学的转变。一位评论家在评述丁铎尔、阿加西和福布斯关于冰川的著作时写道:“除了冰川,这些巨大的冰块,再没有哪个研究领域能让我们与大自然的运转有如此密切的联系,也再没有哪个研究领域能让我们以这么好的角度观察最微小的物理元素是怎样结合产生如此庞然大物的。”[28] 冰川揭示了自然界内部的作用方式,展示了像冰晶这样微小的物体,如果有足够的时间以及足够多的其他晶体,可以改变整个山脉甚至整个大陆的形状。

丁铎尔的绝技是展示如何利用实验室中的实验扩展山中的发现。在阿尔卑斯山,丁铎尔观测了填满整个山谷的冰的流动,回到伦敦后,他继续在大为缩小的尺度上研究冰的运动。虽然丁铎尔的动机是想“摧毁”那些他认为是对手的人的理论,但使他完成最大贡献的并非为冰川运动最终理论的战斗,而是在山区和实验室之间的来回奔波。

他的实验室在靠近皮卡迪利广场的阿尔伯马尔街上,位于皇家学会地下室的一个便利之处，他在那里以自然哲学教授的身份举办公开讲座。1856年的夏天，丁铎尔刚刚结束与托马斯·赫胥黎(Thomas Huxley)的第一次山区考察，他回到实验室开始悠闲地进行冰的实验。他把坚固的河冰转变为有裂隙的冰川冰，制造出他在冰川上见过的那些明显的蓝色条带，让近乎完美的透明冰出现裂纹。

这些实验都表现出一种简单之美。他让一位实验室助手制作出一系列硬木模具，用来挤压冰和对冰塑形，这是在模仿冰川的运动。他的目的是展示冰在移动过程中，会在微小的时间尺度和空间尺度上发生突然的冻结和融化，以至于和水的流动很像。虽然冰**看起来**像是黏性液体，如同糖浆或蜂蜜那样，但根据丁铎尔的观点，它实际上更像是一种脆性物质。在数千吨冰川之下，冰一次又一次地、一点又一点地融化又重新冻结。丁铎尔用了一个不太讨喜的词来描述这个过程——复冰作用。这个词最初由他的导师法拉第提出。它意味着一系列交替进行着的物态变化，从固体到液体，再从液体到固体，这些变化发生在远离冰川表面的下方，位于冰川与地球之间的粗糙接触面。詹姆斯·汤姆森和威廉·汤姆森这对兄弟提出应该考虑成千上万吨的冰川所带来的压力，为这项研究带来了转折。他们预测压力会降低冰的熔点，并用实验证明了他们的观点。[29] 冰川底部是承受压力最大的地方，所以冰会融化。接着，融化而成的水会从冰川中流走，随着所受压力的逐渐减小，冰川底部会暂时重新冻结，直到压力增加到足以使其再度融化，如此循环往复。

丁铎尔相信，无论是眼见的还是想象的，宇宙的每一个角落都充斥着原子的低语，而在冰面下这种低语则放声至轰鸣。冰川底部的冰温顺地在熔点附近徘徊，在那道柔韧的边界线上，冰反复破碎又自我愈合。它在自身的压力下断裂，又在同样的压力下修复，以水的形式释放热量。冰川是如此庞然大物，它的流动更像是滑行，如同一个巨大的火车头正震颤着向山谷驶去。

1857年1月15日，丁铎尔就他的冰川研究做了报告，这是他众多冰川报告中的第一次。除了介绍他与好友赫胥黎共同提出的理论外，丁铎尔还利用这个机会抨击了当时另一个主流的冰川运动理论，即福布斯的理论。福布斯比丁铎尔年长，并且他同阿加西第一次到访阿尔卑斯山的时间要比丁铎尔早上15年。福布斯曾将他们的工作发表成论文，而阿加西认为这篇论文中自己的贡献未被充分提及，于是对福布斯产生了敌意。福布斯无所畏惧，继续前往阿尔卑斯山，并发表了一些论文表明冰实际上是一种类似于糖浆的黏性物质。丁铎尔和赫胥黎攻击了福布斯对于"**黏性**"一词的草率使用。丁铎尔坚称，当冰被拉伸到一定程度时，最终会因变脆而断裂。他认为福布斯所认为的黏性只是表象，而非事实。

在现代人看来，丁铎尔的理论与福布斯的并没有太大的不同。两人都相信冰像液体一样流动，他们的认知差异仅在于冰流动的细节。区别产生的原因是他们用来支持自己观点的证据类型不同。对于福布斯来说，冰川的运动是地质学问题，需要了解在最大尺度上塑造地球的力，而在微观物理上冰是如何流动的并不重要。对于丁铎尔来说，这个问题则必须通过物理推理来解决。丁铎尔借鉴了霍普金斯和汤姆森兄弟的工作，提出冰川是一点一点运动的。他承认冰每次的运动都很微小，包括冰川深处极少量的冰的融化和重新冻结，但其能说明的问题要大得多。从数学和最基本的物理描述中提炼出的关于分子和能量的观点，可以用来了解和预测阿尔卑斯山冰川这个最庞大、最复杂同时也似乎是最难捉摸的事物。在这个意义上，丁铎尔和福布斯争论的战场确实非常广阔。这不仅是一场关于语义的论战，更是一场谁对地球的认识和解释更接近真理的权利之争。

并非所有人都同意丁铎尔的科学观点。在对冰期的本质、地球的历史以及冰川的运动这些问题达成一致之前，必须先统一答案——即理论——的形式。丁铎尔曾在山里英勇探索，也曾在实验室中进行严谨的实验，他试图将二者相联系来赢得这场争斗。他暗示在这两种场景下，只有他自己（尽管助手和搬运工的贡献无处不在）才能揭示那些异于表象的真相。拿冰来举例，冰川看似流动但实际上是一次又一次的复冰。

霍普金斯认为，丁铎尔和福布斯在提出他们都称之为“冰川运动理论”的主张时，都有一定程度的正确和错误。霍普金斯写道，“在过去20年间进行的众多讨论”中，有太多残缺和未完成的理论，其中缺乏的是“建立在明确的假设和清晰的定义上的完整而充分的理论，以及对准确的理论调查和直接观察得出的结果的仔细比较”。霍普金斯预想中的理论是类似物理学的，它建立在明确的假设和绝对的定义之上，并能解释地质学家所观察到的现象。在霍普金斯看来，丁铎尔和福布斯都犯了一个错误，即把仅仅对冰川运动方式之一的部分描述称为完整的理论。霍普金斯写道：“扩张理论无视了滑动理论，本来它们可以被结合起来，而后者同样被黏性理论所无视……（并且）复冰理论并不完全是冰川运动的理论，而是关于冰的特性的精彩论证，这是我们之前从未知晓的冰川运动所依赖的特性。”霍普金斯指出，最佳且最终的理论并不需要一个“限定词”来与竞争对手的观点作区分。[30]

在从冰海冰川转移到实验室的过程中，丁铎尔竭尽全力寻找最终的理论。他试图在地质学家（如福布斯）和物理学家（如威廉·汤姆森和霍普金斯）之间建立一种联系，前者的身份依赖于满是泥污的靴子、结实坚固的仪器以及远征山顶和冰川的辛苦探索，后者则呼吁用物理学和数学来解释自然现象。丁铎尔在阿尔卑斯山和实验室里所做的许多工作都预示了后来地球科学的发展，即将数学物理方法和地质学的描述性方法结合起来。[31]然而，如果将丁铎尔完全看作现代的人，那就错了。他是一个定性的而非定量的物理学家,运用类比和隐喻而非数学来描述。他最重要的成就是将不同的认知方式联系在一起。在冰川上他感受过敬畏、恐惧,并且对自然现象有独特的洞察力,而在实验室中这些敬畏、恐惧以及别致的风景都被丁铎尔彻底抛诸脑后。他将冰川上的经历和实验室中的实验研究结合起来。丁铎尔同时进行这两种行为,并将它们都称为"科学",进而对科学的内涵提出了自己的主张。[32]

他在写作中也采用了类似的技巧,将不同的认知方式区分开来,同时又将二者融合在一起。他将1860年出版的《阿尔卑斯山的冰川》(*The Glaciers of the Alps*)一书清晰地分为两个部分。[33]第一部分,丁铎尔称之为叙事,包括诸如"1856年的探险"和"1857年首次攀登勃朗峰"等章节。第二部分则被丁铎尔称为科学,包括诸如"光和热""冰川的起源"以及"水和冰的颜色"等章节。二者密切相关,但也最好分开。丁铎尔提醒道:"一旦思绪被其中一个所吸引,就很难突然转向另一个。"[34]他好似天生就知道如何让观众或读者参与进来。他在一个情节中以自己和瑞士向导从芬斯特拉峰山顶下山时的冒险为开头:"在一个陡峭而坚硬的斜坡上,本恩(Bennen)的脚步突然不稳,他摔倒了,紧接着下滑,我也被他拉着摔倒。但我迅速转身,将斧头凿进冰中,找到了一个牢固的支点,将我们二人都拉住了。"[35]这样的描写是为了吸引年轻男孩或男人——这是丁铎尔预想的(似乎也是他喜欢的)观众。在吸引了他们的注意力(同时也给读者留下了自己坚忍勇敢的印象)之后,丁铎尔希望能将读者带入更加严肃的话题,如冰川的奇特脉络结构,或者更重要的——冰川的运动机制。

《阿尔卑斯山的冰川》是一本非常受欢迎的书,销量很高,并使丁铎尔在伦敦知识界的社交圈中崭露头角。公众似乎更热衷于危险和英雄主义的故事,而不是关于冰川运动的描述。但总体而言,以追求知识为目的并没有减弱这些冒险的英雄色彩,反而让其显得更为英勇。正如

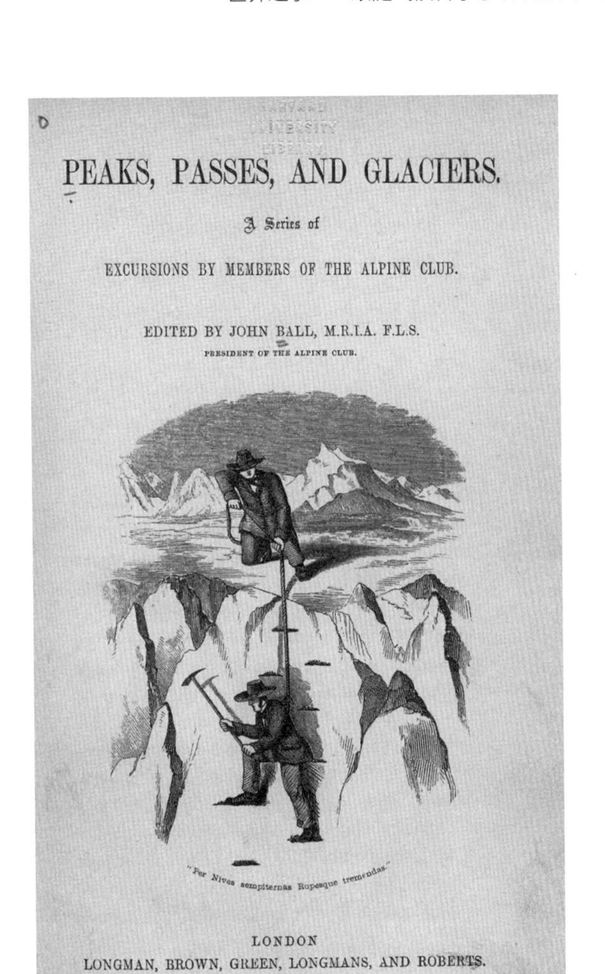

PEAKS, PASSES, AND GLACIERS.

A Series of

EXCURSIONS BY MEMBERS OF THE ALPINE CLUB.

EDITED BY JOHN BALL, M.R.I.A. F.L.S.

PRESIDENT OF THE ALPINE CLUB.

"Per Nives sempiternas Rupesque tremendas."

LONDON

LONGMAN, BROWN, GREEN, LONGMANS, AND ROBERTS.

1859

图2.7　公众所喜欢的阿尔卑斯俱乐部成员的英勇探险故事。该俱乐部在图示书籍出版的两年前刚刚成立。图示扉页来自 *Peaks, Passes, and Glaciers, A Series of Excursions by Members of the Alpine Club*（London: Longman, Brown, 1859）

为寻找传说中的西北航道的约翰·富兰克林(John Franklin)探险队(以及随后被派出搜寻失踪船只的队伍),同时拥有着民族自豪感与探索科学的神圣感,丁铎尔的工作既让读者体验了刺激,又让读者摄取了不那么吸引人的科学知识。

丁铎尔的科学风格并非人人喜爱，一些科学家联合起来反对他。他们认为，丁铎尔是最糟糕元素的组合：一个危险的、不符合基督教原则的炫耀者，且严重欠缺数学技能。詹姆斯·克拉克·麦克斯韦(James Clerk Maxwell)充分发挥自己的文学敏感性，对这位英裔爱尔兰人进行了攻击，甚至创造了一个词——"丁式"(Tyndallize)——来形容丁铎尔戏剧性的沟通方式。1863年，丁铎尔反对者之间私下流传着一篇诗稿，匿名作者(几乎可以肯定是麦克斯韦)毫不留情地写道：

站在台上的恶魔
他扯着大嘴微笑
他右边是电灯
左边是电池堆
瞧！衣冠楚楚的人群
趋之若鹜
而科学的乞丐们却坐在
研究所的门口[36]

在麦克斯韦这首尖酸刻薄的诗中，丁铎尔成了一个怪诞的小丑，而他时髦的观众和所有被排除在这个场面之外的人也被一同夸张地描绘出来。如果说这些话说得还不够清楚，泰特(P. G. Tait)在评论丁铎尔于一本通俗杂志上为自己的冰川理论辩护的文章时是这样说的："丁铎尔博士在大众领域获得了应有的声望，但实际上，他把自己的科学威信当作了殉葬品。"[37]

这些言语表明，尽管丁铎尔赢得了公众的关注，却是以一些科学同僚的疏远为代价的。他在讲座方面的成功并不足以使他在冰川运动的问题上取得胜利。福布斯也同样如此。二人之间关于冰川如何运动的争论从未有个结果,而关于学术优先权以及引用的琐碎问题则越来越多,整个辩论沦为了骂战。[38] 在某种程度上,这是由于科学家们都有着强烈的个性,但这也反映出辩论实际上不是关于某个具体理论的探究,而是在探究什么才是真正的理论。当问题的边界本身成为讨论的对象时,即使存在可能,也很难去认定某种解释比其他解释更完整。

丁铎尔对冰川辩论陷入僵局感到不满,但他是一个不安于现状的思想家,更是一个**实干家**。他很快就找到了新的项目,可以将自己旺盛的精力投入其中。他既沉醉于大自然的宏伟壮丽,又对实验室实验的精确性着迷,他此番再次将对这二者的热情结合了起来。他很自然地认为这个新项目是之前研究的延续。热量在基础物理以及地球上混乱而复杂的现象中扮演了什么样的角色?这是丁铎尔最根本的兴趣所在。他去阿尔卑斯山研究冰川及其运动,这使他开始思考气体、热量和阳光。站在那里,身处山中,他不可能不去思考能量如何在不同物质之间无尽地传递。用他自己的话说,对冰川的研究"以一种特殊的方式,将我的注意力导向了太阳和地球之间以大气为媒介的热量传输"。[39] 他的新项目是对热量如何影响气体(包括地球大气中的气体)进行实验研究,而并非继续着眼于固体(如冰)上。正是因为这项工作,他现在重新被人们所熟知,与约瑟夫·傅里叶(Joseph Fourier)和阿伦尼乌斯一起,被认为是温室效应的早期发现者。

1859年初,丁铎尔在皇家学会的地下室里思考着一个问题:不同的气体吸收的热量有什么不同?为了回答这个问题,他布置了一个完整、可控的人工环境,由电气设备和云室组成。尽管这套设备没有特定的名称,但是它相当复杂,包括一个密封的玻璃管(可以在其中填充不同的气体)、一个稳定的人工热源(由燃气和装在立方体中的沸水供热),以及一个被称为检流计的仪器(当时刚刚发明出来的)。通过检流计测量的玻璃管内有无气体时的电流之差,可以精确地测量出气体所吸收的热量。[40]

在概念上，这套设备(也许)足够简单，但实际上，它的问题层出不穷。即使在没有通电的情况下，检流计的指针也会自行转动，偏离零点多达30度。经过多次调试之后，丁铎尔终于发现，用于制造线圈的铜被磁性金属污染了。在采用了更纯净、磁性较低的铜后，偏离角度从30度减小到了3度。但这仍然不够理想，丁铎尔想要测量的气体吸收特性可能非常微弱，检流计中的3度误差可能会埋没他试图测量的任何效果。最终，他想到要解开缠绕在铜线上的绿丝，这种绿丝在染色过程中用到了一些含铁的化合物。用干净的手把白丝缠绕在裸露的铜线上后，指针再没有发生偏移。

尽管设备有了改进，但起初他并没有研究出任何东西。设计一个持续的热源是一个重大的挑战。1859年的春天，他花了数周时间努力

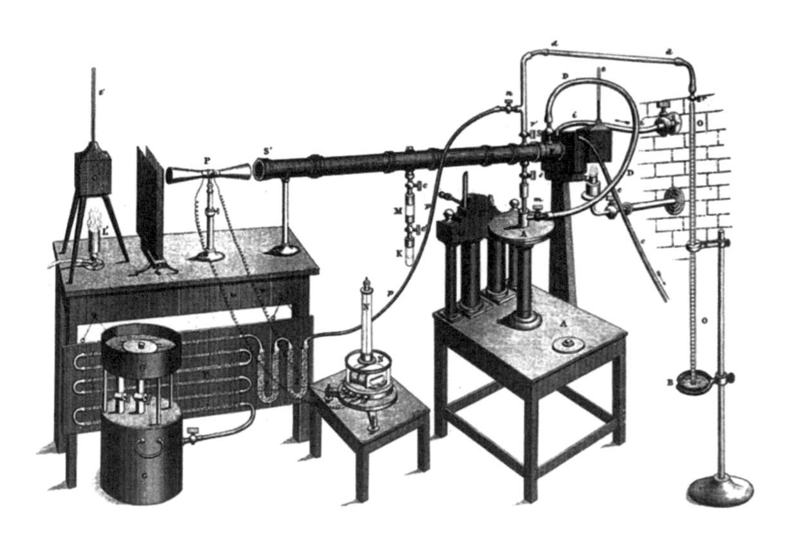

图2.8　丁铎尔用来测量不同气体(包括水蒸气)吸收热量的设备，它可以解释“地质学家所揭示的所有气候变异”。出自 John Tyndall, “The Bakerian Lecture: On the Absorption and Radiation of Heat by Gases and Vapours, and on the Physical Connexion of Radiation, Absorption and Conduction,” *Philosophical Transactions of the Royal Society* 151(1861): 36

寻求结果，其间常常感到绝望。“在整个这段时间里，研究的过程就是与实验中的困难不断搏斗的过程。”这与他在山上的顿悟完全不同，在那里，一切就像突然间拨云见日一样展现在他面前。[41] 这之后，1859年5月18日，在这个设备上埋头工作近两个月后，他取得了突破：“实验了一整天，一切尽在我掌握！”第二天，他继续取得进展：“实验中主要用蒸气，煤气效果惊人，乙醚蒸气更甚。”[42]

然而之后，似乎是莫名其妙地，丁铎尔突然中断了他的实验工作，回到了阿尔卑斯山进行更多的冰川研究。虽然他没有在学术机构任职，但他遵循着学术机构的作息——在秋季和春季讲课、做实验，在夏季休息。1859年6月本就是他该休息的时间。他一直都把夏季留给阿尔卑斯山，所以1859年的夏季他依惯例前往。直到1860年9月，他才回到设备前，花了7周的时间对其进行微调，不断尝试和否定新的热源，每天工作时间长达10小时。在接下来的7周里，他不停地工作，每天实验8—10小时。他研究了乙醚、臭氧、乙烯、二硫化碳、碘乙烷、碘甲烷，甚至还添加了更多的物质在这个目标清单上，直至数十种。到了10月底，他几乎完成了对清单上所有物质的实验。他逐渐学会了如何使实验室中各种分子运动趋于平稳，以便于他所寻求的微弱效果能被仪器感知。他发现装有沸水的立方块所辐射出的热量几乎不被单质气体所吸收，这让他感到非常沮丧。这些物质的表现的确各不相同，丁铎尔则努力捕捉这些不稳定的数字中所隐藏的信息。[43] 但是结果依然不够好。这项工作失败了，他否定了所有的发现。这是一个艰难的时期，丁铎尔“与课题中的困难和实验室的缺陷进行了持久的斗争”。[44]

获得稳定的热源是一个问题。1860年11月，他的运气好了一些。实验室的空气经过除湿和去除二氧化碳的处理后，检流计产生了约1度的偏转。同样的偏转也发生于氯酸钾和二氧化锰反应生成的氧气，而氮气、通过锌和硫酸反应生成的氢气以及通过电解水获得的氢气也是如此。他穷尽一切手段想要获得纯净的氧气——先通过电解水得到一些样本,然后让其陆续通过含有强碘化钾溶液的8个玻璃瓶,去除氧气中的臭氧。这样处理之后也产生了1度的偏转。然后他尝试了未经过碘化钾处理的氧气(这意味着其中仍然含有臭氧),发现指针一下偏转了4度。这说明臭氧对辐射热的吸收能力是纯氧的3倍。

11月20日,发生了一件更加令人惊讶的事。他首先测量了已经去除水分和二氧化碳的空气所吸收的热量,这是一个可以忽略不计的量。参考其他气体的结果,这并不令人意外。但是接下来的结果才出乎意料。从实验室直接获取的空气使指针偏转的角度是之前的15倍之多,令人难以置信。丁铎尔从中减去了碳酸的影响,仍然得到了一个惊人的结果:未经干燥处理的空气所携带的水蒸气,其阻挡的热量是纯氧的13倍。

经过总计14周的实验,丁铎尔终于能在他1861年的《贝克讲座》(Bakerian Lecture)中报告研究结果。他将最重要的发现保留到了论文末尾。在描述了由氯仿和乙醇等物质产生的微小偏转后,他探讨了大气与所谓的日地热量之间的关系,这是一个"相当有趣"的问题。引人注目的结果是:除去所有水分和其他成分的空气所吸收的热量非常少,而直接从实验室获取的空气所吸收的热量却有前者的15倍之多。

即使关键气体——水蒸气、二氧化碳和碳氢化合物蒸气——的含量发生了微小的变化,也会极大地改变大气所吸收的热量,从而导致地球变暖。这种机制可能可以解释冰期和间冰期的发生,而这些时期的存在被化石记录所证明。它解释了为什么山顶如此寒冷,即使它们更接近太阳,以及为什么正午的太阳比傍晚的更炽热。这一切的关键是水蒸气的双面性。一方面水蒸气对变冷的地球所发出的辐射热——用丁铎尔的话来说——有一种"破坏性作用";另一方面,光线却可以穿透它。这就造成了一切的不同。从太阳到达地球的光线很容易穿过水蒸气并被地球吸收，而地球再向外辐射热量，正如被太阳加热的岩石那样。然后这些热量被水蒸气所捕获，就像一张巨大的毯子，将本应流失到太空中的热量保留在地球上。丁铎尔推测，水蒸气含量的变化可以解释许多（就算不是全部）气候变化，这些气候变化则被记录在化石和地质地层中。不再需要将到达地球的热量差异在理论上与大气层的密度或高度的变化、整个大陆的海拔变化联系起来。相反，大气中水蒸气含量的"轻微变化"就足以产生"地质学家所揭示的所有气候变异"。[45]他需要在其他地点用其他的空气样本重复这个实验，以消除空气中的灰尘或其他颗粒可能造成的干扰。但这个结论已经十分惊人了。丁铎尔写道："可以十分肯定，大气对太阳光线的吸收……主要是由空气中的水蒸气所引起的。"[46]

丁铎尔在伦敦安静的地下室里耐心工作，得出的结论可以解释地球上最大尺度（无论在时间还是空间上）的变化。他在讲座和发表的论文中毫不含糊地表示：大气中的水蒸气对热量的吸收显然影响着全球的气候。他的论文被大声朗读给皇家学会的会员，并被选为当年的"贝克讲座"，这是一项特殊的荣誉。

他没有多少时间享受自己的成功，就收到了一封令人不悦的信。这封信来自一位名叫海因里希·古斯塔夫·马格努斯（Heinrich Gustav Magnus）的德国物理学家，他声称自己才是最先发现这个结果的人。丁铎尔早已预见到了这种情况，他于1859年5月就向皇家学会提交了一份初步声明，就是为了应对这种可能。虽然该声明还不包含他后续的成果，但也足以证明自己早就投身于此研究。然而还有更严重的问题，马格努斯在水蒸气的问题上得出了与丁铎尔截然相反的结果。马格努斯发现，干燥的空气比潮湿的空气能吸收更多的热量（虽然多得很少，但仍然是更多）。[47]

丁铎尔以努力工作作为回应，他甚至故意用宗教的比喻，称其为

"自我惩戒"。这项研究已经是一项"巨大而艰苦的劳作",但与下一阶段的工作相比简直是小巫见大巫,因为一个令人不悦的竞争对手的出现刺激了他。

在接下来的4个月里,他努力证明马格努斯的观点是错误的。随着技术的不断改进,丁铎尔可以更清楚地看到水蒸气的影响。对于潮湿的空气,检流计的指针有了48度甚至50度的偏转,而干燥的空气只使指针偏转了1度。

令他感到宽慰的是,他对设备的掌控程度越深,吸收量的差异就会越大。他开发了更精细的新方法来干燥空气。首先将一块大玻璃在研钵中磨成粉末,在硝酸中煮沸后用蒸馏水洗净,干燥后用纯硫酸浸润。然后将这些碎物放入一个U型管,在这个过程中避免硫酸和堵住管子的软木塞有任何接触,否则就会破坏之前干燥过程的效果。同时研磨纯白的大理石,与氢氧化钾一起使用。丁铎尔每天都会像这样准备新的干燥管,以确保它们产生同样的效果。借助这些干燥管,丁铎尔发明了一种能够单独去除空气中碳酸和水分的方法。凭借检流计和干燥管,他可以测量不同分子的吸收能力。

马格努斯对此仍然不信服,他质疑这些发现是否适用于丁铎尔实验室以外的空气。丁铎尔接受了这一挑战,他有很多朋友都乐意帮忙。很快他就获得了其他地点的空气样本,这些地点即使不及瑞士那样有澄澈的天空,但其空气也比伦敦市中心更为清新。朋友为他带来了海德公园、樱草山、汉普斯特德荒野和爱普生赛马场的空气,他还收到了怀特岛上两个地点的样本,其中一个是位于黑冈角游乐园附近的海滩。与之前相同,丁铎尔发现这些样本在有水蒸气的情况下所吸收的热量是没有水蒸气的60—70倍。丁铎尔再一次将在某个地点——无论是阿尔卑斯山、他的阿尔伯马尔实验室,还是汉普斯特德荒野——所发现的研究结果推广到了其他地方。

在对付完物理学家之后，丁铎尔对气象学家也大胆了起来，他毫不畏惧地让他们去看自己的研究成果，这些成果被他称为“确定无疑”。丁铎尔断言：“当太阳从任何一个干燥的地区消失时，随之而来的将是迅速的降温。”他坦言（甚至吹嘘），这“只是一种假设结论”。这正是来自实验室实验的成果。他对此非常自信，认为没有任何气象学的证据能够反驳。实验室中获得的真理是不会消失的。他大胆宣称，10%的“地球辐射被存在于地球表面10英尺内的水蒸气所吸收”。

他关于水蒸气的结论解释了各种气候学上的发现。例如，奔流的大河（如尼罗河和恒河）之上云团的形状会与河流的走向相似，这种云团是由于“河水的蒸发冷却了河面上方的饱和空气”形成的。它也解释了不同海拔地区的温差——他的朋友胡克曾在喜马拉雅山观察到，高海拔地区空气寒冷，而低海拔的地表空气会在阳光下显著升温。[48] 在欧洲也同样如此。从勃朗峰下山时，尽管四周都是积雪，但仍会感受到炽热的阳光和难以忍受的高温。这也解释了为什么在澳大利亚中部的干旱地区，40摄氏度的温差非常普遍，是潮湿的伦敦的2倍以上。同样，它也解释了撒哈拉沙漠白天的炎热和夜晚的寒冷。

尽管丁铎尔提出的关于地球气候成因的结论令人印象深刻，但他志不在此。正如他对冰川的研究那样，丁铎尔真正感兴趣的是分子物理学，以及热量如何影响最基本形式的分子。当他描述气候变化时，他说这展现了“我们的大气对太阳和地球热量的影响”。热量始终是他的关注重点，而大气之所以引起他的兴趣是因为它在热量传递过程中起到了阻隔的作用。对丁铎尔来说，气体研究非常重要，因为一方面，相较此前其他研究它呈现出了“更纯粹的分子行为”；另一方面，并非因为它有助于理解地球历史发展的原因，而是因为它有助于理解为什么“一丝热量在某些分子处会被阻碍而在其他分子处不会受到干扰”。

丁铎尔并没有像克罗尔那样试图将气候变化与大气中水蒸气的吸

收能力相联系，也没有提出大气中水蒸气含量可能发生增减的具体机制。相反，他扩展了克罗尔已经提出的理论。除了赖尔的大陆升降学说，还有很多方式会导致地球变冷或变热。尽管丁铎尔和克罗尔没有明确表达，但从他们的工作中可以清楚地看出，研究水在地球气候中的作用足以解释过去的气候变化，而且这种作用所需的时间尺度可能比赖尔等地质学家认为的要短。丁铎尔已经表明，水蒸气可以在极短的时间内——从一小时到一天不等——对局部天气产生巨大的影响。

丁铎尔多次描绘了天空的变幻无常。以下是从他讲述山岳冒险的书《阿尔卑斯山的锻炼时间》(*Hours of Exercise in the Alps*)中几乎可以说随意节选的一段，是关于他攀登加仑斯托克山的描写，展现了他对周围普遍存在的水的感知与共鸣。"我们登山时，天空晴朗，空气宜人；但在地球的大气中，太阳正施展着最迅速的魔法，清澈的空气使其极富变化。突然间，云朵凝聚而成，飘荡在罗讷河谷的上空，覆盖了冰川，包裹着山顶，只留罗讷河上方的雪原时隐时现。人们承认阿尔卑斯山是壮观的，有时却否认它的美丽。然而这些巨大冰川之上的雪原无疑是美丽的，它并不具有一种拒人于千里之外的高傲，而是充满了一种如女性般婉约的优雅。"丁铎尔在此处表明，他对大气以及冰川现象的欣赏来源于可能发生的变化。丁铎尔无止境地沉醉于这种不断变化的风景，沉醉于这种或轻掩秀面或揭开面纱的引诱。云、风、雪和冰等现象通过自身之间的联系被赋予了充分的意义和影响，根据自然法则它们可以互相转化，虽然这遵循着物理规律，但产生的现象却让人感到一种永恒和壮丽。

我认为丁铎尔最伟大的遗产，是他在自然环境和实验室之间建立联系的决心，是他在实验室中以简化版重现了宏伟的自然环境。他坚持不懈地将这些观察环境和认知方式联系在一起，以便有力地支持他对自然连续性的看法。在他自己的生活中，阿尔卑斯山扮演了很多不同甚至互相矛盾的角色，而其中一些角色揭示了丁铎尔内心的困苦。除了沉醉于阿尔卑斯山多变的风景，他还将其当作逃离伦敦那旋涡中心的避风港，在山上他可以摒弃焦虑，在高海拔登山的严酷环境中忘记自我。同时，阿尔卑斯山也是丁铎尔与科学同行们争夺学术优先权的战场。纯白的冰雪象征着空白，他希望只有自己能在上面留下脚印。这需要感受一定程度的孤独，也需要获得公众的认可。他必须让人们知道他来到了阿尔卑斯山，知道他在那里所做的事。他来到阿尔卑斯山，既是为了远离伦敦的生活和内心无尽的思绪，也是为了在竞争激烈的新兴科学领域建立自己的声望，使自己的观点能被所有人听到。他的内心深处被这些相互矛盾的欲望所分割。他不断地与各种渴望作斗争——既渴望孤独和安静，渴望与自然建立某种精神上的联系[他在阅读爱默生(Emerson)的著作时发现这种联系如此诱人]，又渴望与他人接触(即使是以激烈争论的形式)，渴望运动、行动和确定性。

他的思想似乎比他的情感更复杂。他明白大自然的威力在于其不具有人类的思想和情感，即使他狂热地信仰着人类的思想和情感本身就是大自然的产物。他感觉无法控制自己的情感，既易怒又容易感到被冒犯。他敏捷的动作和思维使他成为一个有魅力的演讲者和优雅的登山者，但在人类情感方面这反而对他不利。他一生中经常与人发生冲突，这导致了他现在最为人所知的争论——与宗教机构关于祈祷的效力或宇宙学与宗教关系的争论，以及自然发生说、能量守恒和前文提到过的冰川运动等一系列话题的争论。更为私人的并最终带来更重要影响的是，他常常思潮起伏无法平静下来，以至于难以入眠，这给他带来了一生的困扰。失眠折磨着他，他越来越依赖药物助眠。他记录下了不眠之夜的痛苦，当时的他只能在医生给他开的三氯乙醛中寻求缓解。有时，他需要服用两三剂药才能入睡。在一个普通的日子里，他的妻子路易莎(Louisa)犯了一个致命的错误，误给他多服用了一剂三氯乙醛。他俩马上就知道这意味着什么。据报道称,丁铎尔说:“路易莎,你杀死了约翰。”医生赶来,竭尽全力甚至用电击的方法来挽救这位反应越来越迟钝的科学家。但一切都无济于事,丁铎尔于1893年12月4日晚去世,享年72岁。

图2.9　1877年的丁铎尔。他一生都在努力平衡自己对孤独和名誉的渴望

当时的路易莎只有47岁,她永远都无法原谅自己。她将自己余下的47年时间都投入撰写丁铎尔传记的工作中去。由于被负罪感压垮,再加上材料的范围和规模之庞大,她无法完成这项任务。她于1940年

去世，此时丁铎尔的同代人早已不在，很少有人记得他。与路易莎的庞大项目有关的文件和笔记最终被移交给两位科学家，他们同意完成这项任务。对于丁铎尔的同时代科学家，他们的后代或学生在其死后不久就会完成"生平与书信"或"论文集"等悼念之作。丁铎尔则不同，他没有学生，只有一位心怀愧疚的寡妇，他没能得到这样的缅怀。那部拖延已久的传记于1945年出版，在那个正忙于从第二次世界大战中恢复的国家中问世，而当时的大多数人早已将他遗忘，因此那本传记并没有引起太多关注。[49]

图2.10　约1887年，丁铎尔和路易莎在家中的图书室

现在，丁铎尔得到了他应得的名誉。他的研究成果在如今看来是具有前瞻性的，为我们初步理解全球性气候的运作方式以及人类无意中对气候造成剧烈影响的方式奠定了基础。仔细观察就会发现，丁铎尔及其同时代人的关注点与我们当下截然不同。他所沉醉的事物——冰、冰川、水蒸气、热量——如今我们虽然也在关注，但这种一致只是表象。丁铎尔对彼时刚提出的热力学定律的深刻理解是他研究热量的依据，而不是像我们这样依据的是对充满生机的绿色地球的认知。可以说，热力学第二定律，以及其中关于整个宇宙未来会变冷的判定，赋予了他看待世界的方式。

如今，我们对地球各个部分之间的联系有着深刻的认知，但关于地球各部分的联系以及物理现象之间的联系意味着什么，我们的理解其实与丁铎尔的并不相同。我们不再以熵的角度看待世界，也不再为从过去到未来地球发展的巨大时间跨度所震撼。相反，我们看到的是曾经以为无穷无尽但如今却在不断减少的时间本身。我们感觉到时间正在流逝，因此迫切地想要了解地球的气候机制，如果可能的话，还会据此改变自己的行为，以避免一个越来越热的未来。

与我们最明显且最重要的区别是，丁铎尔和他的同时代人从未想过，人类会向大气排放如此之多的辐射热的吸收体——二氧化碳，甚至到了改变地球气候的程度。他们对地球过去的气候以及地球未来可能的气候进行了富有想象力的思考，但没有人想到他们已经开始了地球科学领域中最大、最重要的实验。

丁铎尔始终保持着对自然界行为的惊奇，其中还融入了对自然之壮美的敬畏，这种美渗透进大自然创造物的每一个分子中，无所不在。即使在人类难以到达之处，或者人类未曾想要抵达的地方，也有美丽遍布。尽管（或许正因为）他坚持以纯粹的唯物主义观点看待宇宙（上帝作为所有原因的起源被排除在外），但是丁铎尔一直被自己内心深处无法言喻的惊奇体验所触动。他拒绝将自然奇观视为上帝的恩赐,他想知道自己为何会对能量在物质中的运动以及分子之间的相互作用产生这种感觉,而不是对其他事物。

他情真意切地写道,人类的想象力具有非凡的力量,可以窥见大自然的面纱下所隐藏的秘密,但他也从未忽视大自然更深层次的力量。1859年,他和同伴们在冰海冰川观测,在小屋那夜,他又一次领略到大自然超越人类的能力。尽管小屋被小心翼翼地封闭起来,但细微的雪晶还是从狭小的缝隙中钻了进来,在一扇窗户上形成了"由微小的冰晶组成的窗花,它如薄纱一般精致,其流畅的曲线和恰到好处的褶皱是人造物所无法比拟的"。[50]大自然无意中创造的美景使人类最伟大的成就也相形见绌。丁铎尔为了诠释**这一点**,一次又一次地挑战自己和他的读者。

丁铎尔将手贴在玻璃窗上,让冰在手下融化,又目睹着它在眼前重新冻结:"原子与原子相连,生命力通过这相连的纽带穿过手掌,直到最后整个窗花都呈现出生物体的美丽和精致。这种没有生命的物体好像与感情无关,但事实上,这些美妙的产物不仅引发人们的好奇和思考,还会让人心生愉悦、眼含热泪。"[51]尽管那句"这种没有生命的物体好像与感情无关"确实很奇怪,但丁铎尔认为有必要指出情感和自然秩序之间的联系。情感在丁铎尔心中奔腾,就像他手中的热量在冰冷的玻璃窗上传递一样。这两种情况,都遵循着相同的物理原理,这个丁铎尔赖以生存的世界是如此神秘,情感和原子应是相似的。如果情感只是分子,大自然如何让他产生这么多的感受?这种思考本身就引发了奇特的冲动,就好像想用舌头一遍又一遍地舔那颗似乎松动的牙齿。

丁铎尔的一生就犹如经历了一场跌宕起伏的情感交响乐,他认为自己的情感是神秘的物质,这种认知反而加强了这场演奏体验。在欣赏自然之美时,他总是能深刻地意识到这个奇怪而精妙的悖论。根据物理法则诞生的大自然的产物，居然能在人类身上引发如此强烈的情感，而人类本身也只是根据相同的物理法则所组织起来的物质而已。面对这一切，除了惊叹和继续观察，别无他法。丁铎尔动情地写道："大自然在运用自己的法则时，往往会超越人类的想象；她的行为比我们预测的更大胆，冰川的运动就是如此，在蒙塔韦尔的那一天亦然。"[52]

第三章

透明的云

当“泰坦尼亚”号(Titania)皇家邮轮缓缓入港时,特内里费岛的山顶只出现了片刻,但皮亚齐·史密斯早有准备,他捕捉到了云层“被揭开而露出岛上圣光的那一瞬间,仿佛是艰苦航行后的奖赏”。他知道,只有努力爬上山顶,才能再次目睹其容颜。就目前而言,他为有机会看到“一个更高更纯粹的景象”而感到欣喜。[1]

虽然好像很凑巧,但能够看到山顶并不是云和风意外合作的结果。相反,这是由皮亚齐·史密斯所称的“一条将陆地云和海洋云分隔开来的清晰的界线”造成的。尽管形成的原因还不确定,但这条界线本身却是明确稳定的,甚至是一道著名的风景。1799年,伟大的德国探险家亚历山大·冯·洪堡正要开始他为期5年的南美洲史诗之旅,他在该岛停留,也注意到了云层分开而露出山顶的奇怪现象。[2] 大约30年后,1832年1月,达尔文在南美洲之旅伊始,初次登上这座岛,目睹了同样的气象景观。他在自己的《博物学家的航行》(*Naturalist' s Voyage*)一书中提到了这次体验:“我们看到太阳从大加那利岛蜿蜒的轮廓背后升起,突然照亮了特内里费峰,山顶之下则被埋进羊毛般的云朵里。”[3]

在叙述自己探索天文学可能性的山顶旅程时,皮亚齐·史密斯提到,在亲眼看到云层之上的山顶前,还能理性地认为存在一个对云线的科学解释,但这之后,“感性占上风,很少有人能再去思考物理层面的解

The Cloud Horizon Westward from Guajara, shewing the summit of Palma above and the base of Gomera below the Cloud

图3.1 皮亚齐·史密斯于1856年的画作，描绘了拉帕尔马岛云线之上的山峰。洪堡和达尔文都曾观察到并记录下了相同的气象现象

释”。皮亚齐·史密斯暗示，云及其运动比起思考更容易激发人们的情感。是这样吗？他不清楚自己是否属于那种更注重物理解释的人。他声称在科学理解之前敬畏和惊叹会先产生，但在其话语间，皮亚齐·史密斯首先是一个科学家，其次才是情感表达者。

云，作为天气中最显眼且最富变化的元素，往往能引发强烈的情感反应，这一点对皮亚齐·史密斯来说是不言而喻的。在19世纪早期，英国画家约翰·康斯太布尔(John Constable)为天空——以前只是画作中的背景——重新赋予了重要的角色，即风景画中的“主旨、尺度标准和情感的关键”。[4] 这里他说的天空实际上是云。根据自己已完成的画作以及对云的一系列研究，他独树一帜地将云转变为画作中表达情感的主要对象。这并不意味着他要将科学技术从艺术中排除，相反，康斯太布尔认为科学技术可以用来增强艺术中真实的情感体验。他相信，他所画的作品之所以具有“艺术”的品质,很大一部分在于它所引发的情感的真实性。它是否能让观众感觉到自己就站在田野里,看着画中的景象如身临其境?如果科学的方法和实践能增强绘画作品的情感冲击力,何乐而不为呢?

康斯太布尔作为一位杰出的艺术家,某种程度上是通过卢克·霍华德(Luke Howard)的眼睛学会了观察云。1803年,霍华德提出了一套新的命名云的术语,无论是在文字还是在绘画上都为捕捉对云的真实感受提供了新的角度。对于康斯太布尔和其他受霍华德影响的画家来说,对云的科学理解有助于创造出令人信服的主观体验。对于科学家来说,云所激发的情感并不重要,关键是要能总结出描述云及其变化的方法。霍华德不仅为之前看似无序的云制定了秩序,而且定义了不同类型的云互相之间的转化。从一开始,他的研究就着眼于云类型的变化,而非固定的形态。情感在霍华德的科学工作中扮演了什么样的角色,这不好说。然而,很确定的是,将情感与科学分开是相当困难的。云之所以有趣、有用又重要,正是因为它模糊了客观与主观、科学与艺术、现实与情感之间的界限。

回顾丁铎尔和福布斯在冰川运动上的争论,其重点不在于谁有更好的解释,而在于什么才算得上是一种解释。同样地,1856年,那些希望科学地研究云的人们也费尽心思来定义什么才算是研究云。1804年,霍华德提出了一种看法——**认识**云意味着能够识别并命名它。这种自然历史的方法将云视为可以观察和收集的自然标本,就像蝴蝶一样。生物学家可以通过分类描述来了解蝴蝶的很多信息,同样地,通过这种技术也可以对云的地理特征进行深入了解。虽然霍华德强调关注云的变化很重要,但他并未涉足云的物理变化,以及云在风暴生成中所扮演的角色。

到了1856年,云的研究愈加受到新的观察方式和认知方式的影响。

1854年,一个名为气象局的新政府机构成立,旨在增加对天气的了解,以获得实际和科学的利益。该机构任命海军上将罗伯特·菲茨罗伊(Robert FitzRoy)作为第一负责人,体现了其双重使命。菲茨罗伊曾任“贝格尔”号(Beagle)的船长,达尔文曾在这艘船上担任博物学家(也是在这艘船上他观察了特内里费岛的云)。菲茨罗伊是一位务实的海军军官,他之所以对云感兴趣,是因为想保护手下的水手,以及往远了说,保护可能在偶发强风暴中受到伤害的英国人。虽然政府官员和科学家都认为可靠的天气预测还有很长的路要走,但菲茨罗伊对此采取了实用主义的态度,认为利用天气知识来拯救生命比等待基于统计数据建立起“成熟”的科学更为实际。这使他的所作所为具有开拓性和高度的争议性。

皮亚齐·史密斯抵达特内里费岛时已经37岁了。[5] 这次旅行是他一生的追求。他出生在那不勒斯的天空下,并以一个仿佛预示着命运的名字受洗:查尔斯·皮亚齐·史密斯。他的姓来源于他的父亲,一名出色的海军军官;他的中间名取自他父亲的好友、伟大的意大利天文学家朱塞佩·皮亚齐(Giuseppe Piazzi)的姓氏。典型的苏格兰姓和名中间夹着一个意大利姓氏,这使他的名字充满了异域色彩。继承了他们二人名字的皮亚齐·史密斯从小就心怀抱负和远方。16岁时,无论是字面上还是寓意上,他都踏上了前往远方的旅途。他离开了曾就读的贝德福德郡的学校,沿着非洲西海岸航行,直到非洲大陆的最远处。1835年,他抵达好望角,并按照事先安排,成为好望角皇家天文学家托马斯·麦克利尔(Thomas Maclear)的学徒,度过了接下来的10年。

他学会了如何定位星星和精确绘制星图——在好望角干燥的空气中,能看到的星星远比在英国的多。他努力参与测量子午线弧长的工作。为了追求大地测量的准确性,在五个冬天里,他出没于好望角西部的山中，忍受着冰冷的雾气和刺骨的寒风。他追踪黄道光那幽微又模糊的闪烁，这是太阳系平面中悬浮的尘埃散射所形成的一种神出鬼没的微弱现象，几乎难以察觉。

观察需要训练，记录所见也需要技巧。他从小就擅长素描，并形成了一种流畅、真实的风格。他画过从贝德福德的学校房间中望出去的景色、载他去好望角的船上的人，以及抵达好望角后看到的建筑。他描绘了于1835年至1836年间经过地球的哈雷彗星。他是第一个在非洲拍照的人，甚至在他还没有学会该使用哪种化学品的时候，就已经尝试着拍摄植物的初级照片。早在1843年，他就已经拍摄出能保存至今的照片，包括南非的人物和建筑，以及一张好望角天文台的照片（可能是所有天文台照片中最古老的一张）。

他在27岁时回到英国，成为苏格兰皇家天文学家。虽然这是一个超出他年纪的任命，但他很快发现这个职位只是空有头衔。他资金匮乏，天文台的人手也总是不够。爱丁堡的天空中弥漫着朦胧的煤烟，低沉的云层压得人喘不过气，天空灰暗得堪比新城房屋上的石头。很难再见到如好望角那般的晴朗，尽管如此，他还是努力完成工作要求。

灵感与妻子同时而至。当时他决定踏上前往特内里费岛的旅程，看看能否把精密仪器带到山顶，在那里建立一个天文台。此时已经36岁的皮亚齐·史密斯不再是早慧的年轻人，而他的新娘杰西（Jessie）出人意料地已经40岁。他们于1855年的圣诞节结婚，次年6月即乘船前往特内里费岛。他们乘坐的豪华游艇里装载着以下仪器：太阳辐射计、磁强计、温度计、静电计、光谱仪和偏振仪，这些都是英国皇家天文学家乔治·艾里（George Airy）借给他的。此外，气象局局长菲茨罗伊上将借给了他气压计和更多的温度计，一位水文学家借给了他4台天文钟，而罗伯特·斯蒂芬森（Robert Stephenson）则胜过了他们所有人，借给他一整艘游艇，即“泰坦尼亚”号皇家邮轮，以及回程时的16名船员。

这次旅行是一次典型的帝国考察，因为这次旅行依靠的是工业革命中精心设计的工具、当时最伟大的科学家们借给他的仪器、昂贵的游艇以及训练有素的船员。皮亚齐·史密斯的目标是验证一个颇为权威的旧假设。艾萨克·牛顿在1704年出版的《光学》(*Opticks*)一书中提出，通过去除"大气中的有害成分"，天文观测将得到极大改善。此后，许多人都表示赞同这个观点，但没人试图证明。特内里费岛比好望角更靠近伦敦，所以更方便到达，但那里也存在着科学观测上无法克服的障碍。仪器可能无法顺利运至山顶，就算送达了也可能无法正常运作，或者山顶可能一直被云所笼罩。然而，如果能够克服这些障碍，那么就有可能获得更多的科学知识，进一步扩大科学视野。

皮亚齐·史密斯形容这座山就像是一个从理论中生产事实的机器。在这个意义上，天文学家本身也是如此。但是这样做则需要在理论和实测之间取得平衡，就像站在山顶的人要努力保持平衡一样。皮亚齐·史密斯是苏格兰人，出生于那不勒斯，在南非进修，并在爱丁堡(这座秀丽的苏格兰首府同时也是伦敦的前哨)从事专业工作，他的经历和背景都与边缘地区的文化和环境密切相关。也正因如此，他独具资格来尝试这个挑战。

他之所以成功，是因为他在远离英国数千英里的山顶上，仍能保持发达城市天文科学的高标准。他内心的兴奋以及对探索的渴望驱使他首先去往好望角，现在又来到了特内里费岛。在19世纪中期，这份动力是成为一个探险科学家的必要前提。然而，那些留在伦敦的人坚持自我约束，这与探索精神格格不入。尽管那些借给他仪器(并提供资金)的伦敦科学家们提出了很多不同的要求，但他们非常坚定地甚至有些古板地认为皮亚齐·史密斯应该受到某种程度的限制。即使这次考察的目的是在天文学上取得前所未有的进步，但也存在过度的可能。皮亚齐·史密斯可以进行的观测类型受到了限制——他不被鼓励研究

图3.2 1856年,“泰坦尼亚”号的船员在前往特内里费岛的途中,由皮亚齐·史密斯拍摄

地质学和生物学,他描述自己发现时的表达方式也受到了约束。皮亚齐·史密斯知道这一点,这解释了为什么他在描述与山的首次接触时带有一种防御性的语气。他知道自己必须抑制情感,专注于仪器的读数,他要珍惜这来之不易的仪器。如果他努力工作,并且运气好的话,他可能会将这座山打造成英国天文学的前哨站,甚至是一片新的殖民地:一个短暂、临时但有潜力的新知识获取地。这在一定程度上解释了皮亚

齐·史密斯在抵达特内里费岛时的奇怪措辞和防御性叙述。他试图同时遵守两种观察天空的准则:一种是基于情感的,另一种则是他所谓的"物理解释"。皮亚齐·史密斯的有趣之处在于,他不仅认为自己被夹在这两种观察云的方式之间,或者说被这两种方式所切割,而且他还与读者分享了这种双重体验。

对于19世纪中叶的天文学来说,消除科学观察中的个人因素变得尤为紧要,因为当时的人们刚刚意识到,在对天体运动进行极其精确的观察时,观察者反应时间的差异可能会成为误差的主要来源。这个问题有一个叫法,即"人差方程",是说将人与人之间的差异标准化为一个数值,以便从观测结果中减去,从而得到准确值。天文学家们在工作中变得多疑起来,对任何可能导致误差的因素都保持警惕。在19世纪末,一位畅销作家写道:"警惕永远不会停止,耐心永远不会疲倦。必须密切关注误差来源——它可能是变化着的也可能是恒定的;必须在无限小的误差之中权衡;所有自然力量和变化——霜、露、风、热交换、重力干扰、空气颤动、地球震动、观察者自身的重量和体温甚至大脑接收和传输数据的速度——都必须考虑到并从结果中排除。"[6]

即使采取了如此极端的防范,也不可能消除观察者之间的个人差异,具体来说,比如人们需要极其准确地判定一颗星星经过天空中某个位置的时间,但是不同观察者的反应时间不尽相同。天文学家越是能够精确地绘制星图,人差方程就越重要,因为当测量的时间单位非常小时,观察者反应时间的差异即使很细微,也会造成观测结果的天差地别。解决这个问题的方法之一是建立观察者的层级制度,每个观察者都受到天文台负责人(例如格林尼治皇家天文台的台长乔治·艾里)的监督。[7]皮亚齐·史密斯在山顶上并不是孤身一人,但从艾里这样的天文学家的角度来看,皮亚齐·史密斯可以说是与世隔绝了。没人看着他，没人可以检查他的观测结果，也没人监督他的观测过程。

变幻的云朵中显露出巍峨的山峰，这对大多数人来说都是壮丽的气象学景观，当皮亚齐·史密斯谈到这样超凡的现象是一种情感体验时，他以某种间接的方式提及了天文学界的一个长期困扰。尽管天文学家使用“**人差方程**”，希望能消除观察者之间的差异，但皮亚齐·史密斯在这里强调，个人观察无法用言语来描述，也无法用数字来衡量。他认为应当接受观察者的主观性，而不是把它视为一种需要被摒弃的麻烦，皮亚齐·史密斯进而提出了一种可能性，即科学家可以同时做到客观和主观，以及无个人色彩和有个人色彩。

如果说精确度问题在天文学中很重要的话，部分原因在于皮亚齐·史密斯以及同时代的大多数人所从事的主要天文学工作是制图。19世纪前几十年，法国和英国在天文学上投入了巨大的精力和资源，这可以看作一种科学上的殖民化。牛顿表明有可能根据一套物理定律来预测天体运动，在那之后的近一个世纪，天文学家们大多还专注于研究如何将其付诸实践。绘制月亮、行星和太阳等恒星的位置图——被称为方位天文学——是牛顿于1687年在他的《自然哲学的数学原理》第一版中提出的研究计划的延续。为此，需要在最严格的监督员监督之下，由训练有素的观察者进行，使用最精确的仪器，经过长时间的观测，才能绘制出足够精细的地图，以证明牛顿体系理论的可行性，而且同样重要的是，可以据此对航海和测绘进行实际的改进。通过了解天空，各国有可能以一种直接且实际的方式了解地球，并在了解地球的过程中控制地球上更大的范围。[8] 此外，方位天文学的成就还在于能够非常准确地预测天体的运动，这使得该学科备受赞誉，并成为许多其他物理科学所追逐的榜样。

尽管方位天文学已经具有如此强大的功能，但天文学家们总是希望能获得更多。19世纪30年代，皮亚齐·史密斯已经成年，此时的天文学家有了更大的野心，他们不仅希望能确定星星的位置，还希望了解它们的**本质**。当天文学家们发现可以超越天体力学这个曾被认为是最完美的科学体系时，一个令人兴奋但充满挑战的全新世界在他们面前展开了。牛顿认为宇宙是枯寂而单调的，就如同只靠发条带动的机械表，除了上帝时不时地介入让行星保持在它们恒定的轨道上之外，几乎没有其他事情发生。新的观念则认为，宇宙充满了能量，并不断向地球发射，使其沐浴在无尽的光和磁场之中。牛顿用数学预测出了平滑而单一的轨道，但后来成千上万个气压计、温度计、磁强计以及其他各种探测宇宙能量的仪器则记录下了复杂且凌乱的轨迹，颠覆了牛顿的观点。

德国探险家和博物学家亚历山大·冯·洪堡认为，科学探索可以揭示大自然的秘密法则，他是这个观点最有影响力的支持者。他的航船于特内里费岛的茫茫雾气中抛锚停泊，"雾气如此之浓，几乎看不清几百米外的东西"。与皮亚齐·史密斯一样，他担心会一直看不到山顶，但"在我们向此地致敬那一刻，雾气立刻消散了，泰德峰显现于云层上方的缺口，虽然太阳还未升起，但第一缕阳光已经照亮了这座火山的顶峰"。[9] 尽管有雾气，但洪堡还是注意到了大气透明度的问题，"这是热带地区景色美丽的主要原因之一"。大气透明度高不仅意味着色彩和谐以及对比度的增强，还改变了南部地区居民的"道德情感"，使他们具有"对概念的清晰感知，以及与大气透明度相应的内心的平静"。[10] 总之，晴朗的天空可以带来清晰的思维。

洪堡一直在思考自然环境如何影响人类，以及人类如何理解这些环境的物理性质。几十年后，当他坐下来开始将一生的旅行和思考总结成一本书时，他又回到了不同的景观如何对人产生不同影响的问题上，或者说是"在对自然的思考中给我们带来的不同程度的享受"。回想他去过的许多地方,有几处令他难以忘怀。比如“科迪勒拉山脉的深谷”,那里高耸的棕榈树形成了森林中的森林。当然还有特内里费岛,他回顾说:

> “那平铺的云层白得耀眼,横亘于火山渣锥与下方的平原之间,突然,上升气流刺破了白云屏障,旅行者的视线可以从火山口的边缘,途经覆盖着葡萄藤的奥罗塔瓦山坡,来到环绕海岸的橘园和香蕉林。”

那么,是什么让这样的场景能够触动一个人的内心,激发出“[人的]想象力和创造力”呢?部分原因在于这些场景不断变化,移动的云或水戏剧化地表现出力量的流动,这种力量始终存在但并非总是如此明显。洪堡称之为“独特的地形地貌、别具一格的景观、不断变化的云彩轮廓,以及它们与海平线的融合”。所有这些变化带来了怪异的感觉,让他与丁铎尔一样,觉得自然界充满了自己情感的投射。洪堡写道:“印象会随着思维的变化而变化,我们被一种美妙的错觉所引导,相信我们从外部世界获得的正是我们自己在其中所投入的。”[11]

这种美妙的错觉在很大程度上归因于大自然的统一性。洪堡写道:“大自然的强大影响力来源于对其产生的印象和情感的联系与统一。”人们特别注意到了统一性。为了实现真正的理解,必须更深入地探索。随着人类智力的发展,有可能超越本能的统一感,找到更强大的方法来认识世界。

> “随着人类经历了智力发展的不同层次之后,人们逐渐获得了对反思的自由调节能力,也逐渐学会了将思想世界与感知世界分开,不再仅仅满足于对自然力量和谐统一的模糊直觉;思想开始履行其崇高的使命;而观察在理性的帮助下,努力追溯现象产生的根源。”[12]

图3.3 亚历山大·冯·洪堡。1859年由尤利乌斯·施拉德尔(Julius Schrader)绘制,背景是钦博拉索山和科托帕希山

通过将思想和情感分离,洪堡认为最终可以解开不同现象(如磁性、天文和气象)的线索,并找出各自的起源,或者说是"追溯现象产生的根源"。只有通过调节情感,人类才能挣脱统一感这个强大的第一印象。洪堡的设想是渐进式的,又很大胆。虽然这需要时间,但最终可以更深入理解自然界中多种力量的运作方式。将"单纯的"自然历史转变为地球物理学,需要"在各种现象的快速变化中找到所表现出的重要且

恒定的自然规律，并追踪物理力量之间的相互作用和对抗”。[13]综合来看，这些解读将揭示地球真实而独特的面貌。[14]

探究力对地球的物理作用变得越来越可行，也越来越有吸引力，人们无法抗拒去寻找连接地球与宇宙的那无形但强大的纽带。洪堡没有区分作用在地球上的力和宇宙中普遍存在的力，他倾向于将宇宙视为整体。“自然界的和谐统一”必然将地球与太空紧密联系在一起，并用温度和压力的等值线编织出一幅物理力起伏变化的画卷，与洪堡辛苦重建的生物地理的连续性交相呼应。

约翰·赫歇尔赞同洪堡的观点，他是伟大的天文学家、天王星发现者威廉·赫歇尔（William Herschel）的儿子，本身也是一位杰出的科学家。约翰·赫歇尔参与组织了19世纪30年代的“磁场征服运动”，这是一次雄心勃勃的尝试，旨在同时测量地球各地磁场的变化。[15]这次多年的考察带来了惊人的发现，揭示了地球磁场的变化与太阳黑子的11年周期相呼应。没有比这更好的例子来证明洪堡的主张，即在变化中存在秩序。这一发现不仅为收集多种数据（如太阳黑子、太阳光谱、重力、辐射以及其他）提供了充分理由，也强调了将这些现象彼此区分开来的必要性。从这个意义上说，知识既是做加法也是做减法。要理解像特内里费岛这种地方的情感力量及其所显现的物理现象，需要借助工具，从统一感这个强大的印象逆向推导出事物发展的潜在原因，而皮亚齐·史密斯带去岛上的仪器就记录下了事物发展的轨迹。

对于皮亚齐·史密斯及其同行来说，将地球大气的影响与太阳大气的影响分开，是理解二者真正本质的先决条件。在这个意义上，抛开太阳物理学去研究地球物理学是不可能的，反之亦然。这种研究天文学的物理新角度将地球和宇宙紧密联系在一起，正如一位科学家所说，它创造出了“新的科学——可以在地球上研究星星的本质，而通过研究星星也可以更好地了解地球的本质——这是一门旨在实现统一性与普遍性的科学,就像大自然那样,以可见之物反映不可见的高度统一性”。[16]

地球的大气在这种追求统一性的过程中扮演了特殊的角色。大气以及其中飘浮的云是不断变化着的,这既代表洞察事物本质是困难的,又表明有必要对观察目标始终保持警惕。云有时会遮挡人们看向远处的视线,妨碍我们看到星星和山峰。但它们本身也是自然界的一方面,值得我们去研究。它们是自然界充满多样性的体现,大自然蒙上面纱的方式本身就是自然界的一部分。遮挡视线的物体本身就值得一看。因此,大气具有双重身份,既是科学研究的阻碍,也是科学研究的对象。

皮亚齐·史密斯如何在实践中找出构成大自然统一性的众多要素呢?他初次瞥见在云层里若隐若现的山峰时,便确定了方向。他的目标是尽可能爬上山顶,找到一个可以搭建天文台的位置。他从船上带来的笨重箱子被拆分成更适合在崎岖火山上携带的包裹后,一支由20名搬运工和20匹骡子组成的队伍带着他的仪器设备开始前往目的地。在登山的第一天,下午一点左右,他们就已经到达了7000英尺以上的高度。皮亚齐·史密斯感叹道:“火山还没喷发呢,光和热就已经无处不在了。”[17] 傍晚时分,他们登上了这座山的中间峰——瓜哈拉峰——的峰顶。搬运工们匆忙卸货,然后飞快下山,返回低海拔地区过夜,而皮亚齐·史密斯和其余的一小队外国人则留在了山顶。皮亚齐·史密斯欣喜地表示,他“离开英国仅仅24天,就在距离赤道仅28度、接近9000英尺高的山顶露宿”。[18]

在登山途中,他们徒步穿越了云的分界线,那是他曾经从船上看到的。飘浮着的云就好像大气中的海洋,其上耸立着特内里费峰和附近拉帕尔马岛的山峰,如同海上突起的岛屿,只是这些岛屿不是从海洋的液态水中隆起,而是从形成云的冷凝水滴中出现。这些云持久而均匀,延伸至视野尽头。它们既是一道实实在在的边界,同时也是一道寓意上的界限。皮亚齐·史密斯称其为“飘浮在4000英尺高空中的巨大水汽平原”。这是一个“分隔许多事物的存在——其下是湿润的大气、果园和花园,以及人类的住所;其上是干燥得难以想象的空气,这之中山峰的裸露骨骼在各种绚丽的色彩下氧化,白天是璀璨的日光,夜晚是无数闪烁的星光”。[19] 再之上,就是他此行的理由——天文学领域,为牛顿观点辩护的可能以及天空那不可思议的清晰视野就在其中。

云是什么?它们属于哪种景观?这些都是待解决的问题。霍华德提出,云既不会无止境地变化也不是不可分类的,这改变了气象学的形式和内容。然而许多问题仍然存在,尤其是:云是像生物物种一样具有地域性特点,还是在全球各地都存在的更为普遍的现象?在皮亚齐·史密斯登山时,他注意到特内里费岛的云与英国的云有着明显的差异,但人们希望这些发现仍然有可能被归纳为普适的规律,就像“磁场征服运动”调查期间观测到的磁场读数变化一样。

在山上,光的强度改变了时间的性质。皮亚齐·史密斯能够在单个白天或夜晚看到比在低海拔处多得多的事物,因此他能实现惊人的观测量。皮亚齐·史密斯解释道:“在如此清澈的大气中,在太阳光的垂直照耀下,没有任何空气污染,一天的时间过得迅速而充实,在这样的日子里,每一刻都抵得上其他日子里的几个小时;我们观察远处和近处,与一切都面对面,对大自然的光辉创作有了更高的认识。”视野里的色彩层次分明:“辉煌的镉黄”“一小撮最浓郁的橘红”“柠檬黄”“鲜艳的玫瑰粉”,最后是“上面的深蓝色天空”。[20]

若要将光转化为可用的科学工具,需要进行大量的工作。皮亚齐·史密斯在海拔9000英尺的地方扎营了约一个月,之后由于对持续不断的灰尘感到沮丧,他决定继续向上,前往海拔10 700英尺的阿尔塔维斯塔——恰如其名,它在西班牙语里寓意着高处的视野。他着手做起了之前在瓜哈拉峰上曾尽量避免的事情,即搬运那台“巨大的帕丁森赤道仪望远镜”，这需要“竭尽全力去完成这次远行的主要目标，也就是把最大的望远镜放在山的最高处”。[21] 在内部的“望远镜广场”周围，一群当地人和一些来自史蒂芬森船上的船员辛勤工作，建造了五个房间（皮亚齐·史密斯自豪地指出这些房间有屋顶），以及一条走廊，恶劣天气时可以提供一定程度的保护。

这个天文台从内到外都是拼凑而成的。墙壁用山顶的岩石砌成，其上覆盖着毛毡墙面，支撑木料来源于从特内里费岛就地取材的幼杉木，还有从爱丁堡一路运来的玻璃板、百叶窗和门铰链。岛上有很多普通的钉子，但皮亚齐·史密斯指出：“好的螺钉似乎与盎格鲁-撒克逊人的文明进程息息相关。”[22] 这是一句玩笑话，表明天文实验的成功在很大程度上取决于英国的再生产条件，哪怕是用于固定仪器的螺钉。

图3.4　在阿尔塔维斯塔的山顶，杰茜戴着太阳帽，身边是望远镜

天文观测并非易事。在关于这个主题的书中，皮亚齐·史密斯用了超过500页的篇幅来描述它有多么艰难。但他并没有抱怨，而是充满了惊讶。他解释说：“我们用于拍摄太阳的摄影设备，总有这样那样的

部件会不时冒烟起火。”望远镜的目镜过热会变得很危险，因此他们不得不偶尔停下来，以免自己被烧伤。[23]

但这是值得的，而且他从一开始就清楚这一点。这些困难是不可避免的，实际上它们也是必要的。他第一次使用望远镜就成功了，靠的不仅仅是大气中缺少水汽，还靠从爱丁堡和伦敦一路跋涉至特内里费岛山顶的辛苦与（对人员和货物的）监督。当皮亚齐·史密斯将眼睛贴近望远镜目镜的那一刻，所有这些艰苦的工作——包装和运输、建造和培训——都变得像大气一样透明。这就是这类科学工作背后的魔术，从某种意义上来说，也是所有科学工作背后的魔术：为了让大自然的一小部分以一种前所未有的方式被看到，需要付出巨大的努力。

当皮亚齐·史密斯将望远镜对准天空、眼睛贴近目镜时，视线可以延伸至最遥远的星辰。他能比以往看到更远的地方，比以前的自己（或任何人）都看得更远。让我们重现这个场景：他站在山顶的最佳位置，凭借一台强大的望远镜，视线穿过头顶上方的清澈空气直达那虚无缥缈的太空，皮亚齐·史密斯可以比之前任何人都看得更远。在山顶的第一个夜晚，他就打破了此前所有的观测纪录。一个个原本模糊难辨的星星成了此时他眼中明亮的存在。即使是最微弱的16等星也能被轻易看到。他获得了更大的视野，但很快就发现，他手头的天文学测量方法不足以评估这种新视野的全部范围。[24]

在证明了山顶天文学的实用性和可取性之后，皮亚齐·史密斯开始进行观测，这些观测将大力推动物理天文学的发展，揭示恒星和行星的**本质**，而不是仅仅指出它们的位置在哪里。我们对太空和地球的印象来源于物理现象，而皮亚齐·史密斯辛苦运来的仪器有助于我们把这些物理现象拆分开，正如洪堡所主张的那样。太阳黑子变化的原因和周期是什么？日食期间才能见到但其实可能一直存在的日珥是什么？双星的本质是什么？随着时间变化它们是如何旋转的？控制潮汐、地球的天气以及磁场的机制是什么？

问题太多，不可能全部得到回答。但这些问题的提出本身就表明了人们对宇宙和地球的认知方式已经发生了巨大的变化。新发明的和改进过的仪器第一次使人们有可能“看见”那些以往无法察觉到的物理现象。越来越先进的望远镜能够收集到更多光线，并显示更为细致的细节。摄影一经发明就被应用于天文学。1839年，路易·达盖尔(Louis Daguerre)将相机对准了月亮；次年，约翰·威廉·德雷珀(John William Draper)成功复制了这一壮举——他发明了一种在长时间曝光的条件下追踪月亮的方法。19世纪40年代，照相机对准了太阳。1850年，织女星成为除太阳外第一颗被成功拍摄到的恒星。在这些摄影设备中最有影响力的装置是分光镜，它利用光线可以判断远处大气的成分。它提供了很多证明自然界统一性的证据，证明了地球和太空中存在着相同的元素。

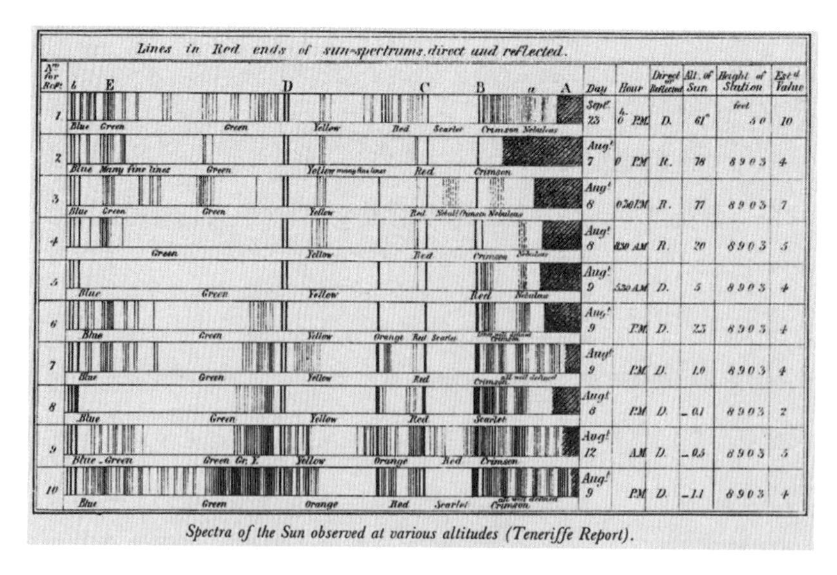

图3.5　在不同海拔和时间观测到的太阳光谱，来自皮亚齐·史密斯的特内里费岛考察报告。底部的读数是在太阳落山时记录的

多个世纪以来，人们已经观察到光的衍射所产生的独特颜色排布。莱奥纳多·达·芬奇(Leonardo da Vinci)曾注意到水杯中气泡边缘的“彩虹色”。牛顿证实，光透过足够透明的玻璃棱镜后所折射出的一组颜色不会再被改变，他因此在科学界崭露头角。他将其命名为**光谱**，在拉丁语中，这既意味着一个幽灵般的图像，又指所观察到的事物，被用来描述通过棱镜折射出的彩虹。牛顿将光谱分为7种颜色，在整个18世纪主导了人们对光谱的认知。直到1802年，一位对光感兴趣的医生威廉·海德·沃拉斯顿(William Hyde Wollaston)，通过一个非常狭窄的缝隙观察光谱，首次注意到在色散的光谱上有一系列的暗线。他开始尝试绘制这些线，从中选出最突出的5条，以大写字母从A到E标记。1824年，德国玻璃制造商约瑟夫·冯·夫琅禾费(Joseph von Fraunhofer)使用高质量的棱镜(因此他更关注光谱所反映出的玻璃纯度，而不是反过来)独立研究，对暗线谱进行了大量补充，并为500多条暗线指定了独特的编号。

观察光谱并非易事，没人知道其中可能有多少条线。越是仔细观察，似乎就会出现越多的线，而线的成因则更不确定，这让人们更难相信自己的眼睛。另一个复杂的问题是，很难将看到的东西画出来。皮亚齐·史密斯从小就接受了相关训练，知道要准确呈现天文现象得运用怎样的绘画技法，比如约翰·赫歇尔使用“细骆驼毛刷”和连续的清漆涂层来画星星。要如实地呈现诸如极光、气体星云或彗星尾巴等棘手的现象，只能依靠“准确的眼力、熟练的手法和对主题的恰当理解”。[25] 光谱中的线强度各异，时隐时现，尤其难以捕捉。

查尔斯·巴贝奇(Charles Babbage)是科学的推动者，他指责英国科学已落后于法国和德国。他不仅认识到观察是一项必需的技能，而且还看到了它对国家的重要影响。在他的《对英国科学衰落的思考》(*Reflexions on the Decline of Science in England*)一书中，他回忆起赫歇尔曾提醒他要看到太阳的光谱线是多么困难。赫歇尔说自己可以坐在分光镜前,通过分光镜看到太阳光谱线,但巴贝奇却无法看到。直到被告知"如何看到它们"时——也只有这时——他才能看到它们。赫歇尔告诉巴贝奇,一旦看到光谱线,他就会惊讶于自己之前是如何错过它们的,以后再看光谱时就再也无法看不见它们了。事实也正是如此。[26]巴贝奇总结说,如果没有良好的观察员培训系统,英国天文学界就无法在国际舞台上与他国竞争。

人们最初是为了绘制越来越多的光谱线,并很快发现可见的光谱线数量不仅取决于望远镜的大小或棱镜的清晰度,还取决于一天中观测的时间和望远镜的朝向。1833年,物理学家戴维·布儒斯特(David Brewster)宣布了一项历时多年的研究成果。他在不同季节、不同气象条件以及太阳在天空中的不同角度下,以四倍于夫琅禾费的分辨率观测了光谱。凭借自己的观测,他逐渐朝着洪堡的梦想迈进,即通过细分现象的方式来更好地理解它们。1856年,当皮亚齐·史密斯前往特内里费岛时,这些光谱线的起因和来源仍然不明。

因此,除了在夜晚观察星星外,皮亚齐·史密斯还用他带来的分光镜研究太阳光先通过狭缝再通过棱镜后所产生的特征线。那些固守城市天文台的都市科学家们想知道,当皮亚齐·史密斯在山顶上观察光谱时,这些线是出现还是消失了?它们在日出或日落时看起来是否不同?

在这里,山峰成为将地球大气与太阳大气分离的工具。在山顶上,分光镜被用来观察太阳光,而分光镜本身由望远镜、棱镜和狭缝组成,可以将光谱铺开从而使光谱线显现。利用该仪器,皮亚齐·史密斯在解决这个问题上有独特的优势。他将分光镜对准正午的太阳,比地球上其他持类似设备的观测者更接近太阳的大气层。同样地,在日升和日落、黎明和傍晚时分,当太阳悬挂在地平线上时,与地球上其他任何人相比,他能看到更厚的地球大气层。

对于皮亚齐·史密斯来说，太阳同那些遥远的星星一样，在这个有利的位置可以不费吹灰之力就能看得很清楚。当他通过仪器观察落日时，眼前的光谱线数量明显增加。这证明至少部分光谱线是来自地球的，代表一些看不见的物质，数量随着他观察到的地球大气层变厚而增加。这意味着任何指向天空的光谱仪器所显示的光谱都同时受太阳和地球的大气成分影响。再加上太阳如此遥远，很难仅用一块特殊玻璃来确定其成分。但皮亚齐·史密斯在特内里费岛的观测也表明，如果在正确的地点以正确的技术来使用分光镜，可以揭示这些成分之间的差异，并探索地球的大气。

皮亚齐·史密斯并没有冒进地去猜测光谱线数量增加的原因，也没有立即思考这些变化的细节。这些线的增减是否仅仅取决于他所观察到的大气层厚度？地球大气的内部变化是否会影响他所看到的图案？这些问题留待以后解答。当时，他利用在山上的每一个清醒的时刻做了几十项工作，这些观测只是其中的一部分。

我们得以了解皮亚齐·史密斯仰望特内里费峰顶时的感受，是因为他把自己的经历写成了一本书。他这一生的主题是观察行为本身，他对外界的每一条记录背后都隐藏着自己作为观察者的身影。皮亚齐·史密斯坚信摄影在科学观察中的重要性，因此他在山上的"每一个闲暇时刻"都会用一台临时凑合的相机来拍摄周围的风景、不寻常的植物以及科学观察工作本身。我所提到的描写在《特内里费岛，一位天文学家的实验——抑或是，居住于云端之上的异趣》(*Teneriffe, An Astronomer's Experiment: Or, Specialities of a Residence Above the Clouds*)一书中占了大约五页。该书对整个航行进行了长篇描述，语言生动但不浮夸。书中还包含了一套由皮亚齐·史密斯于此次考察时拍摄的20张立体照片，这是该种照片第一次出现在印刷品中。

在那本书的序言中，皮亚齐·史密斯解释了他为何如此费尽心思制作和印刷立体照片:它们具备他所说的“必要的真实性”。单张照片可能含有污迹或人为干扰,而由两张照片组成的立体照片则可以自我修正。对比两张照片可以揭示哪些是真实的,哪些是偶然发生的。当照片立体地组合起来,产生距离或实体的感知时,就会进一步加强真实感,而这通常只有伟大的画家才能做到。立体照片不仅能体现科学的准确性,还能呈现出艺术家创造的美学“效果”。

皮亚齐·史密斯一直在从事科学研究,并观察着自己(以及他人)从事科学研究的过程。他对记录自然现象和这个记录过程本身同样感兴趣。这体现在他为自己所乘坐的船(船本身就是一种科学探索工具)画了速写,甚至给在困难环境中的船员拍摄了照片;也体现在他写下了详细的考察日志(这是一种长期存在的记录形式——既记录了自然界,也记录了观察者对自然界的认知);还体现在他仔细观察了船上的水手们,他们(在他的帮助下)自己也成为训练有素的观察者。书中附上了一张船上的二副在测量温度时的照片,他一手拿着用来计时的天文钟,另一只手拿着记录观测结果的笔记本。与书中的其他照片一样,这张也是立体的,是对已经加倍的观察行为的进一步叠加:皮亚齐·史密斯观察着二副观测温度。同样,科学观察的行为本身也被仔细地观察着,这个观察者不仅是皮亚齐·史密斯,还有其著作的读者以及官方报道的读者。科学作为一种观察行为,需要规范观察本身。

皮亚齐·史密斯选择在他的官方报告中包含的两张照片都是山顶的图像。第一张是立体照片,拍摄的是连皮亚齐·史密斯本人都没见过的东西——由工程师同时也是天才业余天文学家詹姆斯·内史密斯(James Nasmyth)制作的山顶模型,这个模型是根据这次考察收集的数据制作的。皮亚齐·史密斯从上方拍摄了这个模型,并将其打印成立体图,假如一个人拥有“上帝之眼”和完美的视力,那他就会俯瞰到这样一幅火山口真实样貌的纯粹图像。第二张照片是一张单独的图像(由照

图3.6 船上的二副进行观测的立体照片，由皮亚齐·史密斯拍摄

片副本放大而成)，展示了同样从上方拍摄的阿尔塔维斯塔天文台。这个视角是“真实的”，因为皮亚齐·史密斯爬上了附近的山顶，从那里他可以俯视天文台。这张照片显示了大望远镜的主体从“望远镜广场”中伸出，周围竖立着简陋的天文台建筑把望远镜保护起来。从照片中还可以看到一面旗帜在空中飘扬。

这是一幅观察着科学观察行为的照片，清楚提醒着皇家学会，是谁攀登至山顶，并在那里取得了怎样的成就。如果这次考察的目的是剔除大气对天文观测的影响，那么皮亚齐·史密斯无疑已经做到了。他还表明，即使是对最遥远天体进行的观测，也包含着对地球大气的观测。最后，他认识到，每一次的对外观察不可避免地也会是观察者本人的对内观察，是望远镜眼中的自我观察。

大家都认为此次考察成功地证明了山顶天文学的价值。然而，皮亚齐·史密斯却在胜利的关口上遭遇了滑铁卢。皇家学会联系了一组

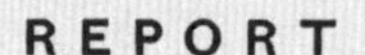

REPORT

ON THE

TENERIFFE

ASTRONOMICAL EXPERIMENT

OF 1856,

ADDRESSED TO THE LORDS COMMISSIONERS OF THE ADMIRALTY,

BY

Charles
PROF. C. PIAZZI SMYTH, F.R.SS. L. & E., F.R.A.S., AND

H. M. ASTRONOMER FOR SCOTLAND.

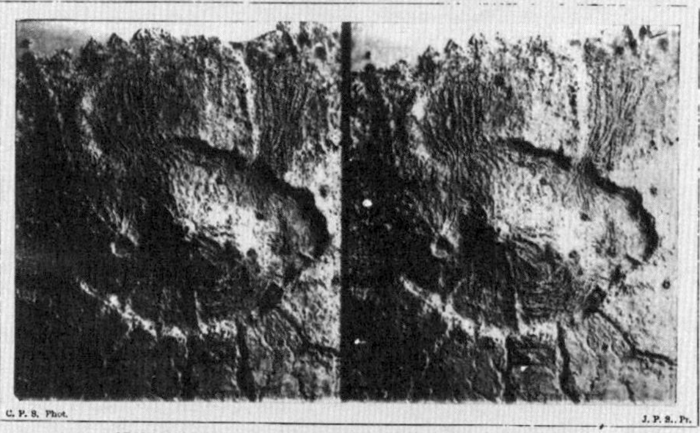

C. P. S. Phot. J. P. S., Pr.

STEREOSCOPIC MAP OF THE PEAK AND GREAT CRATER OF TENERIFFE.

From a Model by J. Nasmyth, Esq., C.E., founded on data procured by the Expedition.

LONDON AND EDINBURGH:

PRINTED BY RICHARD TAYLOR AND WILLIAM FRANCIS, RED LION COURT, FLEET STREET, LONDON,

AND NEILL AND COMPANY, HIGH STREET, EDINBURGH.

1858.

图3.7 皮亚齐·史密斯于特内里费岛考察的官方报告的扉页,附有他对内史密斯的山顶模型的立体摄影作品

评审人员,负责评判他的研究成果是否值得发表。皮亚齐·史密斯进行了地质观察和植物观察,而评审人员认为这偏离了他的专业领域,并拒绝出版他花费大量心血拍摄的照片,理由是印刷成本太高。皮亚齐·史密斯以暴躁和蔑视的态度进行了回应。几个月后,他和杰茜发表了他

图3.8 阿尔塔维斯塔天文台，由一系列粗糙的建筑组成了“望远镜广场”，出自皮亚齐·史密斯的立体摄影作品

们自己的报告，包含所有的照片和观察结果。（皮亚齐·史密斯尖刻地指出，他的妻子独立完成了出版所需的全部300张照片的印刷工作。）这是皮亚齐·史密斯后续长期遭遇挫折的开端——他正在越过学科边界，引起了科学界的不满。

皮亚齐·史密斯那颗不安分的心很难平静下来，在回来后的几年里，他找到了新的爱好，而这后来带给了他更多麻烦。他不再执着于证明在山顶上观察星星的可行性，而是将兴趣转向了另一种山，一种人造的山。他仍然对可见性问题着迷，并提出了一个新的问题：如果一个人足够努力地观察并仔细地测量，是否有可能看到上帝？

这座人造的山就是吉萨的大金字塔。长期以来，欧洲人一直对它抱有一种善意的好奇。自从拿破仑在18世纪末到访金字塔以来，欧洲人一直想知道金字塔是如何建造的、由谁建造的。例如，金字塔底部的周长与高度的比例和圆的周长与半径的比例相同，这让那些愿意相信的人认为古代建筑师已经掌握了π的概念。更有趣但也更复杂的是，

19世纪50年代,一个名叫约翰·泰勒(John Taylor)的人提出了一个观点:建造金字塔的基本长度单位是腕尺,大约相当于现在的20英寸。泰勒认为,英寸具有悠久的历史渊源,不仅如此,泰勒还推断,古时的英寸具有神圣的意义,它是腕尺的基准,而腕尺是挪亚(Noah)建造方舟以及摩西(Moses)建造会幕时的单位。

皮亚齐·史密斯阅读了泰勒的作品,深为其观点所折服,于是他运用自己出色的写作技巧,将泰勒那本晦涩难懂的小册子改写成了引人入胜的故事,生动地描述了金字塔的神圣起源以及与之相应的英寸的神圣渊源。他在短短6个月的紧张工作中完成了著作《我们在大金字塔中的遗产》(*Our Inheritance in the Great Pyramid*),立刻吸引了大量热情的读者。[27] 在与法国人争夺公制度量衡的背景下,许多英国人愿意与皮亚齐·史密斯一同审视金字塔,从中找到证据证明英制度量单位的神圣和古老。不久之后,他和杰茜为了亲自测量金字塔,自费踏上了前往金字塔的旅途。如果有人能观察得足够仔细,能找到印在石头上的圣迹,那这个人一定就是皮亚齐·史密斯。

皮亚齐·史密斯夫妇在考察金字塔期间进行了数千次的测量,除了常规工具外,他们还使用了一根特别的木杆,这根木杆取自一架安妮女王(Queen Anne)时代的管风琴,随着时间的流逝已"充分风干",在高温下不易变形。另外,还有更现代的桃花心木滑动杆和象牙标尺。他们像其他人一样仔细观察金字塔,以尽可能多的角度和尽可能高的精确度测量其尺寸。同时,他们还进行了气象学和天文学的观测,就像他们在特内里费岛山顶时一样。1866年4月,在他们回来一年后,皮亚齐·史密斯自豪地将成果提交给皇家学会。他的努力赢得了回报——学会授予他奖励,以表彰他在这项工作中所展现的"精力、自我牺牲和技巧"。[28] 皮亚齐·史密斯似乎成功复现了他曾在特内里费岛山顶进行的精准而敏锐的观测,并以此来解读上帝以建筑的形式对人类的神授。

图3.9　戴着埃及毡帽的皮亚齐·史密斯

尽管皮亚齐·史密斯的测量准确性从未受到质疑，但他在测量中得出的推论还是过于牵强。虽然是后来发生的事，但皮亚齐·史密斯在科学同行中的声誉一落千丈，就是因为他坚持英寸来源神圣的观点。

事情发生在他的金字塔之行后约10年，当时皮亚齐·史密斯向皇家学会提交了一篇论文，论文中他指责著名物理学家詹姆斯·克拉克·麦克斯韦在英国科学促进协会的演讲中犯了“对埃及典故的严重引用错误”。[29] 该论文被视为对麦克斯韦的人身攻击，因此遭到拒稿。皮亚齐·史密斯选择了错误的应对方式——放弃自己在皇家学会的会员资格。他没想到，这个仓促的提议被接受了。这让他感到十分惊讶以及懊恼。就这样，皮亚齐·史密斯在55岁时，把自己驱逐出了这个他一生都活跃其中的科学界仲裁机构。

尽管皮亚齐·史密斯的朋友们都很同情他，但他们中的大多数人都认为他是自作自受。这种令人心酸的自我放逐或许是他接下来将自己的热情投入一台仪器的原因。这台被称为雨带分光镜的仪器使他可以独自从事科学研究，完全不必再与他人协调、沟通或校准。通过它，他可以作为一个独立的个体观察天空，并判断整个大气的成分。分光镜将皮亚齐·史密斯从科学界的教条中解放了出来，但他所期望的远不止于此。他希望它能将气象学转变为一门预测性科学，而不仅仅是描述性的科学。

长期以来，天文学都是一门成功的预测性科学(尽管逐渐强调物理推断)，珠玉在前，对于希望以科学方式预测天气的人来说，要达到天文学的预测能力，面临的挑战可谓艰巨。婉言说，这并非易事。在19世纪70年代，天气预报在科学界甚至可能比大金字塔的神秘理论更具争议性。

自1859年开始，海军上将菲茨罗伊开始了他所谓的天气预报实验。菲茨罗伊利用一个原本仅用于收集天气数据的电报网络，将其改造为用于生成和传播天气预报的系统，把自己打造成一个单兵气象团队。他的预测基于全国各地十几个地点的气压、温度和风速，这些观测数据通过电报传送给他。在每天早上接收到数据的30分钟内，他依靠经验法则和作为水手的直觉，通过电报网络发送他的预报。这些预报在当地渔民、水手以及渴望阳光的度假者中非常受欢迎。然而这些预报也引起了争议，因为它们经常不准确。批评者质疑说，一个发布错误预测的政府科学机构有什么用？显然，这种不准确的预测对气象科学的发展毫无裨益。一些科学家对菲茨罗伊每一个不准确的预测都感到不满，然而令不满者感到心烦的是，菲茨罗伊的预报节目受到了专家和评论员的极大关注，他们称他为“天气先知”，戏谑地将科学目的与游乐场的占卜摊联系在一起。事情在1865年戛然而止——菲茨罗伊自杀，原因不明。

菲茨罗伊去世后，一个由皇家学会会员组成的委员会被任命负责监督气象局的工作。令他们不快的是，他们发现这个政府办公室一直被当作个人的气象领地来运作。菲茨罗伊几乎没有委派给别人任务，记录也很少。他没有使用科学定律或数学方程式，而是依靠水手的直觉自己预报，他认为自食其力的水手所具备的天气智慧应该被加强而不是被取代。皇家委员会成员不赞成政府资助这种类似于占卜的个人预言行为。他们担心如果预警不正确会导致海难，并且希望保护气象学这个新生科学的声誉，不至于被指责太业余，因此他们关闭了风暴预警项目。

10年后，英国政府资助的风暴预警项目仍然陷于僵局。沿海的渔民和水手都很怀念那些预报，希望它们能得到恢复。委员会的科学家们则仍然抵制，并提议进行一轮内部的私人预测。与此同时，《泰晤士报》(*Times*)决定从1875年4月1日开始在日报上发布天气图，这是史上首次。皮亚齐·史密斯意识到了政府的风暴预警和民间天气智慧的相似之处，但与皇家学会成员不同，他对此毫不在意。他厌恶那些官僚主义，并且认为皇家学会成员过度谨慎，他对此感到绝望。他叹息于一些科学家想将科学垄断，他们声称对各种现象——云、水汽、热和冷的运动——有更深的认知，然而这些现象却像拥挤在铁路站台准备前往海滨度假的人群一样难以预测。他对雨带分光镜这一新技术充满了期待，他从中看到了一个机会，可以绕过皇家学会委员会，让天气预报回归于人民。他意识到分光镜还可以揭示地球与太空现象之间的联系，明确自然界的统一性以及地球天气的特点。皮亚齐·史密斯曾在特内里费岛的山上以及世界各地使用分光镜，雨带分光镜是这些分光镜的后继产品，凭借它，他将能够诊断英国的天气——这个似乎是地球上最为多变和波动的现象。天气体现了一个悖论:它由一致的分子组成,却永远处于变化之中。

皮亚齐·史密斯于特内里费岛考察之后的几年里,光谱学迅速发展。1859年,古斯塔夫·基尔霍夫(Gustav Kirchhoff)和罗伯特·本生(Robert Bunsen)表明,太阳光谱中的谱线与太阳大气中的化学成分相对应,基尔霍夫还进一步将许多夫琅禾费线与特定金属联系起来。然而,这些线的具体成因还不明确,有些可能是太阳大气吸收的结果,有些可能是地球大气吸收的结果,有些则可能是由于二者中都存在的某种物质造成的。1860年,布儒斯特与格拉德斯通(J. H. Gladstone)合作发表了一篇长论文,论文中太阳谱线与地球谱线被"豪迈地分开"。他们近30年工作的最高成就是发表了一张5英尺长的太阳光谱图,其中布儒斯特明确区分了太阳谱线与大气谱线(没有对谱线的成因做出任何猜测)。在该图中,布儒斯特和格拉德斯通提到了皮亚齐·史密斯的观测,指出他"有机会比其他观测者透过更少的大气分析太阳光"。[30]尽管他们成功地绘制出了谱线,但是布儒斯特和格拉德斯通在实验室中重现这些谱线时却失败了,大气谱线的来源仍然没有得到解释。

这个问题是一个法国人解决的。1865年,朱尔·让森(Jules Janssen)站在他位于巴黎蒙马特区拉巴特街房子的阳台上,将一台分光镜对准了天空。对于贫穷的让森来说,地球的大气就是一个现成且免费的实验室。继布儒斯特在1833年发现了奇怪的现象之后,让森想研究皮亚齐·史密斯在特内里费岛山上看到的谱线,并试图确认其是由地球的大气还是太阳的大气造成的。通过一块上好的棱镜,他看到了其他人所看不到的——所谓的暗带其实是一簇簇的暗线,在结构上类似于更为人所知的最初由夫琅禾费所定义的谱线,其中一些已经被确认归因于太阳。让森在一天之中的各个时刻观察了这些线,并注意到了更多的现象。日出或日落时,这些线特别明显,而且它们从未消失,即使是在正午时分(这一发现与布儒斯特的早期研究相矛盾)。他推断,它们一定是由地球大气中始终存在的某种物质造成的。(日出和日落时影响会更大,因为此时太阳光必须穿过更多的大气才能被让森看到。)

他开始研究这个物质到底是什么。首先,他前往瑞士的一个山顶,想看看透过更少的大气时,线是否会淡化。结果的确如此。然后,他来到日内瓦湖,在尼翁的码头上看到了一个巨大篝火。当从近处用分光镜观察篝火时,他没有看到暗带,只看到了正常的光谱。但当他从日内瓦的塔顶隔湖相望十几英里再去观察时,光谱上出现了暗线,这正是皮亚齐·史密斯在特内里费岛看到的,也是自己在巴黎上空看到的。他现在几乎可以肯定,这些暗线是由悬浮在日内瓦湖上空的水蒸气造成的。在巴黎一家煤气厂的配合下,他开始制造人工大气以证实自己的猜测。他用一截金属管道代表大气的范围,管身被埋在装有锯末的盒子中,管子里充满了高压水蒸气,管道两端用玻璃板封住。在其中一端,一排煤气喷嘴发出强光束穿过管道,而让森则在管道的另一端用分光镜进行观察,他看到了与自己在巴黎上空看到的相同的暗带。这些暗带最早是布儒斯特于1833年注意到的,1856年皮亚齐·史密斯在特内里费岛的山顶上观察到了它们的变化。压力越大、管道越长,暗带则越明显。让森现在可以确信,暗带是由地球大气中的水蒸气引起的。他迅速得出结论,这些暗线也可以用于探测其他天体大气中的水蒸气。例如,他立即断言太阳大气中不存在水蒸气,对此他非常有把握。

皮亚齐·史密斯在特内里费岛考察之后对光谱学的兴趣逐渐消退,直到1868年让森在印度日全食期间首次成功观测到日珥,他的兴趣才再次被点燃。印度日全食发生后不久,皮亚齐·史密斯就给自己买了一台新的分光镜。这是一个小巧的木制装置,长约四英寸,直径不到一英寸,一端是目镜,另一端是衍射缝。其内部装有一系列交替的棱镜,巧妙的排列使穿过棱镜后射出的光线角度与入射时相同。虽然袖珍分光镜不是穷人消费得起的(售价约为两英镑),但它也并非气象学家或天文学家所专用。

这个仪器使得观测者能够在任何时刻、任何地点进行太阳物理学的研究,摆脱监视的束缚。要想取得好的观测结果,就必须掌握技巧,养成细微调整的习惯。仪器应瞄准地平线附近的低处,使光线尽可能透过更多的大气。无云处是最理想的,但太阳也不应过于直接地照射,以免精细的观测受到影响。因此,也不推荐在日出或日落时进行观测。雾和浓烟等因素也可能影响观测结果。

对于皮亚齐·史密斯来说,所有这些调试都令人愉快,是观察天空乐趣的一部分。他每天都要多次使用这个方便的小工具。当他"上头"时,一天得用上个50次。[31] 每次的情形都不同——每次云层散开,每次气压、温度和风的不同组合,都会造成不同的天气转变。他不知道自己到底在寻找什么,甚至可能也没什么需要他寻找的。他几乎是先看后想。

1875年,皮亚齐·史密斯前往巴黎,拜访了皇家天文学家于尔班·勒威耶(Urbain Leverrier)。他觉得这位天文学家非常粗鲁,让他和杰茜在一场暴雨中自己回家。这场暴雨一直伴随他们回到伦敦,皮亚齐·史密斯用他的分光镜仔细观察,注意到在光谱的红色和橙色部分之间有一条模糊不清但确实存在的"宽的暗带"。该带状区域比周围更暗,而且依稀可见。当他用分光镜观察地平线的另一处时,这条带状区域逐渐消失。当他将视线从仪器上移开,用肉眼观察天空时,他没有发现该处天空相比其他有什么特别之处。皮亚齐·史密斯在北上约克的途中继续观测,在一个阳光明媚的早晨(当时看来几乎不可能下雨),他注意到分光镜中出现了一条模糊的暗带。果然,随后雨水落下,皮亚齐·史密斯的预感得到了证实——袖珍分光镜是一种新型的、特殊的天气预测工具。

他开始分享自己称之为“雨带”的发现。太阳光谱中线条明晰，是由太阳大气中不同物质对光波的吸收造成的，而雨带则不同，它模糊、不明显且是动态变化着的。皮亚齐·史密斯没有说明雨带是由什么引起的，但他将其与雨水的到来联系在一起，这充分说明他认为雨带很可能是大气中水蒸气的标志。他在几个月前刚刚创刊的《自然》(*Nature*)杂志上发表的一封信中宣布了他的发现，标题为《在高气压下以光谱学的方式预测降雨》(Spectroscopic *prévision* of Rain with a High Barometer)。这个标题清楚地表明：皮亚齐·史密斯正在改变此前最基本的气象假设——高气压意味着好天气。

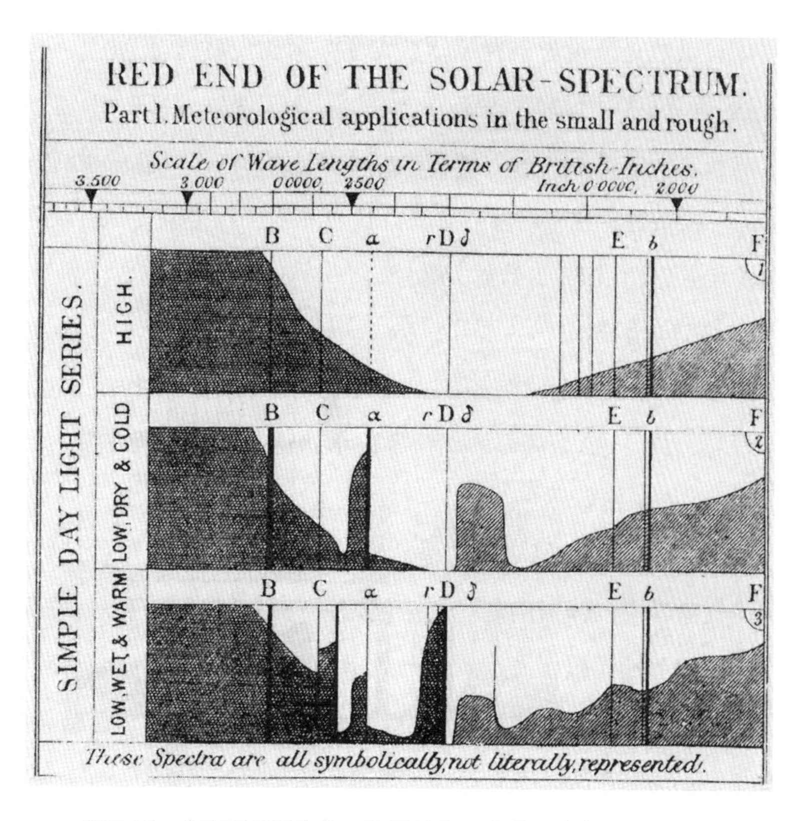

图3.10　在不同天气条件下记录的太阳光谱，*r*处为雨带的位置

事实上,皮亚齐·史密斯对雨带的内容透露得很少。他没有就雨带的成因发表任何看法,甚至没有在文章中提及**水蒸气**一词。相比于一个新的科学知识,皮亚齐·史密斯更想要迫切宣布的是一种新的科学工具——光谱学。它近来成为判断地球大气成分的工具,此外也可以测量地球大气中这些成分的**变化**。这使它成为一种实用的气象学工具,皮亚齐·史密斯称这个过程为"为了日常生活预测天气"。

尽管皮亚齐·史密斯非常兴奋,但对于雨带分光镜改变天气预报的可能性,我们应持谨慎态度。所谓雨带的模糊区域甚至比固定的太阳光谱线更难辨认,因为它们是可变的。它们之所以会变化,是因为它们所代表的物质——大气中的水蒸气——本身也在不断变化。所谓方便易用的雨带分光镜,实际上是一种仪器,用来判断非常复杂、非常特殊的变化。虽然光谱包含了有关整个大气范围的大量信息,并且一目了然,但这也只是抓拍,只代表了某个瞬间。为了使之发挥作用,必须结合之前和之后的抓拍再进行解读。即使是雨带的明暗程度,也只有在与之前的雨带进行比较时才有意义。比较相继的雨带强度是一项非常主观的任务,只有相对少数的人才能以一个一致的标准完成。科里(F. W. Cory)在《皇家气象学会季刊》(*Quarterly Journal of the Royal Meteorological Society*)上撰文指出,事实上分光镜太难用了,需要两三个月的"耐心和毅力"(一位最热心的支持者也承认这一点),才能在没人指导的情况下掌握。[32]

皮亚齐·史密斯坚持不懈。他给流行期刊写了一系列信件,试图重新构建气象学中的预报问题。这个问题一直以来都很棘手,但自从菲茨罗伊的轰动性预报以及随着他的轰动性死亡这些预报被取消后,问题变得尤为复杂。对于皮亚齐·史密斯来说,占卜并不是一个贬义词,而袖珍分光镜也并不比已有的天气预报方法更好或者更坏。它只是为那些精力充沛、积极主动的人们多提供了一种工具,他们等不及那个

"完美"的气象学(类似于天文学)从海军上将菲茨罗伊的风暴预警项目的废墟中出世。皮亚齐·史密斯向公众保证说:"我们不必因为'占卜'这个名字而感到不快。"他指出,即使是可靠的气压计,在预测未来的天气方面也有一定的局限性。皮亚齐·史密斯认为,皇家学会委员会极力维护的民间智慧与科学之间的界限只是一种假象。无论知识是怎样获得的,知识就是知识,对于像天气这样复杂的事物来说,知识必然是暂时的,取决于技巧、判断以及观察者的个人视角,无论这个人是最朴素的渔民还是受过严格训练的天文观察员。"对于气象学来说,难道不存在各种各样的占卜吗!风力气压计自身读数的升降变化对于能够解读它们的人来说,不就是天气的占卜吗?"[33]

面对几乎难以想象的天气复杂性,皮亚齐·史密斯既务实又乐观。他认为,应当增加数据的来源及应用,而不是限制它们。他想象着全国各地有无数的独立观测者,"有很多很多人",他们天生敏锐的视力通过袖珍雨带分光镜得到了增强,这使他们成为一支"超人"军队,能够透过最晴朗的天空看到潜藏在其中的水蒸气。有了这样的仪器,他们就可以"在自己的居所观察和推测天气,作为每天从伦敦发布的预报的补充"。分光镜最棒的地方在于它的便携性和易用性。它可以串联起一个个单独的个体,人们即使原地不动也能超越地理位置的限制,触及浩瀚无垠的太空。只需短短两秒的一瞥就足以"告诉经验丰富的观测者整个大气的总体状况"。[34] 皮亚齐·史密斯解释说,这给人一种安全感,即使在最狭小和局限的空间中,"周围只有几立方英尺从科学角度来看受了污染的特殊空气",他仍然可以"透过地球表面和外太空之间的整个大气进行果断的观测,并在一个整体、瞬间的扫视中分析其中水蒸气(《泰晤士报》称之为雨的原料)的情况"。[35]

分光镜为观察者提供的信息不仅迅速,而且包罗万象。它以光速穿透整个大气层,使单独的个人成为推理全球状况的侦探。这是一门由一个个独立的个体运作的全球性大气科学。袖珍雨带分光镜实现了皮亚齐·史密斯对科学应该如何发展的幻想——无人监督、没有束缚、毫不讳言的个人主义。它能为英国及其他国家的水手、农民和度假者带来实际利益,它是一种能立即实现愿望的工具,而不是忸怩作态地寄希望于未来对天气规律的理解。有了它,每个人都可以成为天文台,对天空进行观测。

但是皮亚齐·史密斯认为的分光镜最大优点——它使观测变得更为快速、使校准变得更加容易,以及具有随时可用的便捷性——却导致了它的失败。小型便携雨带分光镜并没有像皮亚齐·史密斯所希望的那样将气象观测带到人们身边,而是揭示了大多数人不适合从事科学业务的事实。雨带分光镜的热潮像夏季的暴风雨一样迅速消退,公众在天气决策上仍然依靠自己的眼睛、熟悉的气压计以及陌生的新天气云图。

在皮亚齐·史密斯宣扬科学个人化的好处时,科学之风却吹向了另一个地方。1876年10月,英国议会开始对气象局进行调查。在菲茨罗伊去世后,气象局采用了自动记录仪器,它们可以自动追踪天气变化。这些天马行空的设备就像仪器的嵌合体,将测量和记录这两个通常分开的功能结合在一起。曾经让自动记录仪器设计陷入困境的摩擦问题,在摄影技术出现后迎刃而解。摄影技术最早的应用之一就是自动记录天气。1845年,也就是达盖尔开创摄影技术的6年后,两位气象学家[邱园天文台的弗朗西斯·罗纳尔兹(Francis Ronalds)以及格林尼治皇家天文台的查尔斯·布鲁克(Charles Brooke)]开始设计一系列自动记录仪器(包括磁强计、静电计、气压计和温度计),这些仪器可以将光束偏转到感光材料上记录。其他的自动记录仪器则使用更简单的方法,即将墨水笔连接到测量装置上。[36]

这些记录不是用于天气预报(菲茨罗伊的死揭示了天气预报存在

危险的主观性），而是用于长期项目——推断大气运动背后的物理定律。接替菲茨罗伊担任气象局局长的是罗伯特·斯科特(Robert Scott)，在他看来，数据的比较和连续性比单独的数据和技术重要太多。1875年，他引用了皇家学会物理和气象委员会1840年报告中的一段话，并表示赞同："目前最重要的是系统化合作，为此可以牺牲一切其他因素；无论计划采取何种合作，无疑都会比任何数量的独立观测产生更有益的结果，即使这些观测本身非常完美。"委员会欢迎那些被称为"科学业余爱好者"的人加入，但前提是他们必须遵守规则，"甚至要暂时牺牲自己的观点和便利"。[37]

究竟如何才能将越来越多的气压、温度以及其他天气现象的记录结果转化为一门天气科学，这是一个悬而未决的问题。19世纪70年代，英国气象学家感到自己在早期发展阶段停滞不前，天文学家曾经取得的成就——准确预测未来的能力——似乎离自己越来越远。与此同时，天文学本身也不复艾萨克·牛顿取得伟大成就时的自信。包括威廉·赫歇尔、爱德华·赛宾(Edward Sabine)、约翰·赫歇尔、戴维·布儒斯特、朱尔斯·让森，以及皮亚齐·史密斯在内的一些人已经证明，天文学既可以是一门物理科学，也可以是一门定位科学，但在此过程中，他们也暴露出了新的无知之处和不确定性。天文学这门成熟的科学又变年轻了，而气象学这门"幼稚"的科学则正在寻求新的自信来源。

菲茨罗伊之死并没有为英国气象学的发展带来改变。自动天文台的前景可谓是喜忧参半，它有助于实现洪堡的梦想，即解析复杂的宇宙信号，但同时也对科学家管理更多数据的能力提出了挑战。长期以来，对于那些在一个地点夜以继日地独自记录天空的天文学家来说，处理大量的数据都是一个棘手的难题。一旦大批的自动记录仪器被应用于全球各地的天文台，由此产生的庞大数据就更难处理了。

当务之急是采用新技术对仪器产生的数据进行整合。早在19世纪30年代，洪堡就意识到了这一点，并敦促海因里希·贝格豪斯（Heinrich Berghaus）出版《物理地图集》（*Physikalischer Atlas*），作为他《宇宙》（*Cosmos*）一书的图解，用图表的形式展示全球气候、植物、动物和地质特征的变化。在英国，弗朗西斯·高尔顿（Francis Galton）提出了一种醒目的可视化方法，即将一系列气象记录在图表上排列起来，然后画出平均线，从而找到气象记录的平均值。尽管这些可视化方法具有创新性，但没有足够的数据支持，它们的应用有限。自动记录仪器可以提供客观的信息并产生大量数据，取代了预报员的个人主观判断。然而如何从不断增加的大气记录中获取有意义的知识，这还需要研究。各种数据量也不尽相同，某些数据可能过多，而某些数据又可能不足。[38]

一个问题是：大气是三维立体的，但观测者通常只能获取到地球表面的数据。这也是皮亚齐·史密斯如此痴迷分光镜的原因之一。它让所有使用者都能在高空翱翔，穿越无法想象的距离。这是它的最大优点，但同时也是缺点，因为分光镜无法区分大气不同部分的吸收能力。它的观察范围包含了每一个分子。尽管它提供了一种判断大气变化的方法，但却扁平化了大气的异质性。皮亚齐·史密斯本人愿意接受这种矛盾，因为他认为这种观察方式带来的好处远远大于损失。

然而，观察天空的方法有很多种。其中一种挑战就是升入高空并进行实地观测。从19世纪50年代起，一系列大胆而广受欢迎的热气球考察活动陆续展开。这些轰轰烈烈的飞行既为了获取气象知识，又如同极地探险那样具有冒险精神。这些活动在某种程度上取得了巨大的成功，提高了气象学的知名度，并且激发了公众的想象力。然而，气球考察的成本高昂，风险也很大，最多只能提供一组观测数据，记录数小时内特定空气柱的情况。要从这些独立的考察中获得系统性的知识几乎是不可能的。

虽然不是字面意义上的，但另一种进入天空的方式是密切关注云。

云会随着气流的运动而变化，气流决定天气和气候。云的大小、形状和移动方式可以揭示天空中无形的气体运动。云就像上层大气的旗帜，告诉观察者风从哪个方向吹来，以及空气中存在多少水蒸气。因此，通过仔细观察云，我们可以更深入地了解大气的奥秘。虽说云会遮蔽天空或让天文学家感到困扰，但更重要的是，云可以揭示大气运动的模式以及空气流动的规律。[39]

第一步是对云进行分类。19世纪初，卢克·霍华德开创性地提出了云的命名法，规范了云的研究。但他未能肯定的是，他的三部分分类法是否在全球范围内适用。云是全球统一的，还是某些云只存在于特定的地区？直到世纪末，才有人试图认真回答这个问题。1885年，一位名叫拉尔夫·阿伯克龙比（Ralph Abercromby）的业余气象学家决定尝试解答。他财大气粗，开始了自费的环球旅行，目的很明确，就是要确定霍华德系统的普适性。他发现，虽然相同类型的云在不同地方可能预示着不同类型的天气，但基本的云的类型是普遍存在的。[40]

阿伯克龙比用文字描述了他所观察的云，但他的发现激发了人们寻找更多记录云的可靠方法。如果云是普遍存在的，那么它们不仅可以解开当地天气的谜团，还可以揭示地球天气模式的奥秘，这些都在逐步实现。然而，与温度、气压甚至降水量相比，云是无法用仪器记录的，它们属于“无法用仪器记录的繁杂现象，但由于其是大气变化的重要指标，有必要对其进行仔细观察”。云几乎不可能以客观的方式被仪器观测，但它们又太重要而不能被忽视。C. H. 利（C. H. Ley）在为其父亲的云分类著作《云境》（*Cloudland*）所作的序言中指出：“以模糊而复杂的方式记录一个模糊而复杂的主题是非常困难的。”[41] 我们需要的是一种即时、准确、可靠的记录云的仪器，就像气压计记录气压以及温度计记录温度一样。到了19世纪70年代，曝光时间的提升使照相机成为解决这一问题的潜在选择。

皮亚齐·史密斯毕生致力于观察天空，所以毫不意外地，他很早就提倡所谓的云摄影，这项新技术可以满足他无尽的视觉需求。他从小就开始学习各种辅助观察的工具：水彩、钢笔和墨水、铅笔、颜料都是他早期使用的工具。年轻时在好望角，他也意识到了摄影有可能改变科学观察。在他的一生中，他不断尝试摄影，在船上、山顶和埃及金字塔陵墓中拍摄照片，发展立体摄影甚至是石膏模型摄影。19世纪70年代，他设计了一款新相机，专门用于拍摄云。它包含一个特殊的修正器，用于抵消人像镜头带来的球面像差，从而可以在没有畸变的情况下使用镜头的全部光圈。[42] 他在1876年爱丁堡摄影学会展览上展示了这款相机，同时展出的还有一些云的照片，因此被授予了一枚银质奖章。

随后，他放弃了这个项目，开始进行最后一项高强度的光谱研究，希望在万里无云的清澈天空中尽可能深入探索太阳光谱的本质。他没去特内里费岛，而是去了更为便捷的葡萄牙，在那里，他发现自己好像能够去除光谱中与水蒸气相关的地球大气谱线。皮亚齐·史密斯终于能同时剥离干燥大气的光谱线和大气中水蒸气的光谱线，将真正的太阳光谱拆分出来，这是他20多年前在特内里费岛开始的项目的最终成果。尽管皮亚齐·史密斯为自己的观测成果感到自豪，但他并不是唯一试图将地球大气谱线从太阳现象中剔除的人。[43] 在1822年的英国科学促进会上，其他几位学者声称是自己先将太阳谱线与干湿大气谱线分开的。与此相关的问题——氧气带是否部分归因于太阳——直到19世纪90年代也没有答案。1893年，年迈的让森决定亲自解决这个问题。69岁的他登上了勃朗峰峰顶，观察到太阳光谱中没有氧线，这被认为是太阳上没有氧气的证据。分光镜那深入遥远天体大气的能力继续让人们叹服。

当科学界继续寻找地球、太阳等天体大气中的新物质，甚至是黄道光等遥远的现象时，皮亚齐·史密斯本人却越来越远离大众视野。他最后的工作几乎是独自完成的。在他的一生中,他既享受过独立自主的乐趣,也品尝过被排挤的苦涩。他对金字塔学的执着导致他从英国皇家学会及其所代表的科学家群体中自我引退。他的光谱学工作仍然保持着高质量,但他坚持使用英寸作为长度单位,这严重限制了他绘制的地图的实用性。最后,他几乎孤身一人。他已经退休了,所以时间充裕,有仪器和几个助手帮他。另外,他还有云。在他位于约克郡里彭的家中,云从高窗前掠过。他用相机捕捉它们,将镜头角度调整到足够高,摒弃其他,只留下最高处的树梢。

图3.11 晚年的皮亚齐•史密斯与侄孙女

他回到了云摄影领域,这是他20多年前曾研究的课题——寻找一种方法来标准化对云的观测,就像分光镜标准化了对光的观测那样。但是,他之前的研究是在观测者群体的广泛认同和合作下进行的,而在

1892年和1893年进行的这最后一项研究则是一次不可能的、几近疯狂的尝试，他要独自记录天空的面貌。他自己也轻嘲自己的项目，称之为“年老体衰之时进行的爱的劳作以及气象研究”。他项目的核心是一组照片，这些照片没有妄图超越它们所能涵盖的微小世界，只是明确否定了以大众化的方法获取知识。他拍摄了数百幅照片，将其中最好的144幅整理在3卷巨册中，用皮革装订，并在序言中用清晰的笔迹抄写了一份手稿，详细说明了该项目的性质。这些画册凝聚了他数千小时的心血，但几乎无人阅读。它们从未出版过，也未被广泛分享，却成了他个人毕生潜心观察的见证。[44]

图3.12　1892年6月30日，皮亚齐·史密斯从他的图书室窗户拍摄的照片，出自 *Cloud Forms That Have Been at Clova, Ripon*

Page 19

CLOUD FORMS THAT HAVE BEEN,
AT CLOVA, RIPON; DURING 1892 & 93.
Or Notes upon each successive, original, little glass negative Photograph in Box 3;
its Plates are *locally* numbered from 1 to 12; but *continuously* numbered from 25 to 36 and for dates, from May 19 to June 3 - 1892.

Of the one Special Plate out of said Box 3, alone treated of on this page.

Its Continuous-reference Number 35 ; *but locally, Plate* 11, *of this Box* 3.

Its date of taking= ♀ June 30; 1892; at 0.10 P.M.

From Station Library Anteroom window, *Looking* S. West. *Focus*=10.717.

Aperture employed= Sol. Foc. / 9. *Exposure made with* Drop shutter + 2 accelerators.

Dry plate used= Edw.s' Iso Slow. *Holder*= ...... *Developed with* Iron

Subject or Object to show the wrecks of a summer squall.

Barometer for the day, in inches, Brit.= 29.68. On the up-grade for 24 hours.

Out Thermometer ditto, in degrees Fah.= 48.6°; being the trough of a cold wave.

Spectroscopy of lower atmosphere Southward } *Rain-band*= 3. *Low Sun-band*= 2.

Wind= 10 miles per hour from West. *Earth surface*= both dry & wet. *Air*= clear.

Cloud amount= 8 to 4 / 10 *of Hemisphere. General remarks,* Accession of cold tempera- ture; and therewith more density and character in & to the clouds. Day ends with Sunshine; but accomp.d by threatening clouds.

Occasional particulars touching only the often long afterwards made, Positive paper enlargements from the above small Negatives; and deciding the size of the present page

Over, for Continuous Number 36.

图3.13 皮亚齐·史密斯对1892年6月30日拍摄的云的照片注释为“夏季飑的残骸”，并附有气压、温度、雨带、日带和风速的观测数据

从某种意义上来说，皮亚齐·史密斯的时机刚刚好。就在他孤身一人投入“爱的劳作”时，科学界已经开始了自己的云摄影项目。1891年，在阿伯克龙比发现云的类型具有普适性的启发下，来自世界各地的31位气象负责人参加了一项国际会议，发起了绘制云图的国际项目。他们的计划不是只包含一个地点，而是在理论上（如果在实际中做不到的话）囊括整个地球。计划中的《国际云图集》（International Cloud Atlas）将改进霍华德的分类系统，并完善阿伯克龙比关于云的普适性的个人

推断。该图集由瑞典人胡戈·希尔德布兰德松(Hugo Hildebrandsson)和法国人莱昂·泰瑟朗·德博尔特(Léon Teisserenc de Bort)领导,带有鲜明的帝国主义印记,他们有信心像铁路和电报线在陆地上画下标记那样,用秩序标记天空。这个计划直截了当地在全球范围内开展且互相同步,旨在实现其发起者所描述的"通过全球各研究所和天文台的协同观测,对云的形态和运动进行研究"。[45] 换句话说,它是皮亚齐·史密斯独立项目的相反面。

通过《国际云图集》的分类"魔法",云变成了标准化的物体,可以根据图像可靠地识别,其作用与博物学家指南中的鸟类素描类似。该图集宣称,云的各种类型是普遍存在的,可以在地球上的任何地点进行识别。为了帮助识别,图集出人意料地使用了彩色照片。然而,事实证明,拍摄到图集中描述的所有16种基本类型的云是不可能的。某些云,例如高层云、雨云和层云,很难捕捉到。在完成的图集中,除彩色照片外,还出现了黑白照片,以及这些云类型的平版印刷图画——这是一种较早的技术,用来描绘理想的云的类型。这些不同类型的图像似乎表明,完美的科学视力是不可能实现的。相反,观察是一个积极而动态的过程。要想好好观察云——包括将它们的类型普适化——就必须以不同的方式、在不同的地点观察它们。事实证明,这种观察方式具有顽强的生命力。《国际云图集》自那时起一直出版至今。摄影仍然是表现云的标准技术,而同样重要的是,该图集是全球性知识的汇编,由遍布全球各地的观察者产出,正如希尔德布兰德松和德博尔特在1896年所希望的那样。他们所设想的气象学未来在许多重要的方面都已实现。

在另一个也许更重要的意义上,气象学自那时起发生了巨大的变化。分类学已经远远不足以解决问题。一旦建立了分类系统——不是由皮亚齐·史密斯那样独立的观察者建立,而是由一个代表国际社会的委员会建立——接下来的任务就是将其应用于更深层次、更复杂的问题，即解释云为什么出现在某个具体位置，以及是什么驱动着天气和云。尽管《国际云图集》让人充满信心，但它只不过是未来一小部分工作的开始，成功还远未确定。

皮亚齐·史密斯在这个项目上没有提供过任何帮助。他的一生及大量的精力都花在了这样一个信念上——观察本身就是目的，是一种在道德和科学上都具有生产力的活动。观察那些难以看到的事物——遥远的星星、不断变化的光谱、云——是一种同时锻炼心智和精神感知的方式。皮亚齐·史密斯给他人留了几个难题：其一是透过云层观察太阳系的物理现象，其二是通过观察模糊且不断变化的雨带来破解天气的密码，其三是捕捉变幻莫测的云。他努力去寻找的不是解释，而是更深层次的东西——神圣的印记。皮亚齐·史密斯解释道："迄今为止，无论科学能不能从学术上解释现象，无论它在将夏日天空细微的恬静之美或雷暴云团的深沉壮丽，整体简化为几个基本的科学过程时还有多少不足，云都会频繁且慷慨地将我们忽视的美展现在眼前，我们只能虔诚地注视。"归根结底，对皮亚齐·史密斯来说，云之所以值得注意，并不是因为它们难以捉摸或难以成为科学研究的对象，而是因为它们使我们更容易看到上帝的存在。皮亚齐·史密斯认为，它们可以被我们所有人目睹，是神的秩序的证明，承载着"更伟大无形的智慧的可见印记，是这种智慧安排了我们所看到的一切"。[46] 在忙碌而动荡的一生即将结束时，皮亚齐·史密斯从天空的混乱中寻找到秩序，获得了心灵的慰藉。

第四章

季风之数

1903年,时年35岁的吉尔伯特·沃克抵达印度,径直前往喜马拉雅山脉的山脚下。他的目的地是西姆拉,那是英属印度的夏季首都,也是气象局的常驻地。他即将接任自己有生以来最重要的职位——气象台的总台长。[1]

在过去的15年里,他大部分时间都在剑桥大学三一学院度过,与其他单身男士们一起住在带有私人庭院的房子里。在那里,他潜心研究数学。虽然他即将接管世界上最庞大的气象网络,但他对天气几乎一无所知,更不知该如何管理一个包含数百个观测站和数万名观测员的组织。从某种意义上来说,这正是他被调到印度的原因。此前问题已经变得棘手,雇用他的人正焦头烂额,以至于连沃克的无知和缺乏经验都好像成了优点。当其他方法都不奏效,也许是时候尝试全新的方法了。关于沃克有一个非常令人欣慰的事实:他是同时代最优秀的数学家之一。这足以让前任总台长约翰·埃利奥特(John Eliot)将自己的声誉押在这位长途跋涉来到印度的瘦高青年身上。

沃克即将前往的城市是西姆拉,它与沃克的任命一样矛盾。它是炎热之境的避暑胜地,是一个人烟阜盛之国的小城,也是一处用来统治庞大帝国的偏远飞地。西姆拉海拔超过7000英尺,距离加尔各答近1000英里,可以远离舒缓平原地区那令人窒息的高温。这座城市为英国人提供了一个安全、舒适、健康的所在,使他们能在炎热的夏季中统治自己最大的殖民地。这足以证明西姆拉的重要性。它坐落在陡峭的山坡上,遵循宫廷制度,既是避难所,也是防御工事,其权力恰恰来自它的偏远和独特性。用一本帝国图集中的话来说:“这里在策划战争,这里在缔造和平,这里在对抗饥荒。”[2]

图 4.1 西姆拉和周边的喜马拉雅山脉。图片来源:惠康收藏馆(Wellcome Collection)

最后这句“这里在对抗饥荒”正是沃克被调派的原因。

在印度的英国人已经知道,偏远象征着力量——力量会从遥远的地方产生,其影响可能会随着距离的增加而放大。他们不知道且希望沃克能够告诉他们的是:造成季风洪水的原因是什么?这与数千万印度人的生存以及帝国的财富息息相关。

在1903年,人们早已意识到数学可以深入问题的核心。长期以来,数学在科学家中一直享有特殊的权威地位,这至少可以追溯到伽利

图4.2 吉尔伯特·沃克的肖像，他在饥荒最严重的时候来到印度，希望找出季风产生的原因

略(Galileo)测量自由落体加速度的时期。只要运用得当，数学就能揭示自然规律。自从对温度和压力进行定量测量以来，人们早已认识到，若想了解地球大气，数学至关重要。在19世纪最后的30年里，数学工具得到了显著发展，更重要的是，它能应用到越来越多的数据上。在菲茨罗伊去世后，英国气象局建立的自动观测站日复一日地记录着天气的变化，希望能从这些数据中找到规律。此外，大量的观测人员也在辛苦地手动记录观测数据。在沃克到达印度之前的几十年里，这些观测

数据——其中许多是由统治全球的英国海军和商船船员观测的——成倍增长，原因很简单，即帝国的管理依赖于对天气的管理。随着帝国在全球版图的不断扩大，气象数据的收集工作也在相应地增加。

气候学是一个专门收集天气数据的领域的名称。该词起源于德语，在19世纪初期被推广至英语和法语国家，从19世纪40年代开始使用越来越频繁。这个词的兴起要归功于19世纪初亚历山大·冯·洪堡的影响力，其最早的用法之一出现在洪堡著作的法文译本中。[3] 洪堡对气候的理解与他对自然统一性的洞察有关。洪堡认为，自然的统一性并没有导致气候学上的统一性。相反，无数的物理力量结合在一起，产生了气候学上的差异——不同的海拔拥有不同的温度和降水条件，不同的植物和动物也相应地在这些区域繁衍生息。如果说自然界的物理力量总是在不断变化，那么它们以某种方式结合在一起，产生了稳定的、地理上固定的气候，这些气候可以被测量、被描述，并在某种意义上被安全地储存了起来，这就是奇迹。在这个意义上，“安全”意味着“可靠”。洪堡希望它们能长期存在。

气候学有很多派别，其中关于考察和寻求统一的一脉起源于洪堡，还有一个派别以统计为基础，这二者必须互相协调。在当时的英国和德国，负责收集气象数据的国家部门就产生于国家统计局，或与其密切相关。在那里，了解不断变化的天气模式以及确定一些普遍的气候规律具有伟大的现实意义。天文学、植物学、磁学和测量学等学科可以让人们定位以及了解国家资源，以便进行开发利用。气候学也一样具有实用价值，但是与这些学科相比，收集天气数据并将其转化为平均值，也许更像是一项建设国家的工作。通过收集有关公民和天气的数据，政府希望控制那些通常来说难以掌控的现象。[4]

维也纳的中央气象与地磁局局长尤利乌斯·冯·汉恩（Julius von Hann），以及汉堡的德国海洋观测台台长弗拉迪米尔·柯本（Wladimir

Köppen)，是洪堡观点的主要继承者，也认为地球表面可以被测量和了解。然而在如何定义气候上，他们与洪堡存在分歧。汉恩和柯本拥有欲望、资金和机构支持，他们将洪堡的个人探索理念转化成了一门系统学科的基础。在气候定义上，洪堡强调生物与环境之间的相互关系，汉恩和柯本则基于气象数据的平均值定义固定区域的气候。后者定义的气候建立在气象数据的基础上，他们认为气候是天气的平均值。

比气候的精确定义更重要的是他们为气候学奠定的基础。在汉恩和柯本的领导下，气候学成为一门在健全的制度环境下进行严格测量的科学。汉恩通过1883年出版的《气候学手册》(*Handbook of Climatology*)推广了他的方法，该书详细阐述了气候学将如何循序发展，就像军队逐步入侵一样。这门科学的自然发展方向是制图学，柯本适时地运用气候地图的图形表现能力，进一步发展了气候学，以视觉上独特的区域表现了平均气候带，包括"热带气候""极地气候""亚热带气候"和"地中海气候"。

该项目的成功和薄弱之处都在于同一个事实：以这种方式了解地球的气候需要大量的数据。气候学，就像汉恩和柯本所实践的那样，是一门有关电报、邮政系统和出版社的科学。它依赖于一个广泛应用的测量体系来绘制地图，以及一套能够印制和分发这些地图的系统。在气候学定义成熟之后的几十年里，这个项目吸引了人们的目光，被倾注了巨大的精力。

尽管气候学的发展蒸蒸日上，但汉恩仍然严厉地指出了气候学的局限性。他认为对于气候来说，理论无用，实践至上。他提醒道："在广义上，气候学只是气象学的一部分。"他进一步解释说，气候学是一门描述性科学，而气象学则旨在"通过已知的物理定律解释各种大气现象"，是理论性科学。然而，这两个领域密切相关。气候学是气象学的重要组成部分，尽管它在解释方面存在能力上的不足，但其知识跨度弥补了这一点。作为一门以可视化为主的科学,它提供了一种建立"不同气候的马赛克图像"的方法。这是一种非常有条理的拼接图像,把事实系统地呈现了出来。通过这种方式,"保证了秩序和统一性,不同气候之间的相互作用变得清晰起来,气候学成为一门科学"。正如德博拉·科恩(Deborah Coen)所指出的,这将使得气候学(至少可能)成为一门研究"复杂整体"的科学,而气象学则更关注将大气现象归纳为"更简单、从理论上可掌握的基本原理"。[5]

汉恩承认气候学的描述性本质,之后又雄心勃勃地希望它能成为一门真正的科学,这中间的过渡我们只是推测。[6]之前的气候学只是在收集降雨量和气温的平均值,如何把它转变成一门由物理定律支配的科学,尚不清楚。在汉恩的《气候学手册》背后,隐藏着与变化的本质有关的深刻冲突。变化对这一科学类型的转变至关重要,但对于应该定义或研究多少变化仍然不明确。汉恩手册的最后一节是"气候的变化",在这一节中,他思考了气候的地质变化,如冰期,以及与此相关的克罗尔和其他人的理论。他还思考了期限更短的、与太阳黑子有关的所谓气候振荡。然而,在这两种情况下,汉恩都执着于他的平均方法,这种方法的前提是假设某个稳定时期可以被平均值所代表。汉恩解释说,要得出平均值,需要确定平均值适用的时间段。用这种方法可以很容易地找出高于或低于平均值的振荡。换句话说,变化在这里是与某个固定时间段相关的概念,在该时间段内可以构建平均值。[7]

汉恩的方法以平均值的稳定性为前提,但实践中他(和其他人)也可以靠这种方法识别出气候异常。这需要建立一种基本形式的气候系统。在这个意义上,统计表格可以说是一个初步的气候模型。将从地球上各个地区收集的天气的平均数据制成统计表格,如此一来,汉恩以及其他人就更容易从数字中寻找规律。由于这些数字对应的是天气的平均值——汉恩将其定义为气候——因此研究人员能够找到大气长期特征之间的联系。当然,取平均值的过程会忽略气象学所要揭示和描述的动力,即汉恩所说的"大气过程演替的原因"。[8]汉恩呼吁人们既要关注平均值,也要关注偏离平均值的偏差。科恩则认为,这有助于奥地利在一系列不同的气候区域中形成一个国家的身份认知。要做到这一点,需要将各地迥异的环境融合成一个和谐的帝国整体。从统计学角度来说,这意味着既要关注偏差,也要关注平均值;既要关注当地,也要关注全球。从真正意义上讲,正是气候平均值使偏差及其所蕴含的动力更加明显。因此,有点反直觉的是,汉恩的方法最终为一种新的气候学铺平了道路,这种气候学恰恰侧重于气候系统内部的变异性,而不是个别气候区域的稳定性。[9]

当沃克来到西姆拉就任印度气象台的总台长一职时,他所面对的正是这种摇摆——气候统计的平均数据代表着稳定性,而这些数据又可以用来寻找变异性。气候系统该被如何看待——其本质是稳定的还是变化的——取决于观察者的视角。这两种看法的前提都是系统本身的概念。该系统与沃克一样,都是帝国的产物,包括一捆捆小麦也是,许多人依靠它们维持生计以及盈利。

印度,尤其是当时的英属印度,所面临的挑战不止一个。当沃克于1903年抵达印度时,过去7年中有3年(1896年、1899年和1902年)夏季季风降雨都没有如预期到来。这句话看似简单,可是其背后所隐藏的却是人类巨大的苦难。

数百万人因此丧生。当时无法准确统计死亡人数,因此具体数字无从得知。1901年《柳叶刀》(*Lancet*)杂志的一篇文章中提到,在过去的5年中已有1900万人丧生,相当于当时英国总人口的一半,约为印度总人口的8%。[10]大片土地的庄稼颗粒无收,面积是整个英国国土面积的3倍多。

这并非一场正常的灾害。某些年份的季风降雨"没有如预期到来",这意味着每年都应该有降雨。事实上,无常多变的降雨——甚至某些年份完全没有降雨——正是印度气候的正常特征,而非异常情况。季风总是来来去去,时而带来滋润生命的降水,时而又将雨水拒之门外。饥荒在过去的干旱期时有发生,但在英国统治时期,因饥饿而死亡的人数急剧增加。在1876年至1878年间,死亡人数达到了顶峰,约有600万至1000万人死亡(包括英国和非英国统治地区)。

图4.3 1900年,一名美国游客、一名身份不明的妇女同一名饥荒受害者在印度合影。图片来源:美国国会图书馆印刷和摄影部,约翰·D.怀廷藏品(John D. Whiting Collection)

在很大程度上，大英帝国是这场灾祸的罪魁祸首。在把现金经济强加给印度的过程中，英国人破坏了传统的相互救济和粮食储存的制度，曾经的制度能让农民在丰年积累粮食储备，以应对歉年。[11]英国人以增强生产力的名义，破坏了许多的个人安全保障机制。取而代之的是，他们提供现金来换取当年的农作物，除此之外几乎别无其他。

在饥荒中，维多利亚女王（Queen Victoria）被加冕为印度女皇。奢华的帝国对人民的苦难视而不见，甚至理直气壮地故意如此。亚当·斯密（Adam Smith）曾在1770年的孟加拉饥荒时表示，政府的“失当”和暴力干预会使饥荒恶化。斯密认为，所谓的“歇斯底里的人道主义者”坚持为饥荒提供救济金，这实际上会加剧印度可能面临的破产风险。最好的办法就是什么都不做，让饥荒尽快“自然地”发展下去，经济周期就会得到自然的修正，就像一连串频发的小火灾可以防止一场灾难性的大火一样，使损失降到最低。他的意思是说，饥荒是社会和经济方面的自然事件，是一种内在机制，使印度的人口及其规模保持平衡，同时可以使粮食价格保持高位。利顿勋爵（Lord Lytton）是一名诗人同时也是印度总督，他骄傲地继承了斯密的衣钵。1877年，利顿向立法委员会表示，任何限制饥荒影响的举措都只会放大人口过剩的问题。[12]利顿将人类看成冰冷的数字，他认为，由于在饥荒中死亡的绝大多数都是穷人，所以任何试图挽救他们生命的政策都只会增加贫困人口比例。他的言外之意是，与其让穷人卑微地活着，不如让他们死去。

尽管政府的失败是显而易见的，但英国统治者却竭力回避正在发生的一切。在这个10%的人口因饥饿而丧生的国家里，时任总督额尔金勋爵（Lord Elgin）坐在其专属列车上从窗口向外一瞥，立刻就放心了：“尽管最近降水不多，但国家还是能有这般繁荣景象。”[13]虽然统治者在有恃无恐地自欺欺人，但如此大规模的死亡还是需要回应的。1876—1878年的大饥荒造成了灾难性的生命损失，此后一个委员会便成立了，以确定今后可以采取哪些措施来避免此类灾难。委员会咨询了医学、经济学和农业等领域的专家，并制定了专门的区域性饥荒法规，以确保及时向当地提供援助。饥荒委员会对气象学无法胜任当前的任务感到遗憾。无论未来能否明确降雨量的“真实周期性波动”，此时的科学知识严重匮乏，无法作为预报的根据，这都是一个痛苦的事实。尽管饥荒是不可避免的，但令人沮丧的是，“饥荒的到来几乎没有任何预警，而且找不到规律”。[14] 自19世纪80年代起季风预报就开始发布，但由于未能预测到1901—1902年季风的缺席，因此季风预报被取消。这一决定让很多人感到失望，他们认为即使预报并不总是准确的，但起码还有用。《印度时报》(*Times of India*)的一位评论员认为：“在印度这样一个以农业为主的国家，无数的农民或多或少地都会指望气象部门能够帮助他们……而现在这些指望却突然被拒绝了。”[15] 委员会对这些农民的请求充耳不闻，只是看向了曾在遥远的土地上效力于帝国的技术，寄希望于它们如今也能为这些农民服务。铁路和电报系统通常用于调控商品流通——尤其是对于作为印度最大出口作物的谷物，在未来发生旱灾的情况下，它们会将救济粮运送到需要的地方，并通过平衡供需关系来确保谷物价格不会像上一次饥荒时期那样飙升。

现实却恰恰相反。火车被用来运送粮食，但并非运送给饥饿的人们，而是运往可以出售牟利的地方。电报新闻使投机者得以垄断粮食市场。当地慈善机构的能力严重不足，无法照顾大批饥民。绝望的父母无法养活自己的孩子，将每个孩子以几分钱的价格卖掉，如果卖不掉就送人。一位记者报道说，他参观了一家孤儿院，那里孩子的胳膊还没有他的拇指粗，肋骨透过皮肤露出来，“像一个铁丝笼子”。[16]

1904年的第一天，沃克就在这样恐怖的背景下上任了。招募沃克这样的人来完成看似毫无希望的任务，这看起来有些绝望甚至荒谬，但有几个理由让人相信他比任何人都更有可能研究并预测出季风的规律。他从小就被寄予厚望,对他前途的预言可以追溯到他在学校犯下的一个神话般的错误,当时他弄错了一个拉丁动词的变位。数学老师收留了被古典文学课程开除的沃克,老师对他的数学能力赞叹不已,他几乎不费吹灰之力就取得了许多令人惊叹的数学成就。

有证据表明,从17岁起,他就喜欢所有旋转或转动的东西。他亲手制作了一个陀螺仪,赢得了学校的奖励和更多的关注。在剑桥大学,他跟随应用数学领域的领军人物J. J. 汤姆孙(J. J. Thomson)和G. H. 达尔文(G. H. Darwin)学习该学科。课余时间,他在宽阔的绿色草坪上扔回旋镖,草坪从那些宏伟学院后面一直延伸到河边。沃克能让这块弯曲的木头飞得很远,然后在空中划出一道不可思议的弧线,再次回到他的手中。当大多数年轻人在卡姆河上用蚊子般细的赛艇锻炼自己的身体时,沃克的这一怪癖格外引人注目。

大多数时间里他都专注于数学,尤其是数学物理学——研究物体(比如回旋镖)如何在抽象的几何空间中运动——这个剑桥大学课程的核心。从某种意义上说,他成功了。三年的学习结束时,他不仅通过了难到让人闻风丧胆的"三足凳"(Tripos)数学荣誉考试,还取得了第一名的好成绩,回应了许多人——他的老师、助教、教练和父母——对他的期许。但这样的成就也让他付出了惨痛的代价。他的健康一度"崩溃",不得不离开这个曾取得巅峰成就的地方。他在瑞士的一家疗养院里度过了三个冬天,以消除内心深处的紧张情绪。这种紧张是他能在数学的高峰上驾驭数字的必要品质,但也让他备受折磨。[17]

约翰·霍普金森(John Hopkinson),这位从剑桥大学数学家转行为工程师的同行曾经说:"数学是非常好的工具,但却是非常糟糕的掌控者。"[18]当沃克来到印度时,他已经亲身体会到了这句话的含义。单靠数学解决问题会很笨拙,消耗巨大,同时又毫无用处。回旋镖及其带来的回报并不足以舒缓来自数学的压力对他造成的伤害。在瑞士，他在滑冰中找到了慰藉。没有摩擦的冰面、冷冽的空气以及晴朗的天空让他的心灵得到净化。回旋镖的曲线与冰面上留下的冰刀痕迹交错。在他的内心深处，一些互为因果的曲线开始生长，重新构建他那被过度学习和过度紧张蹂躏成碎片的心灵。他踩着冰刀在这段时光中穿行而过，终于远离了精神崩溃。在回到剑桥大学担任讲师的几年，他试图寻找能稳住他那颗飘忽不定的心的课题，以及一些不至于让他坠入数学深渊的重要事物。电动力学，以及一位资深数学家向他提出的问题，让他暂时心有所依。

直到年仅35岁的他被聘为印度气象台的新领导，加入了气象学专业人员的行列，才结束了那样的日子。在英属印度这个庞大的层级系统中，这些专业人员虽然人数不多，却在不断壮大。在他之前，气象学领域的先驱们曾以各自的方式试图从根本上掌控天气，他们绘制了风暴系统图，并提出喜马拉雅山脉降雪会影响第二年季风的理论。但他们得出的结论是，对印度影响最大的天气要素之间的联系过于复杂，即使是最有直觉、最富洞察力的科学家也无从揭秘。过去，气象学的基础一直是物理学。科学家们总是试图用直观的方式来描绘事物，想象不同的气团是如何在大气这个空气的海洋中相互作用、相互推拉的（更不用说海洋本身的能量运动了）。然而他们失败了，现在他们希望像沃克这样的人能够对印度气象预测有所作为，毕竟对沃克来说，数字就像一根杠杆，可以撬开原本封闭的系统。听到沃克被任命的消息后，克利夫兰·阿贝（Cleveland Abbe）写信祝贺他，并表达了自己的希望："通过提出一类新问题，让你的思考集中在动力气象学上，这会对这门艰难的学科大有裨益。"[19]

事实上，让沃克深入研究印度，就像让他拥有了整个世界。

到了1904年,大英帝国和气象学都在把自己的范围向地球上最遥远的边界延伸——它们几乎(尽管还未完全)覆盖了全球。大英帝国的影响力和国力接近顶峰,当时它的国土面积占地球陆地面积的近1/4,人口占地球总人口的1/5。在迄今为止最大的殖民地印度,英国人控制着约150万平方英里的面积,是英国本土面积的10倍。这种一边倒的统治本质上是不稳定的,1857年血腥的印度兵变证明了这一点。

大英帝国和气象学所面临的挑战极为相似。二者都试图了解和控制一系列不规则的现象,而这些现象发生的地点往往远离负责斡旋和计算的办公室。因此《自然》杂志的编辑诺曼·洛克耶(Norman Lockyer)所拥护的帝国气象学的概念实际上有些多余。帝国**就是**气象学,气象学**就是**帝国。正如印度财政部长盖伊·弗利特伍德·威尔逊(Guy Fleetwood Wilson)在1909年所言,"印度的预算就是一场对降雨的豪赌"。

只有借助某些技术的杠杆作用,英国才有可能统治印度。铁路、电报和蒸汽机船可以跨越时间和空间将帝国与其联系在一起,其重要性一直被强调。同样重要但经常被忽视的还有作为工具的官僚机构本身。这些工具以中央办公室的形式呈现,可以收集、整理和执行信息。这些办公室是庞大帝国网络的节点。它们在伦敦被推崇备至,而在加尔各答、西姆拉以及电报能够触及的偏远站点也依然存在。在这些狭小而井然有序的空间里,少数几名尽可能传递完整信息的工人,可以为王室管理数百万名臣民做出贡献。

得益于技术和官僚体制的威力,距离——这个大英帝国曾致力于打败的敌人——此时变得更有趣、更有价值。距离不再是行使权力的挑战,而是被视为权力的标志。印度茶园里的一个小邮局,大象在其旁边的溪流中安然沐浴,仔细观察就会发现,这个小邮局凭借延伸出的细长电线,成了帝国连接和控制全球的网络中的一个节点。这样的场景经常出现在帝国的公报和画册中,距离成了帝国的主旋律,象征着"日不落"的广袤天地。

距离不仅象征着帝国的强大，它还在原本一文不值的地方创造了价值。快速可靠的蒸汽机船在大洋中横行无阻，这意味着遥远的英国公民可以舒适安全地享用印度谷物制作的面包，而这些谷物（近乎）一年四季都在阳光充足、雨水丰沛的产地生长。印度既是英国的"面包箱"，也是英国的"钱箱"。到1904年，印度已经成为英国最大的进口商品来源地和英国出口商品的最大市场。[20] 印度到伦敦的距离并没有阻碍印度与英国的连接，反而正是因为距离远，才提升了印度对帝国的价值。

距离是帝国运转的关键。它与对局部地区的控制一样，都是帝国成功逻辑的重要组成部分。从各个角度来说，沃克最大的成就无疑是对他所谓"世界天气"的发现。对沃克来说，哪怕是世界上最遥远的地区都是可以利用的，他全力以赴迎接巨大的挑战，这个挑战把他从宁静的剑桥带到了"季风战争"的前线。

正是特殊的气象现象使管理印度变得极具挑战，同时也使印度成为气象学研究以及支撑气象学研究的绝佳地点。对气象学家而言，印度提供了一个梦幻般的地理环境。这在一定程度上是因为其规模，毕竟印度的一切都过于庞大。正是因为印度和英国有着特殊的关系，所以人们在认知上会将其与邻国区分。在物理上，印度也因地形与外界隔离——北部边缘的喜马拉雅山脉构成了垂直的疆界，东西两侧是海岸，南端的锥形大陆延伸到赤道的海洋中直至消失。印度跨越了地球1/4的纬度，呈现出一系列令人羡慕的气候现象。印度的规模和气候特征与英国不同，英国的天气每天都不一样，而在印度，天气会形成较为长期的模式——方便描述天气的时间单位是月而非日。这使得计算变得更加容易。因此，印度的天气模式比地球上其他任何地方都更加清晰。先前的总台长亨利·布兰福德(Henry Blanford)谈到印度时严肃地写道:"有序和规律是我们大气现象的主要特点,而反复无常和不确定性则是欧洲大气现象的主要特点。"[21] 这在一定程度上取决于地理范围。印度是一个"让普遍的规律有足够的空间产生普遍的结果"的地方,所谓"受到干扰的结果其实是有规律的、可以确定的"。[22] 如果有人会因为英国多变的天气而恼怒抓狂,那对他们来说,印度的天气则是引人入胜的冒险。印度部分地区的洪水泛滥几乎是常态,而其他地区则是沙漠遍布。在阿萨姆山的乞拉朋齐村,平均每年的降雨量超过460英寸,而上信德省的部分地区年降雨量则不足3英寸。在印度,不可能的事情似乎经常发生。在最潮湿的地区,一天内降雨量达到25英寸是常有的事,这相当于伦敦一年的降雨量。[23] 在极端炎热的天气里,一些地方的湿度仪器甚至会出现负值的读数。常常还会有气旋袭击印度沿岸,其强度随随便便就可以超过欧洲曾经经历的任何气旋。

这种气象变化的形式多样、复杂,但其中最主要的是季风,这是一种交替出现的气象形式。印度一年中有一半的时间是受干燥的陆地风控制,另一半的时间则是高湿、多云和强降雨。在10月至第二年4月的寒冷季节,风从东北方吹来,干燥而寒冷。从5月开始,风向发生逆转,从海洋上空带来了潮湿的空气,强降水从6月持续至9月或10月。

印度是个矛盾的国家,季风则是这种矛盾的完美证明。季风的不可预测性给人们带来了巨大的苦难,而它却可能成为解开天气谜题的钥匙。季风是气象学家所需求的强烈信号,成千上万的雨量计、气压计和温度计忠实地记录着季风带给数百万人的痛苦或繁荣。强烈的信号使气象学有机会转变成一门更可靠的预测科学。洛克耶非常支持这种看法,并敦促同行们:"气象学同天文学一样,要抓住某个周期。"地理位置不应该成为障碍,鉴于大英帝国的强大影响力,它也不会成为障碍。洛克耶继续敦促,如果周期"无法在温带找到,那就去寒带或热带寻找,如果找到了，那么最重要的是，无论如何都要抓住它、研究它、记录它，看看它意味着什么”。[24]

如果说确定季风那多变的周期就像忽视房间里的大象一样难，那么要确定是什么导致了降水以及降水何时会来就更困难了。当时的观点认为要从太阳出发，因为它是唯一比印度季风更引人注目的存在。太阳已经呈现出自身的周期——黑子的盛衰周期。伽利略首先发现了这些黑子，此后科学家们一直在研究这些黑子对地球的影响。18世纪，天文学家威廉·赫歇尔将亚当·斯密的《国富论》(*Wealth of Nations*)中的历史谷物价格与太阳黑子的数据进行了比较，寻找相关性。19世纪30年代“磁场征服运动”发起，为了绘制地球磁流图，携带磁性仪器的观测员被派出前往地球的4个角落。他们发现了地球磁场与太阳磁场同步波动，这个发现犹如天降大奖。1850年，海因里希·施瓦贝(Heinrich Schwabe)发布了他对太阳黑子进行的近25年的每日记录——这是当时最好的数据集，他利用这些数据确定了黑子的盛衰周期为10年。不久，这一数字被修正为11年，太阳黑子的周期似乎更有可能对地球产生影响。这还没完。1859年，一次强烈的太阳耀斑导致磁性仪器失灵，电报通信中断(有些电报站还着火了)，甚至在赤道上还出现了可见的极光。事态紧急，人们投入资金建造了一系列专门观测太阳的特殊天文台，并收集和分析地球上可能与太阳活动相关的现象的数据(在皮亚齐·史密斯前往特内里费岛考察时，他收到了许多著名科学家提出的观测太阳的请求)。预感到某些自然奥秘即将被揭开，物理学家开始寻找太阳黑子与磁性、温度、风以及降雨之间的联系，并在一定程度上有所发现。这些联系往往可以用极其简单的词语概括，这也是它们的魅力所在。这些联系似乎是显而易见的。毛里求斯官方天文台的政府天文学家查尔斯·梅尔德伦(Charles Meldrum)总结了自己的发现：“太阳黑子多，飓风就多；太阳黑子少，飓风就少。”[25]

然而,尽管人们在太阳物理学上投入了巨大的精力,但到了20世纪初,人们再没有发现地球和太阳之间有什么进一步的直接物理联系可以与"磁场征服运动"时的发现相提并论。人们的兴趣逐渐消退。反对者称之为"太阳黑子学",这听起来像一门危险的黑暗艺术,其研究者在混乱的细节中发现了根本不存在的规律。

在科学家中,仍有一小部分人坚持寻找太阳和地球之间的联系。这些宇宙物理学家对破解自然界的密码兴趣不大,而是更关注各种现象之间的基本物理联系。其他大多数物理学家关注的是极小尺度上的电、磁和热,而这一小部分物理学家则不同,他们在太阳系及太阳系以外的最大尺度上探索自然,他们的假设是:"有一种普遍性不亚于万有引力的力,但我们还不了解它的作用方式,这种力遍布宇宙,可以说在宇宙之间形成了一种无形的共鸣纽带。"[26] 不可否认,太阳影响着地球的某些现象。他们努力尝试解开这种"普遍性不亚于万有引力"的力的本质,这个寻找过程就像猎人在寻找猎物的痕迹。他们确信地球和太阳(以及其他天体)之间的物理联系对地球上气象、磁场和电的研究都有着深远的影响。虽然太阳和地球距离遥远,但它们感性上的联系却很紧密。太阳和地球就像恋人一样同频同调。两位著名的宇宙物理学家写道:"我们以前曾意识到它们之间的数学联系,但它们其实比这更亲密——它们一起感受,一起悸动,它们之间的联系就像人与人之间的情感联系一样微妙。"[27] 并非只有太阳上才会出现微小且影响深远的扰动,太阳系中的任何地方都有可能发生。如同扣动小小的扳机来激发枪支的巨大威力一样,太阳系中其他行星引力场的微小变化都可能导致太阳黑子的发生,而太阳黑子本身又可能对地球天气产生巨大影响。因此,太阳能够引发地球上难以置信的天气变化,"它在不同的时间作用在地球的大气圈和水圈的不同位置上,从而产生气流和洋流,并通过影响这些介质中存在的各种形态的水,太阳成为雨、云和雾的来源”。[28]尽管迄今为止还没有取得任何成果,但对这些因果的热情和信念给了宇宙物理学家耐心和希望。天气看似捉摸不定,“不是因为它不受规律约束,”洛克耶和亨特(W. W. Hunter)写道,“而是因为我们的无知。”[29]所有自然事物,包括降雨这种最善变的现象,最终都会被证明是遵循自然规律的。只是还需要更多的时间。

还有数据,需要很多很多的数据。至少在这一点上,沃克已经拥有了他所希望的甚至比之更多的资源。沃克不是宇宙物理学家,他没受过宇宙物理学家的训练,也不具有宇宙物理学家的倾向,他不容易受到时下热潮的影响而去追寻某种周期。相反,对他来说,数字才是一种特殊的工具。数据的规范必不可少。正如沃克作为剑桥大学的学生接受了严谨治学的终极考验一样,他也将考验自己的数据是否可靠以及有意义。

他继承了前人的目标,并将认真解决这些问题。虽然说他没受过相关训练,但若说他没有受到过前人的指引,那就大错特错了。在许多方面,他对数据所提出的问题都是其他人已经想到过的:关于远距离现象之间的联系、关于非常遥远的事物之间如何建立联系。那些支撑帝国存在的基础设施——铁路、电报和官僚体系——都促成并推动了这种具有帝国特色的观念。沃克和其他人一样,都会受到周围环境、历史以及他当前职责的影响。

首先,他需要收集数据。这并不难。他负责管理着世界上最先进的气象网络。日复一日,月复一月,与天气相关的数据不断地涌入他的办公室。数据的泛滥或失败没有困扰到气象台总台长。例如,1907年,他在西姆拉的办公室收到了来自印度各地2677个雨量计的降雨记录。他还收到了来自几十个气象观测站每八小时一次的气压、气温和风速读数——在某些地方,这些读数是由自动仪器连续记录的。他知道,如果要破解季风难题，他还需要来自海洋的数据。因此，他派遣了两名全职职员前往加尔各答和孟买，他们唯一的工作就是在船只进港的时候拜访这些船只，抄写它们的气象日志并校准它们的气压计。大气——那片空气的海洋——并不容易接近，但如果可能的话，绘制一张气流的三维图至关重要，可以了解气流可能带来的降水或干旱。到1904年沃克就职时，科学家们普遍认为迫切需要更多关于中上层大气的信息，必要时应采取任何方法，比如风筝和气球。[30] 沃克将气球和风筝升上比利时、孟加拉湾和阿拉伯海的上空，让它们飞升至2.5英里高的大气。此外，他还在西姆拉升空了装有超轻型仪器的橡胶观测气球。这些数据需要回收，于是他将卡片附在气球上，承诺安全归还者将获得奖励。前任总台长布兰福德曾指出，喜马拉雅山脉的降雪是影响季风的一个重要因素，因此沃克安排拍摄了从西姆拉所能看到的大尺寸雪量照片，以便进行逐年比较。[31]

他还与世界各地的同行建立了电报和邮件的联系。西姆拉办公室特有的电报线延伸至窗外，沃克每周都会收到来自毛里求斯皇家阿尔弗雷德观测站的天气情况汇报，而毛里求斯正是受季风影响的关键地点。桑给巴尔和塞舌尔的部门观测站提供了急需的印度洋数据。对于西南季风，沃克与非洲的松巴、恩德培、达累斯萨拉姆、开罗和德班，澳大利亚的珀斯、阿德莱德和悉尼，以及南美洲的布宜诺斯艾利斯和圣地亚哥都有通信联系。

所有这些数据都充满希望，似乎也很有必要。但这也有可能对解开季风之谜的梦想造成致命威胁，因为过多的数据很容易令人疲于应对。这是一个两难的局面。要了解季风，就必须对其进行观测。但季风的边界并不明确，季风从哪里开始，在哪里结束，这本就是沃克正在寻找的答案的一部分。因此他需要像之前的研究者一样，广撒网以收集数据。但他撒得越广，捕获的数据越多，就越难在海量的噪声中找到模糊的信号。

埃利奥特指出:"毫无疑问,观测数据过多,而对观测数据的认真讨论则太少。"我们不能只是不加思考地积累观测数据而不考虑如何利用,应该着重于深入调查这些数据背后的原因,以此"指导并启发之后的观测工作"。一个更加深思熟虑的观测体制应该考虑将气象学与相关的学科结合起来——"太阳现象与地球磁场现象之间无疑存在着明确关系",而且还有可能发现其他的联系。[32] 埃利奥特提议创立一个中央机构,可以对整个大英帝国范围内的观测数据进行比较。

正如著名宇宙物理学家阿诺德·舒斯特(Arnold Schuster)所言:"观测是必要的,然而,看起来好像是你永远无法观测到足够的数据,但其实我认为你可能已经观测得过于多了……毫不夸张地说,气象学是在观测的基础上发展起来的,但观测并不是气象学发展的原因。"始终存在着这样一种风险,即数据收集本身成了目的,而科学可能变成"一个储存互不关联的事实和供收集爱好者消遣的博物馆"。[33]

在明确气象学中观测的地位之前,需要先定义气象学的性质。气象学究竟是什么,这是个悬而未决的问题。它应该包括预测吗?包括观测吗?包括理论构建吗?抑或是干脆三者兼而有之?但如果是三者都包括,那么这些不同的方法在大气研究中应该按照怎样的优先级排序呢?正如菲茨罗伊去世后天气预报的取消所表明的那样,预测是否应该优先于理论构建,这可能会是一个潜在的爆炸性问题。一些人坚信,缺乏适当理论支持的预测是一种危险的尝试,不仅可能给公众提供错误的预报,而且科学家们也害怕暴露自己学科的弱点(或不成熟)。美国气象学家克利夫兰·阿贝就代表了这种观点,他在1890年写道:"迄今为止,专业的气象学家往往只是一个观察员、统计学家、经验主义者,而不是机械师、数学家或物理学家。"[34] 其他人也同样坚信,由过少观测数据得出的理论,与未经理论深化(如一位评论家所说)的观测数据一样无用。尽管理论气象学与数据气象学之间的差异可能很明显，但这两种态度之间的区别并不像人们想象中的那么大。事实上，根据所面临的问题，同一个人可能会主张首先以数据为导向，随后又转而支持理论型方法。例如，汉恩在建立气候学传统的描述性和经验性方面做得比任何人都多，但他也将热力学——一个高度理论化的领域——应用于大气现象的问题上。[35]

正如汉恩将气候学视为气象学的伙伴一样，其他人认为物理学是将大气科学转变为真正科学的必要支撑。这些学科的研究范围和研究方法各不相同。气候学家从以资源产出及提取为关键的帝国版图入手，关注气候的全球性趋势。气象学家则专注于在小范围内发展物理理论，这个范围可以是区域的、当地的，甚至是超小范围的，比如研究云的时候。

正如气象学、气候学和萌芽中的物理地质学（如冰期的争论）之间的差异所表明的，从19世纪中叶到世纪末，变化的概念本身并不确定。到19世纪末，哪种变化能够被观察、由谁来观察以及使用何种工具来观察已经成为广受争议的问题。科学意味着什么——它在多大程度上依靠数据收集，又在多大程度上需要理论——是一个首要问题，其他一切问题，包括什么可以算作数据，都是由此产生的。

这些学科焦虑是沃克难题的背景。他该如何摆脱舒斯特所谓气象"博物馆"的束缚？毕竟那里充满了陈旧而互不关联的事实。沃克从前人的工作中意识到，要解开季风之谜，需要做两件事。首先，他需要将当地的、区域的甚至泛区域的研究转变为真正的全球性天气调查。其次，且同样重要的是，沃克意识到，他需要放弃寻找周期，选择在数学基础上与之前有本质不同的方法。他认为自己不是一个寻找连接不同周期的标志性气象事件的猎人，而是一个绘制天气景观图的勘测员。

沃克对于天气的无知可能是他的最大优势。他不知道大气中哪些因素可能对季风影响最大，毫无头绪的他意识到自己需要一种工具来评估所有因素，并确定哪些因素是最重要的。他的工具就是统计学。具体来说，他开发了一种技术，他称之为相关系数的可靠性。这意味着他可以筛选大量的数据。在沃克的创新之前，“周期猎人”拥有的最好工具是眼睛。他们绘制图表，将一个信号与另一个信号进行比较（例如将气压与太阳黑子的出现进行比较），并观察得到的曲线是否呈现出任何模式——要么是特别接近的拟合，要么是特别差的拟合，而后者呈现的也许是反比关系。沃克意识到，他可以利用统计学家卡尔·皮尔逊（Karl Pearson）提出的“相关系数”来筛选数据。皮尔逊的相关系数用于判断两组数据之间的相关程度。对于整理涌入沃克办公室的大量统计数据来说，非常有用。

在分析气象数据时，出现了一个问题：皮尔逊的相关系数有时太善于发现规律了。当比较两组随机数据时，总有一定的可能性找到它们之间的某种关联。在比较真实数据时也是如此，例如比较世界不同地区的气压。皮尔逊的相关系数无法识别出真正的相关性，即那些指示了基本物理联系的相关性，毕竟当比较的数据量较大时也可能出现数学上的相关。像沃克这样比较几十甚至上百个数据集时，出现虚假相关的可能性很大。沃克于是在此基础上提出了一个衡量标准，衡量大型数据集要达到什么相关程度才能平衡掉出现虚假相关的可能。

沃克将他的可靠性标准应用于皮尔逊的相关系数，然后生成一个量化的指标，用来评估两个数列之间的相关性是否是偶然产生的。沃克不再需要凭肉眼感觉来观察一系列曲线，而是能够量化这些关系并进行排序，确定哪些关系在统计上更可靠，它们可能反映了现实世界中发生的一些事情；而哪些关系不那么可靠，它们更有可能只是随机产生的。与他的前辈们相比，沃克的技术在整理庞大的数据集时不仅更加准确，而且效率也高得多。正如另一位重要的研究人员内皮尔·肖（Napier Shaw)所认为的那样,他的技术是"一种探照灯,可以从某个选定的点扫视气象地平线,可以用这种方法找到整个地球上那些原本看不见的主要特征"。[36]

沃克将调查范围设定为全球,这既源于他的无知,也是他深思熟虑之后的决定。由于不确定应该把焦点放在哪里,他不得不把光线照射到各个角落。如内皮尔·肖所言,他发现的相关都"非常敏感,毁掉一个可靠的关联比创造一个新的关联要容易得多,而且一旦建立的关联受到意外错误的影响,都将变得不可靠"。[37] 这就是关键所在。如果沃克想在庞大的数据海洋中找到真正的关联,他就必须对任何疑似的相关严加审查。只有最可靠、在统计上最稳固的关联才能得以保留下来。这些结果可以为科学家指明方向,他们掌握了空气、风和雨的循环的物理理论,可以解释沃克所揭示的现象。

沃克揭示了一种被称为"世界天气"的现象。它由大片交替的高压区和低压区组成,横跨全球并随季节变化。此前已经存在所谓的大气环流理论,最早可以追溯到18世纪哈得来(Hadley)提出的关于信风的理论。近些时候,在19世纪80年代和90年代进行的许多研究,应用了与沃克所用相似的电报通信网络,开始在典型的高压或低压区域之间发现一系列这样的振荡或跷跷板关系。这些论文大多由宇宙物理学家完成,他们习惯于思考物质间的物理联系,又将这种思考方式与"周期猎人"的视觉工具结合了起来。他们绘制的地图(通常是气压图,也有温度图)展示了地球大气中相距甚远的各处之间有趣甚至惊人的关联。**振荡**一词很早就被用来描述全球不同地区之间气压的反比关系,这种现象在很多研究中都有发现。德博尔特是云的普遍性研究的奠基人,他的研究表明,欧洲的平均气压与冰岛、亚速尔群岛和西伯利亚的某些"大气活动中心"的平均气压之间存在着某种关系。布兰福德也为南半球做了类似的工作,证明印度、西伯利亚和毛里求斯的气压是相关联的。希尔德布兰德松是一个圆脸的瑞典人，他在自己里程碑式的5篇系列论文中做了更深入的研究，呈现了来自全球各地不少于68个地点的10年月平均气压数据。他利用这些数据，从这些北半球的大气活动中心扩展，进一步提出全球**所有**大气活动中心之间都存在着他所说的“亲密关系”。[38] 最后，希尔德布兰德松和德博尔特于1896年出版的《国际云图集》表明，在气象学领域，可以抛弃汉恩所说的“教堂尖塔政治”（即只从一个教堂的尖顶上所能看到的范围内的气象现象），朝着大有作为的全球性项目迈进。[39] 很明显，云是不分国界的，因此绘制云的项目必须同样考虑全球范围。

这里就是沃克的“探照灯”的用武之地。人们曾经对风暴的兴趣和知识积累延绵了几个世纪，此时开始尝试在半球尺度上收集和比较数据，沃克恰好赶上了审视真正的全球性数据集的时机。与布兰福德、德博尔特和希尔德布兰德松一样，沃克也在他收集的气压数据中发现了振荡的证据。但是，那些人受限于视觉技术，只能对这些关联的性质和程度做出模糊的陈述，而沃克的相关系数却能让他排除那些意义不大的关联。他发现了400个显著的关系——它们的相关系数值得被关注。[40] 剔除掉虚假的关联后，他发现了“三大摇摆”，即气压之间的反比关系。其中最大的关联是太平洋和印度洋之间的联系。沃克将其命名为“南方涛动”。另外两个较小的摇摆分别在冰岛和亚速尔群岛之间，以及北太平洋部分地区之间，他将它们命名为“北大西洋涛动”和“北太平洋涛动”。[41] 在这些地方，气压存在反比关系。当冰岛的气压升高时，亚速尔群岛的气压则可能会降低，反之亦然。

他用相关系数最先解决的问题之一是太阳黑子问题。在1923年的一篇论文中，沃克证明了11年的太阳黑子周期与季风周期之间不存在有意义的相关性。[42] 他似乎意识到了此举会让大家不快甚至是失望。他承认,“长久以来我们都相信地球上的事物受天体控制”,相信自然周期是一种本能。但是,准确预测季风的迫切需求,以及饥荒带给他的巨大痛苦,促使他“用最有效的量化标准取代本能”。[43] 雇用沃克是埃利奥特的一次赌博,从某种程度上来说,他赌成功了。沃克将气象学和帝国的版图推向了终极——整个地球。但有得必有失。在获得世界天气关联性的同时,他也牺牲了对宇宙的探索。神秘的周期可能是揭开季风秘密的关键,但如果沃克能提供一个更好的替代方案,那这周期不要也罢。

这个更好的方案就是他最初的目标——预测季风。季风预报始于19世纪80年代,但在1902年发生灾难性的饥荒后被中止,后来根据沃克的研究成果,季风预报得以重新启动。沃克之前的总台长埃利奥特曾强调,“追求短期预报的完美”是多么危险。[44] 由于信息的不完整和曾经失败的经历,天气预报只能被看作基于可能性的推测。然而,在饥荒和经济双重压力的背景下,人们很难听得进埃利奥特的谨慎之言,于是政府向沃克施压,要求他再次发布预报。沃克是第一个谨慎处理甚至批判预报的人,他强调预报的好坏取决于自己能找到的相关系数。这些系数每年都不一样,有时甚至相差很大。他呼吁只在满足条件的时候才发布预报。他认为,“预兆”这个词比“预报”更合适、更谦虚。[45] 但是,“预报”这个更激进的词已经被接受了,而且人们对准确预报的期待或愿望一如既往地强烈。有些预测是成功的,但似乎也有同样多的失败,令人尴尬的是,在花费了如此多的时间和金钱后,面对如此清楚明白的需求,专业的气象学仍然无法提供更好的预测。对预测不准确的恐惧可能导致这样一个荒谬局面——专家的预测能力还不如普通人。一位作家查尔斯·多布尼(Charles Daubeny)评论说,“未受过教育的农民有时似乎拥有敏锐的直觉和洞察力,而学者虽然自诩了解大气现象的普遍法则,却对每天观测到的复杂天气效应一头雾水”,这是一种不幸。气象学家陷入两难，不论他们做与不做都会遭到非议。失败的预测可能会玷污他们的名声，而过于保守也是不可接受的。多布尼继续说，尽管江湖骗子可以毫无顾忌地做出预测，但“像赫歇尔或阿拉戈（Arago）这样的科学家却宣称自己没有能力预测未来24小时内可能发生的事情”。[46]

讽刺的是，利用季风来预测世界其他地方会发生什么，比预测降雨本身要容易得多。[47] 至于为什么会这样，作为数学家的沃克也说不清楚。尽管季风继续困扰和挑衅着数以亿计的印度农民和那些以他们的粮食为生的人，但幸运的是，再也没有发生过像沃克到来之前那种规模的死亡和苦难。这要归功于英国经济政策和社会政策上的变革，以及连续多年的季风多雨。

如果说沃克用统计方法预测季风的主要目标失败了，那么在用物理理论解释自己的发现方面他也同样失败。在某种程度上，这就像在不了解物理原理的情况下投掷回旋镖一样。在这种情况下，知识的匮乏并没有妨碍他的卓越表现，但他仍然被驱使着试图准确地描述个中关窍。虽然他在能力范围内用最有效的方法完成了在印度的任务，但他从未忘记自己从中失去了什么。在1918年第五届印度科学大会上的演讲中，他强调了掌握研究现象的基本原理是多么重要。他敦促学生们说：“生活中需要运用理论知识找出实际问题的根本原因……当化学家巴斯德（Pasteur）被要求为破坏法国丝绸业的虫害寻找解决方法时，他对蚕一无所知，然而最终他解决了问题，靠的正是对大自然法则的全面理解。”[48] 沃克比任何人都清楚，他所发现的“世界天气”缺少的正是对其物理原理的全面理解。

到第一次世界大战结束，在沃克未能找到预测季风的方法的同时，将气象学与天文学结合起来（即**宇宙物理学**）的宏伟目标已逐渐淡出人们视野。取而代之的是气象学的一个新分支。这个新分支下的气象学家不再像宇宙物理学家那样想要将天地联系起来，而是试图将下层大气与上层大气联系起来——长期以来的气象观测都局限于下层大气，而上层大气也正逐渐唾手可得。皮亚齐·史密斯对特内里费岛的考察是推进建立山顶天文台的早期示范，在那里除了能够更好地观测星星外，还能进行上层大气的观测。但若想要追踪自由流动的大气运动，山顶的位置显然是个阻碍。英国气象学家詹姆斯·格莱舍(James Glaisher)等人进行了一系列壮观而危险的实验——将气球升空至上层大气，此后，研究人员开始寻求更安全的方法来获取上层大气的数据。其中一种方法就是观察云的运动，《国际云图集》的组织者就抱着这样的目的。但是，这种观测只能揭示大气的部分情况，要想获得更精确的数据，还是需要将仪器送上天空。风筝和无人气球很快就成为探索空气海洋的主要工具。19世纪90年代末，从法国中央气象局局长职位上退休的德博尔特在巴黎西南部的特拉普建立了一个野外气象站。在那里，他开发了气球升空技术，可以将大型精密气球升空至上层大气。发射场地设置在旋转平台上的大型机库，它可以保护气球在安全发射前不受地面风的影响。在1900年前后，德博尔特使用这种装置和一个记录温度、气压和湿度的自记录装置进行了数十次探测。自记录装置将读数刻在不受潮气影响的炭粉上，这些数据使人们对大气有了新的发现。随着高度的增加，大气的温度均匀地下降，直到气球升到约8000米的高度时，温度下降才停止。1902年，德博尔特将上层大气的这一区域命名为平流层，并为最靠近地球的这部分大气起了一个新名词——对流层。[49]

沃克本人深知了解上层大气的必要性。他在生命的最后一刻写道："我认为世界天气的关系是如此复杂，以至于我们只能通过经验的积累来解释。我有种强烈的预感，当我们获得10 000米、20 000米高空处的气压和温度数据时，我们将发现一些至关重要的新关系。"[50] 在担任总台长期间，他在印度北部平原的阿格拉建立了一个上层大气的观测站。从1914年开始，进行了为期10年的实验项目。其中，沃克及其团队放飞的气球表明，印度上空的平流层——即恒温区——的起始点要比欧洲高出许多。[51]

沃克在印度工作了20年后，于1924年离开印度回到了英国。他的成就（包括帮助气象局雇用了越来越多的印度人）受到了高度赞扬，被授予了骑士爵位，并在帝国理工学院担任气象学教授。不久，他加入了帝国理工学院滑翔俱乐部。尽管他抱怨自己的反应不够灵敏，无法成功滑翔，但他还是陪同年轻的滑翔员们参加了在南部丘陵的几次活动。他有时会带上自己的回旋镖，在英格兰南部温和的空气中将回旋镖高高地投出，然后看着它完美地返回，干净利落地穿过看不见的湍流，最后停在他优雅修长的手指之间。

他从未弄清楚季风的成因。1941年，在他离开印度的近20年后，他收到了时任气象台总台长查尔斯·诺曼德（Charles Normand）的一封信，信中告诉他，根据沃克的研究成果做出的当年的季风预报，“与不懂气象学但知道季风频率曲线的聪明外行人做出的预测相比，好不了多少”。诺曼德不愿意据此发布官方预报，这是可以理解的。他解释说：“除非相关预报比聪明外行人的预报更有用，否则我宁愿不发言”。沃克只能表示同意。他自己从来就不太看好预报。他回信说：“我完全同意您的政策，不在季风预报上做文章。”[52] 事实上，沃克是第一个提出南方涛动是“世界天气中一个主动而非被动的因素，它需要公告而非预报”的人，诺曼德如是说。[53] 到了1950年，预报季风的梦想虽然说不上完全放弃，但也被无限期搁置了。显然，不仅是数据欠缺，而且极有可能仅靠数据也是远远不够的。班纳吉（S. K. Banerji）于1945年成为印度气象局的第一任印度籍局长，他清醒地认识到这项投入了“大量人力物力”的工作的局限性。“所取得的成果并不令人满意，而且我们还不了解控制印度降雨的所有因素……在不久的将来,似乎也不可能完全解决这个问题。部分季节性降雨很可能无法提前预测。"[54]

沃克从不认为成功是必然的。尽管如此,读到这个故事,我们还是不免感到失望。这个彻底结束了太阳黑子和季风之间相关性研究的人,却没能找到自己的"圣杯"——预测季风的方法。在寻找的过程中,他发现了一种非常重要的研究手段,即通过获得的数据列出各种统计关联,然后验证哪种统计关联具有物理学意义,进而开始研究地球大气中相距甚远的部分之间的联系。沃克仍然不清楚这些物理联系的确切机制,事实上用他提出的方法也不可能解开这个谜团。直到1969年,也就是沃克去世10年后,斯堪的纳维亚的气象学家雅各布·皮叶克尼斯(Jacob Bjerknes)才揭开了季风之谜的另一层面纱,揭示了沃克的"世界天气"这个概念中缺少的要素。[55]这个先前被忽视的要素就是海洋。海洋是雅各布·皮叶克尼斯所描述的全球性循环的概念中必要的一半,即海洋温度影响其上方空气的温度。他将这种向东和向西的运动循环命名为"沃克环流"。其基本机制如下:从东太平洋深处上涌的冷水冷却了其上方的空气,使其无法上升,从而被信风吹向西方,并最终在那里变暖,直到足以上升至西太平洋上空。然后,它在上层大气中向东返回,在太平洋上空下沉,从而完成了这一循环。尽管这个机制在1969年提出,但上涌冷水的强弱变化并没有得到解释(直到今天也是如此),似乎正是因为某些年份这一环流减弱,才未能给印度带来季风降雨。

如果将沃克和雅各布·皮叶克尼斯所做的工作串起来看,它们最终解决了季风的一些谜团。这告诉我们,我们对地球的认知是如何发展的。正是观察、计算和理论化之间的相互作用才产生了深刻的见解。没有人规定这些不同的认知方式应该以什么顺序进行,也没有人能预测重要的新见解将从哪个领域出现。对沃克来说,他季风研究的伟大轨迹最终找到了它的归宿,虽然为时已晚。季风是全球性系统的一部分,通过这个系统,热量在海洋和大气中传播、在水和空气复杂的相互作用中穿行,就像沃克扔出的回旋镖总能回到他手中一样。

第五章

热　塔

1943年,美国正深陷战争泥潭。21岁的乔安妮·杰罗尔德(Joanne Gerould)站在芝加哥大学一屋子的飞行学员面前。尽管她很年轻,"出乎意料地"还是一个女人,但是她仍然颇有资格站在那里授课。这资格来源于她比学员们更了解大气中空气和水的运动,而学员们也需要尽快学习天气预报的基础知识。

这位年轻的女士也许不确定自己需要什么,但是她很清楚自己不需要什么:她不需要依靠男人。她从自己的母亲那里意识到,有资质却无法追寻梦想,会让自己和他人承受怎样的情感伤害。她的母亲曾经接受记者职业培训,却在生下杰罗尔德之后再也无力实现之前的野心抱负。母亲把自己的挫败发泄在了女儿的身上,导致杰罗尔德一直在这种痛苦之中挣扎。她想要逃避,小的时候在科德角交汇密布的沼泽河口玩耍,在海边游泳划船,后来她逃向了天空。杰罗尔德16岁的时候拿到了飞行员执照,这是一种既颇具象征意味同时又无比真实的逃离——飞出家门,飞上天空。

到了要上大学的时候,杰罗尔德也遵循了同样的目的,逃离了马萨诸塞州坎布里奇市的家里,没有选择她母亲及外祖母曾经就读的拉德克利夫学院,而是向西来到了芝加哥大学。在那里,一门包含了大量理科课程的专业吸引了她,她想学习天文学。但在当时,比起遥远的宇宙,地面上的天空才是更值得研究的对象。众所周知,第二次世界大战是飞行员的战争。在战争中,用直尺绘制的平面导航图被球型地球仪所取代。这些地球仪上布置了一些细绳用来模拟飞机的曲线轨迹,这样可以直观无误地追踪这些飞机的目标。在新开辟的太平洋战场,最北的航线已经延伸到了北极冰冻之地,而其对面的欧洲战场正慢慢退出历史舞台。世界地理似乎都可以被这些飞行员以及他们所效力的国家重绘,只要他们赢得这场战争。

在战争刚开始的时候,德国拥有2700多名训练有素的气象学家为飞行员的空中安全提供支持,而美国只有30名。[1] 为了弥补这种骇人的差距,美国空军干脆向一个能最快速有效地解决这个问题的人求助——卡尔-古斯塔夫·罗斯贝(Carl-Gustaf Rossby)。他是当时气象理论研究和气象相关部门的中心人物,也是一个有干劲的思想家和实干家。作为一个瑞典人,他在挪威的卑尔根学习了气象学。当时挪威的气象学研究已经非常成熟,并且在经历了长期发展之后,开始发挥它的现实作用。

在卑尔根,一位名叫威廉·皮叶克尼斯(Vilhelm Bjerknes)的人设法建立数学物理方程来满足每日气象预报的现实需要。在威廉·皮叶克尼斯帮助下发展起来的气象理论,可以很好地解释斯堪的纳维亚半岛的天气,而在他的学生中属罗斯贝学得最好。这些气象人才在第一次世界大战中得到成长,他们看向了头顶的寒冷天空,那里就像是北欧战场的投射一样。“在我们面前,”威廉·皮叶克尼斯写道,“是一场暖气流与冷气流的对抗,暖空气在东部占优……冷空气被挤压向西逃逸,以便突然朝南转向,然后攻击暖空气的侧翼,并且穿过暖流的下方,形成寒冷的西风。”[2] 这些有规律的云线是根据空间上等距离的气象观测推断出来的,接下来也可以进一步追踪它们的移动轨迹,这些轨迹跨过了英国、荷兰,然后进入丹麦、瑞典和挪威。

美国空军深信罗斯贝在如此重要的时刻可以及时为飞行员们传授必要的气象学知识。要做到这一点,需要尽快启动并实施培训计划(也许一个还不够)。[3] 考虑到战争时期这项工作的频繁性,平时不会被任用的女性也被安排了工作。所以当杰罗尔德去询问罗斯贝她能否一边学习天文学一边上一些气象学的课程时,她反而得到了一个机会去罗斯贝开设的学员培训课程中任教,以快速提高军方的气象预报能力。尽管她并没有特意去寻求这样一个机会,但当机会来临时她早已做好充分准备。走进罗斯贝办公室的那一刻改变了她之后的人生,事实上此前的她还没有爱上对云的研究,但自那之后,她便开启了对云倾注全部智慧与热情的一生。

图5.1 罗斯贝与用于研究大气和海洋中流体运动的旋转装置。图片来源:美国国家海洋和大气管理局(NOAA)商务部

杰罗尔德后来写道,云几乎比其他任何东西都要复杂。但她承认,唯一的例外是人类。“经证明,云的形成以及随之而来的降水的奥秘是全球性气候系统最具挑战性的方面之一。除了人类本身,天气是人类

图5.2　1943年9月6日，美国陆军航空队气象学员在芝加哥大学毕业和授衔。图片来源：芝加哥大学图书馆特别收藏研究中心

试图用科学解释的现象中最多变、最不可靠、最易波动的。”[4]一朵云本身的形态，在周围大气的不断冲击之下只能维持一小段时间，之后便会完全改变，这就是挟带——在气象学术语中，“被挟带”指的是被已存在的气流或云所裹挟，这种现象通常发生于云附近的空气。“不到10分钟，我就被挟带进他的轨道了。”杰罗尔德如此评价自己与罗斯贝第一次见面的情形。[5]杰罗尔德使用这个术语并不意外，因为她已经用这个术语所描述的概念（尽管并不是她发明的）去创造了一个关于云的全新的思考方式，也进一步创造了一个关于整个大气环流的全新思考方式。

由威廉·皮叶克尼斯和罗斯贝奠定基础并由杰罗尔德发展的气象学研究，使得这门学科更具有科学性，远远超出了此前只能如同集邮一般单纯地收集数据的研究方式。到了20世纪30年代，当罗斯贝来到美国，气象学的研究才有了不一样的抱负：首先，也是最紧迫的，向军方提供行动支持,以便帮助飞行员就何时飞向何地做出明智的决定;其次,罗斯贝和他的同事希望将气象学转变为一门物理科学,他们表示这门科学的核心在于描述大气运动的物理方程。毫无疑问这两种抱负是相辅相成的,但是它们也可能意外地相左:在缺乏物理理论的前提下是可以做气象预报的,而在做实际预测的时候物理理论也并不总是那么有用。因此,尚不清楚哪个抱负会被率先实现、被谁实现。

从1943年秋天到1944年夏天,杰罗尔德在这门课上教了一年,而这已足够。在那之后,她被挟带进了气象学的研究。接着她参加了一个一年期的硕士课程,并在课程结束后继续上课。所以直到1947年她仍在学习,听一系列关于热带气象学的课程——这个方向或多或少地被斯堪的纳维亚人忽视了,他们把锋面天气系统的现代科学理论作为一个整体研究,并没有将热带气象学独立出来。杰罗尔德曾对将来会从事的工作抱有疑虑,她担忧这份工作能否给她提供赖以生存的稳定收入,以及能否提升她的聪明才智。但是如今她的所学让她如触电般振奋,她已经彻底不在乎那些了。一个崭新又激动人心的研究领域正在她面前徐徐展开,很明显这让她难以抗拒。"几乎是立刻,"她后来回忆道,"就像是一道闪电击中了我,我对自己以及同事说:'就是它了,热带积云就是我想要研究的方向。'"[6]

杰罗尔德的福至心灵要归功于她的讲师——赫伯特·里尔(Herbert Riehl)。他是一位比她年长8岁的犹太人,年幼时被迫逃离德国,先是前往英国,然后抵达美国,他被挟带进气象学可以说是个意外。他最初是怀揣着成为编剧的梦想而来到美国的,并为此奋斗了几年。但他并没有获得成功,为了寻求更实际的工作,他申请参加了美国陆军航空队的培训项目。他申请的电气工程课程已经满员,于是他选择了气象学。在纽约大学完成为期一年的课程后,他去见了罗斯贝,而罗斯贝为他提供了与杰罗尔德相同的机会。里尔接受了,并在杰罗尔德的前一年,即1941—1942年,在芝加哥大学的培训课程中任教。

到了1942年,太平洋战争的局势已变得十分危险。日军占领了缅甸、马来西亚、荷属东印度、菲律宾和泰国。为了应对日军的威胁,军事飞行员迫切需要对热带地区的气象有更深入的了解。在热带太平洋上空进行的成千上万次军事飞行表明,那里的天气与北欧截然不同。飑在没有明显锋面的情况下突然出现,这一现象需要得到解释。雨水从温暖的空中降落,而这个温度下不可能结出冰晶。这种情况不仅令人困惑,还存在着潜在的危险。为了安全飞行,飞行员需要更准确地预测恶劣天气。当罗斯贝提议将一个专门研究热带气象学的机构纳入为期9个月的飞行员培训课程时,美国陆军航空队表示同意并答应尽快安排。1943年夏季,热带气象研究所于波多黎各成立,希望通过新的观测和共同努力,及时为战争提供有用的信息。

里尔在波多黎各只待了两年,先是担任讲师,然后成为这个刚成立的研究所的所长,战争结束后又被调回芝加哥。在波多黎各的生活对他来说是变革性的。在热带地区,卑尔根学派骄傲且自信地开创的气象学理论几乎毫无用处。托尔·贝吉龙(Tor Bergeron)的降雨形成理论是卑尔根学派的主流理论,认为只有存在冰晶才能降雨,若没有冰,雨就不会落下。[7]这在挪威也许是正确的,但在波多黎各待上一个晚上就足以知晓在热带地区这个理论显然是错误的。里尔清楚地记得他在波多黎各的第一个夜晚:“当时一些同事沿着海滩散步,欣赏月光下信风积云的美丽。他们都学习过关于降雨形成的冰晶理论,因此对处于约8000英尺高处、温度高于10摄氏度的云层没有任何怀疑。然而,突然间,他们面前的风景开始变暗,直至消失,一阵像是雨水猛烈拍击屋顶的隆隆声逐渐逼近。几分钟后,当他们浑身湿透地站在门廊上瑟瑟发抖时,他们意识到,信风积云不需要云顶温度低于冰点也能产生大雨。于是,问题出现了:其他理论在热带地区的适用情况如何?”[8]

回到芝加哥后，里尔对自己的热带经历记忆犹新，他向坐在面前的学生们提出了这个问题。他介绍说，战争结束时，海军允许伍兹霍尔海洋研究所的一小群研究人员使用军方的一些飞机和船只来研究北大西洋的信风。这个项目相当独特且非正式，是当时伍兹霍尔海洋研究所“亲力亲为”精神的一个实证。物理化学家杰弗里斯·怀曼(Jeffries Wyman)和自学成才的万事通阿尔·伍德科克(Al Woodcock)一起，首次观测了所谓信风积云(出现在赤道南北两侧，那里的风始终自东向西并偏向赤道吹)内外的温度和速度。[9] 他们的数据彻底打破了热带大气会形成锋面的认知。取而代之的是，伍德科克和怀曼证明，赤道大气呈现出一种后来一位科学家所形容的“令人不安的千篇一律”，无边无际的信风积云，就像童话书中孤立的松软云朵一样，一直延伸至地平线。[10] 这本身就与北方天空呈现出的气象景象截然不同——北方的天空经常有风暴，云层形成狭长的锋面系统。不仅如此，在热带地区看似平静的大气中，隐藏着突然爆发剧烈风暴的能力。与高纬度地区不同，热带地区的飑似乎会毫无预兆地出现。虽然很少发生，但一旦发生就会让人难以忘怀的是，飑会带来令人心有余悸的风暴，在太平洋地区，它们被称为台风，在大西洋地区，它们被称为飓风。是什么原因导致这些风暴在何时何地出现，仍有待研究。

伍德科克和怀曼收集的数据所提出的问题多于回答的问题。是什么导致了蓬松的信风积云的形成？海面是否在它们形成的过程中发挥作用？在看似一成不变的海洋和空气环境中何时以及为何会出现风暴？就像原子一样，热带云似乎蕴含着引发巨大变化的潜力。挑战在于，解释是什么原因导致看似无害的热带大气转变为猛烈的飑，然后进一步发展成更为猛烈的飓风。

远在地球一隅，杰罗尔德听到了这则消息，其背后关于大气基本工作原理的问题似乎无穷无尽，她越来越兴奋，顿悟到这就是她想要全身心投入的工作。然而,能否实现这一愿望尚不明朗。1944年,她与芝加哥大学的同学维克多·斯塔尔(Victor Starr)结婚,后者是该校气象学专业第二位获得博士学位的人。乔安妮·杰罗尔德成了乔安妮·斯塔尔。当年6月,在她完成硕士学位时,她生下了他们的儿子戴维(David)。当她把研究热带积云的计划告诉罗斯贝时,他的回应非常刻薄:“那好吧。这对年轻女孩来说是一个很适合研究的课题,因为它并不是很重要,而且很少有人对它感兴趣,所以只要你努力,应该能脱颖而出。”[11] 乔安妮·斯塔尔并没有气馁,她立即给在伍兹霍尔海洋研究所的一个朋友写信,请求获得一个暑期工作机会。她得到了这份工作,并利用暑假期间研究了里尔讲过的怀曼和伍德科克的积云数据。[12]

对于乔安妮·斯塔尔来说,那是一段异常忙碌的时光。戴维出生后不久,她就开始在伊利诺伊工学院教授物理课程,并利用暑假在伍兹霍尔海洋研究所继续积云数据的研究。她说服了有些犹豫的里尔,后者自称对这些云的了解程度并不比她多,但还是同意指导她的博士研究工作。在如此繁忙的工作中,不难理解某些事情必须做出妥协。这个妥协就是她的婚姻。1947年,乔安妮和维克多·斯塔尔离婚,年幼的儿子留给乔安妮照顾,同时她还要维持自己刚刚开始的科学研究事业。此时,她已经坚定地投身于气象研究。对于一个要养育年幼孩子的离异母亲来说,发展科研事业的前景并不乐观。1948年,她再婚,这次的丈夫也是芝加哥大学气象学系的同学——威廉·马尔库斯(Willem Malkus),他是一位在恩里科·费米(Enrico Fermi)门下攻读博士学位的物理学家。1949年,乔安妮·斯塔尔·马尔库斯获得了博士学位,成为全美第一位获得气象学高级学位的女性。1950年,他们的家庭又迎来了一个儿子史蒂文(Steven)。在此期间,她继续在伊利诺伊工学院教书,并在夏天前往伍兹霍尔海洋研究所继续她的积云研究。直到1951年,她才在伍兹霍尔海洋研究所获得了一个带薪的研究职位,这是她的第一份带薪研究工作,伍兹霍尔已经成为她工作和生活的钟爱之地。她当时年仅28岁,时隔9年,她又重新回到了十几岁时离开的那片天空,成为一名带薪的气象研究员。[13]

作为两个年幼孩子的母亲,乔安妮·马尔库斯本可以选择继续从事她已经开始的云模型的理论研究。但她永远不会满足于仅仅分析别人的数据,而且无论如何,这些数据都太少了,无法回答她想要解答的问题。多年以后,她回忆起与亨利·斯托梅尔的一次谈话,当时后者还是伍兹霍尔海洋研究所的一名年轻海洋学家:

> 有一天,我们坐在黑板前讨论,焦头烂额。你知道,在没有新的观测数据之前,我们无法再前进了。我们为什么不看

图5.3 乔安妮·马尔库斯在伍兹霍尔海洋研究所分析"太平洋猎云"的数据,桌子上横放着一卷长长的云图

看海军是否还有那些PBY两栖飞机？也许我们不仅仅可以把我们在怀曼考察中使用的仪器放回去，还可以测量更多的东西，特别是获取垂直速度和液态水的数据……我们在那里闲坐着……说："我们真的想这样做吗？我们愿意投入所有时间来负责飞机上的所有装置、安装所有仪器、使用螺丝刀、进行飞行测试、校准测试吗？"我们最终决定，我们必须这样做，我们别无选择。如果我们不做进一步的观测，不利用我们以前从观测和模型中学到的知识，我们就无法通过建立云的模型来更深入地了解云的物理特性……我们是自觉地去做这件事的，同时也意识到这将耗费我们生命中的大部分时间。我们的心理在一定程度上是矛盾的。[14]

图5.4　1956年，乔安妮·马尔库斯乘坐DC-3型飞机从伍兹霍尔海洋研究所前往加勒比海进行实地考察

她也许很矛盾，但她并没有停滞不前。她如愿以偿地得到了一架老旧的海军飞机，从伍兹霍尔朝科德角以南的开阔天空和海域飞去。

离伍兹霍尔最近的热带水域在百慕大附近，她就飞往那里。她不是孤身一人，飞机上配备了尽可能多的可用仪器，除了飞行员外，还有一名摄影师帮忙拍摄云。

这次飞行使他们饱受噪声与颠簸之苦，其中噪声比颠簸更甚，于是乔安妮·马尔库斯和摄影师写字进行交流。她开始写道："尽管后来遇

图 5.5　约 1955 年，乔安妮·马尔库斯与同事安德鲁·邦克(Andrew Bunker)一起往伍兹霍尔海洋研究所的 DC-3 飞机上装载仪器，用以对百慕大上空及其附近的云层进行飞行观测

到了其他困难，但我们得到的第一组数据应该会相当有价值(上帝保佑)。机头摄像机的贡献将至关重要——因为我确实认为我们已经进入了云层中最为活跃的部分，底片将显示出这一点——所以可能会更颠簸!”摄影师就在下面回复:“但镜头‘不那么干燥’怎么办呢?(这可是尊敬的J. S. M.提出来的。)除了水滴什么也看不见。啊! 这就是生活的苦难(开玩笑的，我们现在可是身处美丽的热带大气之中)。”乔安妮又回复道:“愚蠢的生物，直到我们第一次进入云层它才被弄湿的吧???”得到的回复是:“是的! 是的! 但PBY在我们进入云层之前也没有颠簸，至少没怎么颠簸。”[15]

笔记中充满了各种缩写和玩笑话。J. S. M.当然就是乔安妮·斯塔尔·马尔库斯。美丽的热带大气指的是百慕大周围的天空。PBY是一种用于战争期间的两栖飞机，由海军研制。飞机上装载了许多仪器，包括一个机头摄像机，用于记录云的大小和位置，以及一套测量云和周围大气的温度、湿度及密度的仪器，当飞机在云层中来回穿梭时，这些仪器能够在不同高度观测云。她的计划是研究这些云，以便深入了解为什么表面平静的大气会偶尔爆发剧烈的风暴。[16]乔安妮·马尔库斯和她的团队在同一片云中飞进飞出了五六次，完成了一项看似不可能的任务——以数据记录的形式将云和水滴永久地保存下来。如果没有这架飞机，更确切地说，如果没有这架装有仪器的飞机，她将永远无法实现自己的目标。飞机本身的飞行是关键，我们直觉上以为它应该飞得很快，快到可以捕捉飘忽不定的云朵，但实际上它飞得很慢，以减少飞机速度对测量结果的影响。

这些笔记记录了如何保持镜头干燥和维持飞机平稳飞行的过程，它们之所以能够留存下来，是因为它们也记录了另一个同样稍纵即逝的现象——乔安妮·马尔库斯与摄影师之间迅速发展的关系，即使是50年后，她仍然仅称他为“C.”。乔安妮·马尔库斯终其一生都保留着这些笔记,因为它们捕捉到了一个对她来说至关重要的瞬间,这是一段关系萌芽的时刻,而这段关系将成为她一生中最重要的关系之一。

图5.6 乔安妮·马尔库斯与她第一架用于研究的飞机的机组人员,这架飞机由海军借给伍兹霍尔海洋研究所

第一次见到C.时,她立刻被吸引住了。她在1996年回忆说,那是"真正的一见钟情,这种感情在52年后也依然强烈,尽管此时距离他去世已过去了15年"。[17] 但这并不是一个传统的爱情故事。1951年,也就是这些笔记上的交流正在发生的时候,乔安妮·马尔库斯已经嫁给了威廉·马尔库斯。她与C.相识时,他们在同一个机构工作,不久后又加入了同一个项目。那时乔安妮·马尔库斯已经了解到大气表面宁静却潜藏着迅速而巨大的变化,而在人际关系方面也是如此。在与C.的相处中,她了解到人与人的关系如何瞬间从疏离转变为令人惊叹的亲密。

当时她在日记中探究了自己的感受,就像她在云的研究中所表现出的那样,她关注细节,并渴望将调查进行到底。她用铅笔在一个简单的黑白格笔记本上写下了想对C.说的话。“为什么尽管你几乎不可能读到，但我还是打算给你写很多信呢？”[18] 她对这个问题的回答是，这些日记可以视为假装与C.在对话。“通过记录这些碎片，”她写道，“至少我可以学到一些东西。”同样地，通过从各个角度观察云，她希望了解“是什么让积云生长，它们是如何生长的，是什么阻止了它们的生长，以及它们在捕获水蒸气、热量和动力方面所起的作用”。[19] 对乔安妮·马尔库斯来说，了解人和了解云是相似的，都需要从多个角度进行多次观察。就像只有在与周围环境的关系中才能了解云一样，只有在与他人的关系中才能了解一个人。

该项目的主要科学成果之一，是证明了利用慢速飞行的飞机收集云的有用数据是可行的。根据这些数据得出的一个更具实质性的结论是：较大的积云似乎是由较小的积云相互作用和聚集而形成的。[20] 换句话说，这并不是简单的小云长成大云，而是大云是由小云组合而成的。这意味着为了理解云，需要考虑它们在多个尺度上的相互作用。

乔安妮·马尔库斯开始思考如何以及是否可以将单个云及其行为与更大尺度的天气现象联系起来。她想知道，小尺度的对流（即热空气的运动）如何影响更大尺度的过程，比如热空气从热带向高纬地区的移动。[21] 1954年，她靠一笔资助前往英国，在那里向人们展示了她的研究成果，并在帝国理工学院旁听了关于云物理和降水的讲座，目的是建立“思想和人员的交流”，以实现“云动力学和云物理领域急需的融合”。

不是只有乔安妮·马尔库斯思考了尺度（小到分子尺度，大到行星尺度）之间的关系，也不是只有她从伍德科克和怀曼的数据中找到了灵感。[22] 对热带大气复杂性的初步认识也激发了斯托梅尔的想象力，当时他27岁，正在寻找有趣的问题来研究。他撰写了自己第一篇关于挟带的论文，提出了一个在当时颇具争议且违背直觉的观点，即不可能将云的研究与对其周围环境的研究分离。[23] 20世纪50年代中期,整个气象学领域都在思考尺度的问题,其中一些问题就是由斯托梅尔那篇关于"挟带"的论文提出的。[24] 就像海洋学家曾将墨西哥湾流视为独立于其海域的现象来研究一样,气象学家长期以来也将云作为一种独立于其周围的个体来研究。越来越能看出,想要单独理解大气的各个部分是不可能的。只有着眼于整体的环流,才能理解各个部分。或者,正如维克多·斯塔尔所言,"如果没有充分认识到大气环流的细节之处在全球性系统中的作用,却想对这些细节做出专门的解释",注定会失败。因此我们需要知道更多:理解整体的气象图景。气象学家想知道:云如何影响到被称为气旋或反气旋的风暴?这些风暴与所谓的大气环流有什么关系,存在着哪些联系和反馈机制,不连续性又在哪里?这些问题让人望而却步,但在1951年,维克多·斯塔尔满心欢喜地找到了一个新的角度:"大气本质上是统一的,它必须作为一个内部相互关联协调的整体来研究。"[25]

图5.7 美国陆军航空队的气象学家准备发射一个装满氢气的气球,气球上的无线电探空仪可以测量温度、湿度和压力。图片来源:NOAA图片库

气象学家所提出的问题发生了变化,最大的原因在于新数据的增加。飞机是必需的,但另一种空中设备——无线电探空仪——也同样重要。它由一个探空气球与一个装有气象仪器的吊篮组成,气球可以通过无线电将温度、湿度和气压的数据传输到地面的接收器。[26]有了探空仪和飞机,气象学家可以飞升至30 000英尺的高空。现在可以想象一种全球性的气象学,人们可以观测到整个地球的大气在垂直和水平两个维度上的运动。气象学不再像卑尔根学派和热带气象研究所那样,仅仅局限于地面附近一片薄薄的大气或某个特定区域。然而,要想将全球性数据转化为全球性科学,仅靠观测数据是不够的,还需要全新的理论和数据处理方法,罗斯贝在1941年发表的一篇具有里程碑意义的文章的标题中称之为"现代气象学的科学基础"。[27]

对乔安妮·马尔库斯以及几乎所有气象学家来说,除了飞机和无线电探空仪,战后时期还有一种新的气象仪器是必不可少的。1946年,它的时代到来了。这一年,《纽约时报》(*New York Times*)报道了一种"新型电子计算机,据说具有惊人的潜力"。[28]这台机器约有20英尺长、18英尺宽,能够"在难以想象的极短时间内执行最复杂、最先进的方程式"。尽管这台超级计算机最初是为了计算弹道导弹的轨迹而设计的,但它在气象学方面的潜力很快就凸显了出来。普林斯顿大学教授、电子计算机的主要理论家和推广者约翰·冯·诺伊曼(Jon von Neumann)认为,它可以对天气预报产生"革命性的影响"。这些新机器特别适合对不断变化的数据执行重复的运算,这正是解决天气预报人员所面临的"非线性、交互式、复杂难解"的问题所需要的计算类型。[29]

刘易斯·弗莱·理查森(Lewis Fry Richardson)在1922年发表的论文中设想了借助64 000个人工计算者一起计算的处理能力,对于那些读过这篇论文的人来说,未来似乎终于到来了。然而,理查森的梦想只是预报天气,而如今可以控制天气甚至气候的可能性既令人兴奋,又可能是一个令人担忧的新转折。关于计划中的超级计算机的第一篇报道指出,很快将可能比以往更准确地预报天气,不仅如此,甚至还有可能"控制天气"。[30] 从一开始,计算天气的超级计算机的目的就不仅仅是预示未来可能出现的天气,"而且还能指出,在哪些点上施加相当小的能量就可以实现控制天气"。[31] 换句话说,超级计算机至少从理论上来说一直是一台控制天气的机器。

尽管冯·诺伊曼深信计算机可以解决一系列问题,包括控制天气,但他也明白,在引发人们的关注和支持方面,恐惧同希望一样重要。控制天气和气候是一把典型的双刃剑。如果使用得当,它可以缓解干旱和饥荒,提高航空安全,甚至改善休闲娱乐的气候条件。但它也可能被用来造成前所未有的严重破坏。他警告说:"目前可怕的核战争可能性或许会被更可怕的事物所取代。在全球性气候控制成为可能之后,也许我们目前所面临的问题会显得相对简单。"[32] 实现对气候的控制近在眼前,既令人担忧又令人期待。据冯·诺伊曼估计,计算机的力量肯定能确定控制气候的触发条件,不仅如此,在全球范围内影响气候所需的技术干预的规模也不会超过建造铁路和其他主要工业。[33]

就像轻轻一推就能让巨石滚下高山一样,相对较小的能量输入也能对大气产生巨大的影响。《纽约时报》的一位记者解释说:"扣动扳机就足以释放巨大气团中的能量。在正确的地点扣动扳机,我们就可以驾驭旋风并将其转移到不会造成危害的区域。"[34,35] 在关键地点点燃石油,就有可能转移飓风;在陆地上喷洒煤尘来吸收热量,就能召唤降雨。虽然细节还有待完善,但早在1947年人们似乎就已经明白,"未来的天气制造者就是计算机的发明者"。[36]

尽管这些气候幻想引发了极大的恐惧以及一些雄心壮志,但计算机不仅仅是一种用来创造或毁灭世界的工具，它还是一种智力设备，有可能将思维领域（而不是行动）扩展到以前无法想象的方向。一旦蛮力计算可以按照科学原理组织起来，那计算机就可以成为思考大气的工具。[37] 因此，它有可能将气象学转变为一门实验性科学。计算机不仅可以直接改变天气或气候，从而使之用作实验，还可以实现更新颖的东西——气象学思想实验，也被称为“天气模型”。通过这种方式，可以在可控的大气中进行实验，安全地远离政治敏感区域，毕竟在广岛和长崎事件之后，任何大气实验都会引起特别的关注。正如早期一位评论家所解释的那样，这个天气模型“不是指用实际物质构建的，而是存在于思想和绘图板上的抽象概念”。这种思维空间使得“一个假想的地球”能够根据“我们希望提出的问题”进行塑造，“逐渐建立起一个越来越复杂的想象中的地球，它的各个组成部分是由我们添加的，包括一个简单的海洋、一系列基本的山脉和一定量的水蒸气”。凭借了解这些模型，“我们可以开始考虑在区域范围内定制天气”。[38] 如果模型能够再现观察到的现象，就说明科学研究已经走上正轨，“就像一个孩子的出生，如果他长得像自己的祖父，就代表自己和父亲都是祖父的血脉”。[39]

在将电子计算机应用于数值天气预报的早期计划中，其实就隐含着这种“想象”。毕竟天气预报——这也是最初设想计算机能做的事情——就是对未来的一种想象。数值天气预报与所谓的“天气模型”之间的区别在于，天气模型是用来了解天气过程的工具，而天气预报经常要解决更紧迫和更为实际的问题。

在伍兹霍尔海洋研究所，乔安妮·马尔库斯运用这些新理念和新的计算能力来解决描述个体云生长过程的棘手任务。她利用在颠簸的PBY飞机上收集到的数据，创建了第一个数值云模型，即用一系列物理方程描述了云的生长和发展过程。[40] 这是一项开创性的工作——第一个试图将云的生长归纳为一系列方程的“模型”。但这只是一个开始。

她对个体云的研究只是让她对更大尺度上的对流过程更加好奇。考虑到区域甚至全球大气运动的时间尺度和空间尺度,需要比当时更强的计算能力。而且,即使计算能力变得足够强,这个问题仍然过于复杂,无法完全依靠数值计算的蛮力来解决。在考虑创建更复杂的模型之前,需要更深入的物理理解。

乔安妮·马尔库斯采取了另一种策略。首先,她说服了自己的前导师里尔加入她的项目。他们开始一起研究数据,不只是研究热带云,而是扩大了研究的范围,涵盖整个热带地区,从赤道两侧各延伸10个纬度,环绕整个地球。这个研究范围在以前是不可能实现的。现在,有了来自飞机和无线电探空仪的数据,并将其绘制在世界地图上,乔安妮·马尔库斯和里尔能够更清楚地了解大气是如何环绕整个地球运动的,并发现了大气环流理论中的一处缺失。他们通过追踪太阳能量在地球周围的移动发现了这个缺失,并在此过程中发现了一个无法解释的能量传递缺口——就像传话游戏缺了一个人一样。能量以某种方式在地球周围移动,但具体在哪里以及如何移动尚不清楚。

太阳是地球上所有能量的来源。当太阳光照射到地球上时,地球的角度和形状决定了不同地区能接收到多少光线。在纬度高于38度的南北半球,地球处于失热状态。只有在赤道和38度之间的区域,也就是非洲大陆大致所处的纬度,地球接收的净辐射能才是正的。但是总体而言,地球的平均温度通常保持相对稳定。因此,地球本身一定做了什么,将赤道周围的热量向两极传递,否则整个地球将会降温。更复杂的是,赤道附近海平面的风——也就是水手们长期依赖的所谓信风——非常稳定地吹向赤道。虽然人们普遍认为赤道地区的热量会被带到高空,然后在更高的海拔上向极地输送,但这种输送的确切机制尚不清楚。热量必须以某种方式从赤道海洋的表面(在那里,被海水有效吸收的热量又反过来向上辐射)传导到更高层的大气(对流层),然后被风吹向两极。但是观测结果表明，大气层的中层，也就是海洋表面和对流层之间，并没有足够的能量将热量向上传递。就能量而言，中层就像是一个荒原。这就带来了一个谜团：热空气是如何从海平面上升到对流层的呢？

在“天气模型”中，人们用代表物理现象的方程构建了一个越来越复杂的地球，除此之外，自1920年前后开始，一种新型的研究也在不断发展。[41] 乔安妮·马尔库斯和里尔此时转向了这种被称为“记账式”的研究。其基本原则是，为了了解地球，有时最好（暂时）将物理学放在一边。就如同会计为了平衡企业账簿而处理交易一样，这些研究为了达到某种平衡，可能要“处理”地球气候中的热量。在这些研究中，最重要的是某个所选变量的变化，这个变量可以是热量、角动量、二氧化碳或者其他（比如冰、臭氧、氚、甲烷和硫）。

尽管这些研究的论文对小尺度现象（如旋涡）在大尺度大气特征中所起的作用方面提供了一些启发，但还没有人考虑过积云在大尺度环流中所扮演的角色，这就是乔安妮·马尔库斯和里尔此时致力于解决的问题。他们根据对无线电探空仪数据的研究，在缺乏其他证据的情况下大胆地进行思维跳跃，提出了一种直觉上的假设，即热量是从海洋表面通过浮力特别大的狭长区域向上传播的。这些柱状区域——或称之为“热塔”——是普通信风积云“生长过度的兄弟”，水蒸气在其中凝结成水滴并释放出热量。它们很大，通常高达35 000英尺，有时甚至高达50 000英尺，但相对分散。在任何时刻，整个地球上可能只有几千个这样的热塔在活跃。它们就像电梯一样将大量的热量送上高空，从而绕过低层大气，避免被风吹回赤道。乔安妮·马尔库斯和里尔总结说：“这项研究得出的最惊人的结论是，维持赤道区域的热量平衡只需要大约1500—5000个活跃的巨型云，可以说它们提供了大部分向极地输送热量的能量！”[42] 这种“以小博大”给他们带来了强烈的冲击。

这一假设——它仅仅是一个假设,没有什么直接证据支持——解开了谜团:热带海洋表面的热量如何被带到足够高的大气,从而被吹离赤道的风带走。它还将海洋和大气的能量联系在一起,这在气象学家(或海洋学家)中还很少有人做到。热塔理论表明,要想了解大气环流,只有将其与海洋联系起来,后者为大气环流提供了大部分热量。云在气候系统中扮演着重要的角色,这与控制气候的策划者们的想象不谋而合。虽然还存在很大的不确定性,也没有证据,但这个假设足够有启发性,以至于乔安妮·马尔库斯和里尔毫不犹豫地将其发表。[43] 他们已经观测到了高度足够的积雨云——大约40 000—50 000英尺高。但问题是:是否有足够多的这种云能输送足够多的热量来实现地球的热量平衡? 在论文的最后,他们呼吁在即将到来的"国际地球物理年"期间进行更多的观测,以完善和检验他们的理论。

乔安妮·马尔库斯和里尔以及其他科学家面临的挑战,不是创造各自独立的气象学——锋面气象学、热塔气象学、热带气象学和气旋气象学,而是创造一门能够以某种方式描述这些尺度之间联系的单独学科。热塔理论似乎解决了热带地区能量如何从低海拔向高海拔转移的谜团,但它却产生了另一个谜团。如果在一个"系统"中,部分大尺度的规律(如大气环流)取决于那些看似短暂而无常的现象,那么该如何描述(或了解)这个"系统"?

乔安妮·马尔库斯解释说:"我们所做的事情是别人从未做过的,我们把云系统当作热带能量学的关键部分,从而使能量在环流层级中向大尺度移动,而不是像经典流体力学那样向小尺度移动。"[44] 她敏锐地意识到,这样一个系统是多么奇怪,在理论上又是多么复杂。乔安妮·马尔库斯写道:"整个全球性环流系统的运作方式是断断续续的,其中热塔的存在以及数量都是短暂而不稳定的,它们的存在取决于环流本身的变化无常,这实在让人诧异!"[45] 乔安妮·马尔库斯和里尔已经将手按在了改变天气的触发器上，这正是控制天气的倡导者所追求的。但是，这是一个难以定位又捉摸不定的触发器，我们指望它来影响大尺度现象，可是其存在却正依赖于大尺度现象，这样的触发器又有什么用呢？这是一个令人困惑的多尺度循环的动态世界，似乎没有明确的层级。控制天气看起来是那么遥不可及。

图5.8 玛格丽特·勒莫恩(Margaret LeMone)所画的漫画，其中乔安妮·马尔库斯与里尔正苦苦思索飓风问题。上面写着“真实的手动分析数据”和一个重要的问题：“为什么飓风如此之少?”图片来源：玛格丽特·勒莫恩

乔安妮·马尔库斯和里尔在发表了这篇具有启发性的论文后，第一反应就是再做一些观测。考虑到不同尺度之间的复杂关系，他们认为取得进展的唯一途径是“研究这些大不相同的运动尺度之间的相互关系”。他们开始进行“首次尝试，主要是用描述性方法将天气尺度的现象与云尺度的现象联系起来”。通过这个研究项目，乔安妮·马尔库斯朝着她的目标又迈进了一步，即把小尺度现象（如云）与大尺度现象（如风暴、飓风，最终是整个大气环流）联系起来。这是一个激动人心的时刻。随着飞机和无线电探空仪开始在比以往更多的地方收集更多的数据，人们一直呼吁着“我们需要更多观测数据”的漫长时代似乎终于要结束了。[46] 乔安妮·马尔库斯和里尔根据怀曼和伍德科克的信风考察、斯托梅尔在1947年发表的关于挟带的论文，以及其他一系列证明周围大气对云的形成非常重要的论文，将自己的研究成果总结为一本名为《热带太平洋上空的云结构与分布》（*Cloud Structure and Distributions over the Tropical Pacific Ocean*）的书。他们在书中解释了为什么不能再将热带地区的大气看成是单调稳定的。自此之后，人们将热带地区视为气象上动荡不安的地方，其变化远大于稳定。[47] 热带地区降雨的不规则性远超人们的想象。对于降雨主要集中在每个月的两三天甚至年平均降雨量也相差很大的这些地区，平均降雨量不仅没有帮助，反而会误导人们。[48]

对留心观察的人来说，这种乐观的背后是怀疑和不确定。拥有观测数据和计算手段固然重要，但单纯的观测是否足以解开大气的奥秘呢？要将潜在的海量数据整合为有用的信息，我们需要的不仅仅是观测，还需要对物理的深入了解。维克多·斯塔尔告诫说：“只有通过一些纯粹的物理假设，才能引导我们在数学上恰当地运用这些原理。”[49] 但问题是，我们到哪里去寻找这些物理假设呢？在科学界，降低复杂性的最有用工具就是实验，通过人为控制变量，使研究人员能够分离以及测试原本极其复杂的问题的各个方面。计算机可以帮助科学家确定哪些方面需要进行人为控制来解决问题。但长期以来，大气科学家们一直没有能力进行控制变量的物理实验（不是计算机实验），这些实验要求某些变量保持稳定，而其他变量受到人为的控制。科学家们做不到的部分原因正如维克多·斯塔尔所强调的那样：大气如此之大，如此不规则，又“在本质上是一个整体”，以至于几乎不可能将其变成一个可塑的实验对象。

在实验室中可以制造云。丁铎尔本人也制造过，但这些微型人造云无法捕捉到自然界的云的全部重要特征。从1950年开始，戴夫·富尔茨（Dave Fultz）在芝加哥大学的实验室里对流体运动进行了更广泛的研究，并取得了丰硕的成果。他所做的实验被亲切地称为转盘实验。通过加热一个圆形的水槽，并使其旋转，然后向其中滴入染料，富尔茨成功捕捉到了水流变化的图像，而这些流动的变化在某种程度上再现了大气环流和海洋环流的一些大尺度特征，如射流和其他大气波动。利用这个设备，富尔茨和其他人能够人为地再现一些大气现象。[50]

富尔茨等人的实验室工作是有用的，但也令人沮丧，因为尺度对海洋学和大气学来说都非常重要。把海洋或大气缩小到一个圆筒大小的模型中，可以让我们学到很多东西，但这样的装置也会不可避免地遗漏很多东西。许多人认为，要想真正地了解大气，唯一的方法就是直接对其进行实验。在那个年代，难免会有进行大气实验的想法，因为一个巨大而可怕的大气实验刚刚结束了一场战争，这个实验在广岛和长崎的天空中产生了一朵全新的云。

原子武器释放的放射性云具有黑暗的威力，而其他威力不那么强的技术也做出了令人意外的重要贡献，即逐渐使人们意识到，在地球上进行实验不仅是不可避免的，而且是人类知识进步的必要过程。具体来说，为了应对战后的婴儿潮，通用电气公司设计了新型家用冰箱来满足美国家庭主妇日益增长的需求，因为它可以方便地储存营养食物，而正是新型冰箱的问世标志着气象学实践的转变。

1946年，在通用电气公司的实验室里，一位名叫文森特·谢弗（Vincent Schaefer）的年轻工程师一直在研究如何在这种家用冰箱中制造过冷云。他将从自己肺部排出的过冷水蒸气组成云，然后向云中投放干冰。结果，云立即剧烈地降雪了。他的同事欧文·朗缪尔（Irving Langmuir）预言，在通用电气冰箱外的大气中的云也会做出同样的反应。随后，伯纳德·冯内古特[Bernard Vonnegut，作家库尔特·冯内古特（Kurt Vonnegut）的兄弟]证明，碘化银是一种非常有效的降雨催化剂（比干冰更有效）。1946年，谢弗首次成功地在自然界现场用干冰播云。这标志着用播云的方法进行人工降雨的繁荣时期开始了，美国各州（主要是干旱的西部各州）纷纷试图通过使用几千克碘化银来解决农业灌溉问题。

1947年，在"卷云计划"（Project Cirrus）的支持下，朗缪尔利用这项技术催化了第一场飓风。然而，这次尝试的结果是灾难性的。风暴原本朝着佛罗里达州和佐治亚州沿海地区的东北方向前进，但是它突然改变了方向并向西移动，在佐治亚州和南卡罗来纳州登陆。虽然向风暴投放催化剂的飞机上的观测人员并没有观测到风暴的结构或强度有任何变化（这可能表明投放催化剂是导致风暴方向改变的原因），但朗缪尔在这种情况下仍然忍不住宣称取得了"成功"，尽管风暴的登陆造成了损失。[51] 当地城镇提起了诉讼，播云技术不被认为是科学，而被认为是无限责任的来源。

这样的事件表明，人们对云物理学仍然鲜为人知的部分——催化剂或成核剂在促进降水方面所起的作用——的探索欲望是多么强烈。伯纳德·冯内古特的兄弟库尔特·冯内古特受这些事件的启发，写出了《猫的摇篮》（*Cat's Cradle*）。在这本小说中，库尔特·冯内古特虚构了一种名为“9号冰”的物质，它类似于碘化银，但它不是把接触到的一切变成水，而是变成冰。这带来了可怕的后果，并且这个故事的寓意非常明显：干预自然界的运作方式，可能会带来巨大的危险。

有远见的梦想与无意的后果之间的距离比大多数人想象得要短。1957年，罗杰·雷维尔（Roger Revelle）和汉斯·苏斯（Hans Suess）发表了一篇文章，将化石燃料燃烧而广泛排放的二氧化碳描述为“大规模的地球物理实验”。[52] 这句话如今已广为人知，人们常常把它看作有先见之明的警示，这也是最早提醒人类注意对地球气候系统无节制干预的风险的文章之一。雷维尔和苏斯也强调了这一情况的新奇性，指出这个实验“过去不可能发生，未来也不可能重现”。但是，与其说雷维尔和苏斯在警告无节制排放的风险，不如说他们在敦促其他科学家利用这个前所未有的机会研究海洋，就像罗斯贝曾设想用煤覆盖极地冰盖的可能性一样。他们所使用的“**实验**”一词，是传统意义上的科学实验，用来尽可能消除科学上的不确定性。“这项实验如果被完整记录下来，可能会对天气和气候过程的了解产生深远的影响。”换句话说，通过仔细测量和观察，可以把仅仅是无意的（以及不受控制）的人为干预转变为适当的科学实验。因此，雷维尔和苏斯就像乔安妮·马尔库斯和里尔那样，呼吁在“国际地球物理年”期间收集数据，用于追踪这些过量的二氧化碳在“大气、海洋、生物圈和岩石圈”中的移动轨迹。[53]

乔安妮·马尔库斯一直在寻找机会进行更多的观测，她很快意识到飓风研究可以作为自己云研究的延续。在一系列自然灾害发生后，一个新的机会出现了。1954年和1955年，美国东海岸遭受了一系列严重的飓风袭击。飓风“卡罗尔”（Carol）、“埃德娜”（Edna）、“黑泽尔”（Hazel）、“康妮”（Connie）和“伊奥尼”（Ione）相继肆虐，摧毁了价值超过60亿美元的财产（按1983年的价格计算），造成近400人死亡。为此，美国国会拨款成立了"国家飓风研究项目"(NHRP),由罗伯特·辛普森(Robert Simpson)领导——他是一名气象学家,曾在战争期间担任预报员,并协助在巴拿马建立了一所战时气象学校。人为干预被写进了这个政府实验室的计划中,正如它曾经是第一代超级计算机的计划的一部分。[54] 实验室的任务很明确,就是研究如何人为地改变飓风,同时对飓风的形成、结构和动力,以及改进飓风预报的方法,进行更基础的研究。新的资金意味着飞机,而飞机意味着政府科学家现在可以首次在自然界的现场研究热带云,这些云从海洋表面一直延伸到对流层高处。

乔安妮·马尔库斯认为,国家飓风研究项目可以成为一个平台,让她能够对云动力学和大气动力学之间的联系进行更深入的实验,这是她一直以来梦寐以求的。1956年,她飞往迈阿密,第一次见到了辛普森。在这里,气象学终于有机会转变为一门明确的实验性科学,同时具备严谨性,并谨慎地对待文档记录和人为控制,这是以前大多数播云项目所缺乏的。

虽然国家飓风研究项目成立的初衷,是将飓风研究区分于谢弗所做的那些凭直觉、缺乏理论依据并被过度吹捧的工作,但它不可能从头开始。人们对飓风袭击佐治亚州(可能是人为干预的结果)记忆犹新,当需要划定大西洋内哪些区域的飓风可以被人为干预时,人们采取了过分谨慎的态度。结果就是,每个季节只有一两次飓风穿过了允许播云的区域。

尽管如此,由国家飓风研究项目资助的新型飞机对乔安妮·马尔库斯来说还是太诱惑了,让她无法拒绝,虽然在此之前她一直专注于云的研究,但她认为没有必要对明显相关的现象进行区分。"于是我想,哎呀,我最好也研究一下这个。毕竟飓风就是热带云组成的系统。热带云系统以某种方式聚集在一起,然后变得狂暴。为什么它们会发生这种情况?"[55] 她开始阅读有关飓风的资料,很快就有了一个想法,那就是把自己和里尔提出的热塔假说与飓风的形成联系起来。

她对“被狂风包围的平静的风暴眼”尤其着迷。她想知道造成这种现象的原因是什么。人们对飓风的了解相对较少，因为无线电探空仪和飞机探测的数据有限。她仔细研究了现有的数据，包括麻省理工学院制作的一部影片，该影片率先使用了天气雷达来探测1954年的飓风“埃德娜”的眼壁。仔细观看影片后，她发现飓风眼中的大部分空气都来自阴云密布的眼壁。[56] 她与里尔一起建立了一个飓风发展模型，强调海洋作为“额外”热源的重要性。[57]

就在乔安妮·马尔库斯利用热塔思考飓风形成的同时，辛普森也开始发展自己的理论，研究如何改变飓风。他认为，如果能在眼壁区域催化某些关键的云（相当于热塔），就能迫使眼壁在风暴中更远的地方重新形成，从而减弱风力、削弱风暴。1961年9月16日，辛普森验证了他的理论。当时一架海军飞机向飓风“艾斯特”（Esther）的眼壁区域投放了8罐碘化银。飓风没有像以前那样继续扩大，而是保持了稳定的强度。依靠监测风暴的6架飞机上的机组人员协调配合，风暴对催化的反应被详细地记录了下来。这些同步雷达的观测结果显示，眼壁区域的动能有所减弱。第二天，又进行了一轮投放，但罐子没能击中眼壁。随后的观测结果表明，风暴的强度与前一天催化后相同。根据风暴在连续几天内催化和不催化时的变化差异，他们推断催化是成功的。在一篇发表于《科学美国人》（*Scientific American*）杂志上的文章中，两位研究人员骄傲地写到，他们并非“仅仅在观察”飓风的形成，而是试图“在关键区域对发育完全的飓风进行干扰，打破其微妙的平衡”。他们特别强调了这项工作的创新性，指出他们的实验是少数几个“针对尺度大于单个积云的大气现象”的实验之一。尽管有潜在的风险，但进行飓风实验是有充分理由的，其中并不全是为了人工影响飓风。一旦飓风研究从"观测学科转变为实验学科",更好的飓风预报几乎是必然的结果。

但预报仅仅是个开始。对于天气和气候的触发因素,飓风是个检验其假设的最佳场所。正因为飓风是如此巨大,除非精准命中目标,否则任何试图改变飓风的尝试都会失败。因此,如果人工影响未能成功改变飓风,就说明所假设的理论有缺陷;若能成功改变则意味着理论很可能是正确的。因此,人工影响飓风的尝试似乎是理想的飓风理论测试,如果理论被证明可行并且能够精准命中飓风,那么人类将能够掌控巨大的能源。然而,在实际操作中,要确定人为干预是否成功是非常困难的。如果你不知道飓风在没有干预的情况下会发生什么,那么你怎么能知道你是否成功改变了飓风的行为?

这是一个悖论。成功的干预需要对飓风有深入的了解,可我们对飓风进行干预却正是为了了解飓风。尽管存在这种矛盾,负责政府资助的人还是认为对飓风"艾斯特"的催化工作是成功的。不久之后,一个新项目成立了,专门以改变飓风为目标,这就是1962年由美国海军和商务部联合发起的"破风计划"(Project Stormfury)。乔安妮·马尔库斯的数值云模型为该计划提供了关键的理论支持,它能检验假设和生成预测,可以据此评估人工影响飓风的效果。

乔安妮·马尔库斯本人对人工影响天气抱有复杂的感受。虽然她被研究的可能性和更长远的人道主义应用潜力所吸引,但她也对播云时常常被简化或忽视的环节感到担忧。1961年,当被问及对改变飓风的可能性有何看法时,她说:"我不会说我们已经站在了门槛上,但控制天气并非完全荒谬的想法。"[58]问题在于,人为干预往往"提出了太多的要求,却低估了自然系统的天然易变性,而且管理部门急于在短时间内取得积极的成果"。[59]

尽管她心存疑虑,但有两件事说服了她,让她加入了这个项目并担任顾问。一是这个项目的成本相对较低,而且有可能给人类带来巨大的利益。第二个且同样重要的是，“破风计划”可以帮助她改进自己的模型，让她更好地了解飓风。“我相信，‘破风计划’将是我进行积云实验的唯一途径，而这正是我长久以来都想做的事。”[60] 乔安妮·马尔库斯认为，播云不是为了改变飓风的路径，而是一种在大气中进行实验的工具。“人工影响天气就是在进行大气实验，人们应该重点关注，我一直都这么说。”虽然通过催化来改变个别云的生长是可行的，但她认为，以造福人类为目的去改变飓风始终是一个“非常遥远的目标”。

考虑到这一点，乔安妮·马尔库斯加入了“破风计划”，她计划将项目的实践目标与她自己的科学目标相结合，使得对飓风的人工影响成为一种科学工具和实际干预的手段。如果没有这个项目，她将永远无法调集足够数量的飞机来对实验进行监控，以确定实验是否成功。[61] 1963年，她如愿以偿地进行了一次播云催化实验，这次实验“改变了她和许多人的生活”。[62] 那年的8月中旬，乔安妮·马尔库斯和“破风计划”小组的其他成员驻扎在波多黎各，等待飓风“比拉”(Beulah)形成足够进行人工影响的风暴眼。在暴风雨来临前的平静时刻，她看到了一个机会，可以检验自己关于云生长的想法。[63]

在实验过程中，乔安妮·马尔库斯通过6架飞机和数十名技术人员，成功对11朵非飓风云进行了观测。其中6朵被催化，5朵是对照组。“当第一朵云爆炸的时候，”她回忆道，“我这辈子都没有这么兴奋过。”[64] 几架飞机上的科学家和机组人员看到云的生长时也放声欢庆。除其中一朵外，其他所有的云都爆炸性地生长，而对照组的云则没有。这个结果正如乔安妮·马尔库斯的模型所预测的那样。她成功实现了自己长久以来的愿望——将播云催化作为大气实验的工具，并在实验过程中得到海军飞机的全力支持。

乔安妮·马尔库斯和辛普森在《科学》(*Science*)杂志上发表了他们播云的研究成果，该杂志在1964年夏季的封面上刊登了一组引人注目的"爆炸云"图片。这立即引起了公众的强烈反响。用乔安妮·马尔库斯的话说,这是一场"巨大的风暴",他们俩都没做好准备。播云所引发的"非常有趣的效果"激起了人们的希望和恐惧,人们认为控制天气的时代终于到来了。有人热烈欢迎这个他们期待已久的可以控制天气的乌托邦,也有人担忧这将重演人类对自然的傲慢干预,而这种干预曾导致了原子弹的爆炸。

图5.9　1964年8月7日《科学》杂志封面,展示了乔安妮·马尔库斯和辛普森的播云实验成果

看着被催化的云汹涌膨胀，乔安妮·马尔库斯和辛普森兴奋不已，但他们还是小心翼翼地指出，实验最重要的结果并非云的爆炸性生长，而是证明了实验本身是可行的。他们为《科学美国人》杂志撰写了一篇文章，揭示了播云实验的本质，并试图确定“控制天气”中“控制”的真正含义。一方面，播云实验表明，“现在终于可以对真实的大气现象进行相对可控的理论模拟实验了”。他们认为云终于可以变成实验对象了。但是，这种科学实验所需的控制，比为了达到人类的某种目的而操纵飓风所需要的控制更初级、更不彻底。后者所需的这种控制——乔安妮·马尔库斯和辛普森称之为“真正的控制”——需要更长的时间才能实现。他们警告说：“如果人类想要对大气进行真正的控制，气象学就必须成为一门实验科学，而现在只是向这个方向迈出了一小步。”[65]

海军和商务部对理论模型不感兴趣，他们更关心的是人工影响真正的飓风。事实证明，乔安妮·马尔库斯和辛普森用播云技术测试他们模型时所依赖的那个天气系统，同时也可以进行更实际、目标更明确的干预。在播云成功几天后，飓风“比拉”逐渐形成了更成熟的眼壁。这时，整个飓风——而不仅仅是附近的云——都已经准备好被催化了。海军出动了更多的飞机，使用了更多的碘化银，对眼壁进行了大规模的催化，以检验是否可以影响飓风。在尝试催化的第一天，特别制作的碘化银炸弹没能击中眼壁，没有产生任何效果。第二天，催化条件有所改善，这一次碘化银炸弹击中了目标。对风暴中心的观测结果表明，第二次催化后，气压急剧下降，风暴的云型也发生了巨大的变化，眼壁消散并在距离风暴中心10千米远的地方重新形成，这与乔安妮·马尔库斯和辛普森的预测完全一致。

尽管看似成功，但仅凭一次尝试还无法断定催化是否确实导致了飓风的变化。飓风的自然变动如此之大，而云的排列和形状的本质又是如此鲜为人知，因此仍有许多未知数。重复实验是检验假设的方法之一，但鉴于这些风暴存在极大的差异，可能需要几个世纪的时间来"在统计学上区分人为的变化和巨大的自然变动"。[66]

1964年，美国国家科学院组织了一个有关人工影响天气的小组。这是一个在科学和伦理上都极具挑战性的领域，该小组的任务是就如何更好地在这一领域取得进展提出建议。乔安妮·马尔库斯是该小组的成员之一，其他成员还有朱尔·查尼(Jule Charney)、埃德·特勒(Ed Teller)、埃德·洛伦茨(Ed Lorenz)、乔·斯马戈林斯基(Joe Smagorinsky)等。该小组告诫人们不要操之过急，并指出支持催化有效性的证据仍不充足。例如，尚无数据表明，所谓的冬季地形风暴(如科罗拉多州那些引起当地农民和牧场主极大关注的风暴)能够通过人为方式显著增加降雨量；也没有数据表明我们可以引导飓风的方向；黑尘或其他地表覆盖物是否可以产生降雨也未可知。没有足够的证据来证实，什么样的实际操作能人工影响天气，目前大多数尝试都是以"先催化，后分析"的方式进行的，从中几乎无法获取可靠的信息。专家小组建议，我们需要的是耐心。可能需要几十年，而不是几年的时间，我们才能对天气的物理学层面有足够的了解，进而实现大范围的天气控制。一些来自干旱州的州议员与科学家之间产生了分歧，有人指责科学家们相比提供水资源来说更关注发表论文。[67] 尽管乔安妮·马尔库斯等专家提出了谨慎行事的充分理由，但仍有许多问题尚未解决。就在美国国家科学院小组呼吁保持克制的同一年，美国国会通过了一项特别决议，拨款100万美元用于实施人工影响天气项目。

乔安妮·马尔库斯和辛普森在1964年所描述的迈向"真正控制"天气的第一小步，如今让人想起5年后尼尔·阿姆斯特朗(Neil Armstrong)登月时那最著名的一小步。不过，这二位科学家引用的可能是另一场具有里程碑意义的演讲。1963年7月26日，就在播云实验的几周前，约翰·F. 肯尼迪(John F. Kennedy)总统发表了演讲。在电视讲话中，肯尼迪以沉着冷静的口吻宣布在大气层、外层空间和水下实施的部分禁止核试验条约，这是他与苏联领导人尼基塔·赫鲁晓夫(Nikita Khrushchev)经过多年艰难协商后达成的。肯尼迪称这一协议是这个充满猜疑和紧张的时代中的"一道曙光"，是"迈向和平、迈向理性、远离战争的重要的第一步"。他在演讲的最后几句重申了这一比喻，并在结尾处提出了一个大胆的希望："如果这趟旅程有千里之遥，甚至更远，那就让历史记录下，我们在这片土地上，在此时此刻，迈出了第一步。"[68]

1965年，乔安妮·马尔库斯的生活发生了巨大的变化。她于1961年离开了伍兹霍尔海洋研究所，前往加利福尼亚大学洛杉矶分校任职。同年，她生下了卡伦(Karen)，这是她与威廉·马尔库斯的女儿。在此期间，她与辛普森一同在国家飓风研究项目和"破风计划"中工作，关系逐渐变得深厚。播云实验和对人工影响飓风"比拉"的尝试，让乔安妮·马尔库斯与辛普森建立了所谓的"马尔库斯与辛普森的合作以及日益密切的友谊"。[69] 1964年，乔安妮·马尔库斯与威廉·马尔库斯离婚，并放弃了她在加利福尼亚大学洛杉矶分校的终身教职，前往美国气象局担任研究职位。这一看似不可理喻的职业变动是必要的，因为相关法律禁止夫妻在同一机构工作。1965年1月6日，乔安妮和辛普森结婚。结婚后，她改名为乔安妮·辛普森，并担任气象局"破风计划"的负责人。自此她开始了自己口中的第二段伟大的爱情，这种思想和精神上的伙伴关系一直持续到她离世。

如果说乔安妮·辛普森终于在个人生活中找到了满足感，那么有关人工影响天气的争论仍在继续。1963年，她曾在波多黎各的上空看到了催化的云在空中爆炸升腾，并为之庆祝。当飓风"比拉"似乎对催化做出反应时，她也曾感觉到人工影响飓风是有可能的。"破风计划"提出了假设，即在飓风的眼壁周围播撒过冷水会导致眼壁释放潜热并向外迁移，从而减弱风暴，这个假设似乎是正确的。然而，这些早期的乐观和兴奋最终被证明是错误的。环境因素使得她无法开展必要的研究来验证假设是否正确。要协调6架甚至10架飞机穿越飓风固然困难,但要制定一个统计学上足够有力的实验计划,来囊括这些巨大风暴的天然易变性,则困难得多。飓风是极其多变的,若要了解它们的运动——无论是自然的运动或人工影响后的运动——都需要对大量的飓风进行研究。这项工作一直以来都耗资巨大,有时甚至是不可能完成的。从1963年到1968年,没有符合条件的风暴经过实验区。与此同时,有关人工影响天气的争议仍在持续。到1967年,乔安妮·辛普森不愿再忍受该项目的种种压力,因此选择了辞职。"破风计划"仍在继续,成果时有时无,最终难以令人信服。1969年,飓风"黛比"(Debbie)终于回应了研究人员的请求,第5次飓风催化得以实施,实验结果与修改后的"破风计划"假设一致(该假设需要眼壁中的稳定性得以降低,并在眼壁外部进行大量且重复的催化)。但是,符合条件并通过安全区的飓风仍然罕见到令人沮丧,因此无法进一步验证眼壁假设。到了20世纪70年代,对人工影响飓风的研究逐渐减少,该项目最终于1983年被取消,宣告失败。

是否可以在实际操作中人工影响天气是一个难题,而是否**应该**人工影响天气这一问题则更是无解。但是,人工影响天气已经成为事实。无论是有意还是无意,大气的改变都已经在世界各处发生。为了能够区分大气的原始状态和人类对其施加的影响,我们需要了解大气的基本过程。乔安妮·辛普森和她的小组成员于1964年指出,云本身具有"极大的天然易变性",这对寻找可以被催化的云来说是主要障碍,这个易变性体现在云滴大小、含水量、含冰量、温度结构、内部环流和所带电荷上。[70] 对于这种天然易变性,精确的统计评估变得很有必要,但同时又"非常困难"。

在小尺度上难以控制的事情，在大尺度上则更为复杂，甚至可能造成灾难。虽然我们目前还无法“诱发扰动以引发大规模的大气反应”，但在未来或许能够实现。然而，目前我们还无法预测“洲际甚至是更大尺度”的大气变化所带来的影响。因此，专家小组认为，在没有确凿的预测能力之前，“**在大气中进行任何大规模的实验都是极不负责任的行为**”。[71]

为了了解人为改变天气和气候的影响，专家小组提出，我们需要一个关于自然气候变化的理论。他们认为，与其在大气中进行实验，面对难以解释的结果和可能发生的意外，不如在计算机模型这个安全的环境中“评估人为干预的影响”。[72] 地球与大气之间、海洋与大气之间的交界，在当时所谓大尺度大气环流（而非海气耦合）研究中是一个关键但被忽视的领域。为此，现场实验和数值研究都是切实可行同时也迫切需要的。

专家小组报告中的一部分探讨了无意中对大气的人工影响，这个问题一直在发生。“我们现在才开始意识到，大气并非一个容量无限的垃圾场，但我们还不知道它真正的容量，也不知道如何对其进行测量。”[73] 专家小组还指出，城市造成的污染能够影响当地的气候。与罗斯贝和雷维尔的看法相似，他们认为这种“持续的人工影响气候实验”具有潜在的科学价值。

离开气象局后，乔安妮·辛普森回到了学术界，在迈阿密大学担任大气科学教授，并兼任科勒尔盖布尔斯的实验气象学实验室主任。她继续从事自己在“破风计划”中开始的工作，她深信如果将自己的动态催化技术应用于小尺度云结构，就可以对催化的云中产生降雨的能力提出一个可验证的假设。但是，这个项目也受到了阻碍。她想知道，如果能用自己的技术催化单个云，那么是否可以导致更多的云聚集，而这些云是佛罗里达州天然降雨的主要来源。乔安妮·辛普森计算了一下，她要做几百次催化实验，才能将目标区域的降雨量增加15%。但是她的上级并不愿意资助这么多的实验。就这样，“破风计划”中因缺乏数据而使研究项目受阻的情况再一次出现了。乔安妮·辛普森认为，“破风计划”的一个基本假设——飓风中存在大量的过冷水——受到了恶意的质疑。据她说，国家飓风研究项目收集到了证明这种水存在的数据，但后来被丢弃了，而表明这种水不存在的新结果成了取消该项目的理由。[74]

乔安妮·辛普森在人工影响天气方面的亲身参与——无论是“破风计划”还是在佛罗里达州的实验——让她感到遗憾。对她来说，人工影响天气一直是达到目的的一种手段。这个目的不是真正地改变云或风暴，而是收集数据。她对取消人工影响天气的项目深表遗憾，尽管她早已与这些项目保持距离。1989年10月4日，作为美国气象学会主席，她在一次演讲中谈到了一个辛辣的讽刺：尽管很多气象学家庆祝人工影响天气项目的取消，因为他们认为这是非科学的，但实际上最受影响的是云物理学界，因为“对新的云观测数据的需求变得更加迫切，但如今获取这些数据比在研究人工影响天气的黄金时期要来得更慢、更困难”。[75]

乔安妮·辛普森为了获取新的数据，开始了她漫长职业生涯中最后一个伟大的项目。她来到了美国国家航空航天局戈达德太空飞行中心全新的大气实验室工作，并在1986年成为热带降雨测量任务卫星的科学小组的负责人。这颗卫星是同类卫星中的第一颗，它携带的天基降雨雷达可以深入探测云层内部——那些乔安妮·辛普森曾经艰苦飞行的区域。她在这个项目上辛勤工作了11年后，这颗卫星终于成功发射。这颗卫星在发射5年后就超过了美国国家航空航天局的科学家们为它设定的目标。到了2002年，它成功测量了热带气候系统释放的潜热的剖面，验证了她和里尔在约50年前的研究工作。

乔安妮·辛普森积极参与了哈佛大学施莱辛格图书馆关于她档案存档的准备工作。她为数百张照片做了注释，并为她不同人生阶段的文件撰写了众多短文作为附件。档案的大部分内容与她漫长而活跃的职业生涯有关。她还决定存放一些非常私人的文件，包括她与C.交往期间的笔记和日记。她在给档案管理员的信中解释了自己决定分享这类私密材料的原因："我的工作生活是众所周知的，但我一直努力保护私人生活的隐私，所以，如果我在整理完这些资料前去世，我现在寄给你的关于我个人生活的文件将无法存档，因为其他人对这些知之甚少。"[76]她决定放弃自己守护了一生的隐私，因为她认为，完整地展示自己在科学领域中生活的复杂性是极其重要的。

作为一个几乎完全被男性占据的职业中的女性，她的个人选择——至少是那些她无法向外界隐瞒的个人选择——总是受到外界的放大观察。新闻频繁地报道她如何既能做饭、持家，同时又能保持事业。[77]一位作家臆想她是一位"柔弱、略显羞涩的金发女郎"，所以她勇敢地穿越飓风和云层的行为非常出人意料，她除了是世界前五的气象学家以外，"还在马萨诸塞州伍兹霍尔的大房子里精心照顾家庭，为她的丈夫和两个儿子做饭"。[78]尽管存在性别偏见，但撰写这些文章的记者们注意到了乔安妮·辛普森的家庭生活和工作生活是如何纠缠在一起的，他们是正确的。她的三段婚姻中，每一任丈夫都与她当时正在研究的气象领域有关，而她与C.的关系也同样根植于他们共同的科研工作经历。如果否认这些关系在她生活中的核心地位，那就会错过一些重要的东西。乔安妮·辛普森决定向研究者们提供这些极为私人的资料是经过深思熟虑的。她希望能够将自己复杂的一生完整地讲述出来。她希望有一天，所谓的工作和生活的平衡不再仅仅是女性的问题，而是所有人的问题。[79]

为了实现这一目标，档案必须反映真实的生活情况。然而，现在关于男性科学家作为父亲、丈夫和恋人等多重角色的证据仍然很难找到，这很遗憾。乔安妮·辛普森的档案展现了一个充满热情和活力的女人的完整画像，我们可以看到她专注地工作，度过了漫长而有卓越贡献的一生。尽管她在生前选择隐藏自己私人生活中的许多风波，但她设想在自己死后，她生活的真实面貌终会得以展现。就像她所研究的那些巨大云朵一样，她允许自己无限生长，有时甚至可以以惊人的速度进入那些被认为是禁区的领域。她的情感与科学密不可分。乔安妮·辛普森写道："我想，大家可能觉得我是个很酷的人，但没有比这更不真实的了。要想了解一个女人，或者一个男人，在某一领域是如何创新的，我们需要看透他们情感的面具，而我的面具故意让人难以看穿。"[80]

第六章

快　水

27岁那年，亨利·斯托梅尔正处于迷茫之中。作为一名年轻的科学家，他凭直觉能感受到一个好的研究问题的重要性，但他还不确定具体应该研究哪个领域。他在伍兹霍尔海洋研究所工作，在一位同事的建议下，阅读了一篇关于流体力学的论文，文中探究了水的流动方式。这是一篇让他感到舒服的纯科学的论文，没有提及战时工作中占主导地位、让他感到不安的军事目标。这标志着一个充满希望的开始。不久之后，在纽约的一家舞厅，他被介绍给罗斯贝，后者于战争期间在芝加哥大学建立了气象学系（并在那里认识了年轻的乔安妮·杰罗尔德）。这次相遇具有决定性意义，为斯托梅尔指明了一个仅靠他自己不可能涉及的研究方向。

世界是如此之小，这次舞厅相遇的结果是斯托梅尔被邀请到芝加哥大学罗斯贝的实验室工作一个学期。他喜欢罗斯贝的讲课方式。尽管斯托梅尔对简单所具有的毋庸置疑的特性感到不舒服，但他并不害怕简单本身。罗斯贝在研究大气运动的过程中进行了大胆的物理简化，这种做法吸引了斯托梅尔。这可能与他生命中的一个偶然事件有关，他自己也是这么认为的。在十几岁的时候，由于印刷错误，他配了一副度数过高的眼镜，致使他无法轻易阅读或看清黑板，于是他学会了寻找那些结构相对简单、组成部分较少的问题来弥补看不清的缺陷，而这些问题他可以轻松地用他所说的“心灵之眼”来思考。

斯托梅尔现在决定研究的问题是:为什么世界海洋中的主要海流是不对称的?尽管这个问题看似简单,人们也早已观察到了这种现象,但还没有人对其进行过研究。在全球各大洋的洋盆,西侧的海流总是比东侧的更强。[1] 这种现象在大西洋、太平洋和印度洋中都持续存在,尽管这些大洋的海岸线和海底地形截然不同。斯托梅尔思考,既然地形无法解释这一点,那么什么会是真正的原因呢?受到罗斯贝大胆简化的启发,斯托梅尔构想了一个长方形的海洋,它比浴缸更笔直、更简单。然后他只用几个变量(顶部的风应力和底部的摩擦力)对其进行扰动,并考虑到了地球自转对其中海水的影响。他煞费苦心地手动计算了这些简单变量对简化海洋的影响,并用计算尺完成了计算。出乎他意料的是,这个海洋的简化模型成功地再现了西部流线紧密的现象。他将这一发现写成了一篇5页的论文,题为《风应力所驱动海流的西向强化》(The Westward Intensification of Wind-Driven Ocean Currents)。[2]

他当时还不到28岁,但刚刚创立了一门新科学——动力海洋学。这门科学致力于探究海水是如何运动的。斯托梅尔证明,用物理学和数学来描述大尺度的海水运动是可行的。他是在没有博士学位的情况下完成这项工作的,他曾一度因此感到自卑,虽然伍兹霍尔海洋研究所所长、老一辈海洋学家哥伦布·艾斯林(Columbus Iselin)让他不必放在心上。当时斯托梅尔写信给艾斯林,询问他是否应该攻读高等学位。艾斯林回答道:“如果你决心在地球物理科学领域从事专业工作,我不认为博士学位对你有什么价值。考虑到获得它所花费的时间,实际上可能还会成本不菲。”[3] 至少在某些方面,海洋的运动可以从非常简单的物理定律中推导出来。多年后,斯托梅尔是这样描述的,“海洋中有一个巨大的水动力装置”,它“控制着海水如何响应表面的风以及因不同纬度的气候所产生的密度差异”。[4] 换句话说,如果一个人没有深厚的理论背景，但却是一个优秀的机械师，这个人也能研究出是什么让海水运动起来的。

斯托梅尔相信这种装置的存在。他认为可以根据流体运动的规律来描述海洋。但重要且微妙的一点是，他不相信从这些规律中可以推导出海洋的本质。因为这些定律太笼统，而海洋又太复杂。他认为，实现理解的唯一途径是洞察力的飞跃，后续再根据现实反复迭代修正，进行一次又一次的飞跃。他把这种飞跃比喻为“起源认知”，这是他必须从分析之外甚至是语言之外的某个地方创造出来的东西。之后的迭代是这一认知根据斯托梅尔所称的“现实”进行的修正，他将观测到的海洋视为可接受的“现实”的替代品。他认为这是一个结晶的过程，或者更准确地说，是一次尝试（大多以失败告终）让晶体形成的过程。一旦他对某个问题积累了足够多的想法，但却没有获得深刻的见解，他就会进入一种近乎恍惚的状态。他在回忆录中描述了这种状态。为了实现洞察力的飞跃，他写道：“我分散注意力，故意让思绪放空，将想法的碎片融化成某种类似于幻觉的景象。实际上，我试图将思想上的温度提高到某个平衡值，让思想结构消失几天，然后再试着降低温度，看看会有什么晶体析出。”很少有一轮就够的情况。一旦有了认知，他就将其与实际海洋的观测结果进行比对。他想知道的是，自己脑海中的认知是否描摹出了正确的海洋，这样的海洋应该是实际可观察到的，其运动是可测量的。[5]

斯托梅尔在布鲁克林和长岛的海边长大。他本科在耶鲁大学学习了数学和天文学，1942年毕业时，作为一个出于良心拒服兵役者登记应征。尽管他反对战争，但他还是被分配到了海军的V-12速成培训项目中，为其他准备担任军官的年轻人讲授航海所需的数学知识。虽然处于他不喜欢的军事环境中，但他最终对这项工作产生了兴趣。战争结束后,他进入耶鲁大学神学院学习,但他很快就意识到,宗教那毋庸置疑的特性同战争的特性一样让他不舒服。[6]

1944年,他在伍兹霍尔海洋研究所获得了一份研究员的工作。他所接受的本科教育以及在海军培训课程中的教学经验,足以让他在这个正快速发展的小型(在当时来说)机构中获得一份工作。他做过各种研究,但没什么能真正吸引他的注意力。他感到迷茫,甚至可能一直迷茫下去,但他很幸运(他自己很喜欢这么说)。在他所处的时代和国家,公众正热衷于资助科学研究,同时军方也投入了大量的资金和资源,希望科学能告诉他们如何安全地驾驶和降落飞机,以及如何在海里隐藏和探测潜艇。而他最直接的幸运,是周围有很多对他抱有善意的人。

恰好,他在伍兹霍尔的第一个住所是当地一家教堂的老牧师之家,这是一个宽敞的建筑,有足够的空间容纳不时更替的各种单身海洋学家。上班的路上能看见港口,他每天早上都要查看停泊的船只是否还安全。他的生活既琐碎又充实,时而参加单身汉式的家庭娱乐活动,时而驶离科德角的海岸线,去大西洋里冒险。他住的这所房子给人一种船的感觉。在这里,工作和生活的界限变得模糊,大家互开玩笑,做一些恶作剧,对话中充满了双关语和肢体幽默。这是一种新的自由:志同道合但技艺各异的灵魂碰撞在了一起,每个人都是自己领域的专家,但都对大海怀有同样的热情。

他也在真正的船上待过,那是在伍兹霍尔周边的海域以及更远的地方。他自称是一个无冒险精神的水手以及笨拙的海上技术员,曾多次在缅因湾冬季冰冷的海面上,乘坐一艘小船试图测量水温,但往往徒劳无功。他不知道测量的目的是什么,也不知道测量的结果是否准确。当时用来测量水温的仪器是一台温深仪,它本身就很不稳定,机械故障很多。斯托梅尔尽量避开人群以及下放沉重仪器的船侧。尽管他在船上的操作不够熟练,有时也难以忍受船上的生活,但他喜欢那里的经历和感觉。他形成了一种信念,这种信念伴随了他的一生,即要想真正地了解海洋,就必须亲自体验它。他相信,人类可以对水及其流动产生直观的感知,即使这水的规模远远超过了常人的经验范围。出海不仅仅是科研活动,也是一种社交活动。他与许多不同类型的人打交道,并在这个过程中得到了锻炼,且能与他们中的大多数都相处融洽。他后来写道:“海上的工作磨去了我们的棱角,让我们成为更好的人。”[7]

在那个时期,伍兹霍尔海洋研究所成了科学研究领域的一个小小乌托邦。海军研究办公室提供的资金源源不断地流入,这标志着海洋学在战时所做出的巨大贡献,也证明了在随后的冷战中拥有专业知识是多么必要。在短暂的出海旅行中,斯托梅尔研究了海洋的上层,试图了解温度的分布,使潜艇能隐藏在声线于水中折射后的阴影里。斯托梅尔是个和平主义者,一想到要成为暴力的帮凶就打退堂鼓,但他意识到保卫自己的国家需要知识的储备,而海军研究办公室为了对海洋的物理规律有基本的了解,所提供的科研资金几乎没有附加条件。如果拒绝这样一个了解海洋的好机会,将非常不明智。

1948年,斯托梅尔带着其关于风驱动海流论文的油印本前往英国,想通过观察而非理论化的方式来了解海洋。[8] 他的直觉告诉他,地球的自转会影响全球海水的流动,但他同时也想了解海洋的混乱无序。为此,他需要从一个相对较小的尺度开始研究。他打算叩响一个人的大门(这是比喻,不是真的),这个人研究了流体在一系列尺度上分解成湍流的行为,包括从烟囱中升起的烟雾、随风飘散的种子,以及在海德公园和布莱顿兴奋的人群上方升空的气球(这些气球上附着标签,鼓励捡到落地气球的人将标签寄回)。这个人就是理查森,他根据这些观测得出了一个看似简单的方程式,描述了湍流中物体分离的速度。

理查森对湍流的兴趣与他的梦想并驾齐驱,这个梦想可以追溯到20世纪20年代早期,他称之为“通过数值过程预报天气”,换句话说,就是通过数字计算来预测未来。要做到这一点，就意味着要提出描述大气运动的数学公式。这包括要在一定程度上考虑空气受阻的方式，即因与地表植被以及山脉接触、与不同种类(热、冷、湿、干)的空气产生碰撞，而使空气运动紊乱。理查森知道大气湍流的重要性，同时他也意识到，不管要实现哪种类型的天气预报，都必须在空间上极大地简化地球上的天气，比如用他想象中的正方形网格将其分割。在这些边长为200千米的网格内，所有杂乱无章的湍流现象将被简化为一个数字。[9]

在理查森初次将数值天气预报视为遥不可及的梦想的约30年后，斯托梅尔拜访了他。在自己的后半生，理查森将研究重心从自然系统转向了人类系统。他和斯托梅尔一样是和平主义者，他试图用数学来解释为什么会发生军备竞赛，以及它们为什么会以这样的方式展开。他认为这比研究地球上的湍流更为重要。但他同意与斯托梅尔一起，从人类系统重新回到物理系统的本质上来。在此之前，理查森的观测仅限于大气的运动。现在，斯托梅尔与理查森都想探索的问题是：海洋与大气有多少相似之处？

理查森20年前利用气球和其他物体进行了空气扩散实验，如今他们做的是这个实验的水上版本。多年以后，斯托梅尔还能记得花园里潮湿厚重的土壤，在理查森这位年长者的建议下，他从那片土壤中挖出了欧洲萝卜——没错，萝卜！他们一起在冷藏室里切片、称重，然后一起骑自行车前往湖边。在湖边，他们走到码头的尽头，把萝卜丢进水里，追踪它们分离的速度。理查森用木头和绳子做成一个临时工具，以便准确测量萝卜的移动距离。

他们是特意选择欧洲萝卜作为实验道具的。如果将萝卜放入海中，它的浮力会使其在水中漂浮得很低，只有小部分露出水面，所以不会受风的影响。萝卜漂浮自如，易于观察，看着简陋，却是理想的海洋学观测道具。当需要选择简单而稳定还是复杂而脆弱的方法时，理查森和斯托梅尔都倾向于前者。斯托梅尔后来经常谈及自己在数学方面的欠缺，以及这对他实际工作的影响。“当看到一些同事在各个领域，如数学、仪器设计、数据分析、博见洽闻、科学管理及决策等方面所展现的才华，我才意识到自己的想法是多么有限和业余，”他解释说，“因此，当我有新的想法时，我通常会将其分享给有能力发展它的人。这并不是慷慨，而是现实考量。”[10] 尽管斯托梅尔可能会对自己有限的数学知识感到懊恼，但这种局限也迫使他将问题简化，寻求与他人的合作。

理查森则不这么矛盾。他花费毕生的时间，超越了那些束缚住他人的局限。他想象出了一台大型的用于数值天气预报的人类机器，这样的想象力远远超越了当时的任何计算机技术。他估计，要让这台机器运转起来，需要大约64 000台计算机——那时的计算机只是指人类，但这样的细节并没有让他感到畏惧。他想象中的离奇事物最终被证明是可行的，即根据对大气当前状态的了解以及一组描述质点运动的有限数量的方程组来预测未来天气。

理查森意识到，天气的某些特征需要进一步研究。他知道，把大气的所有特征都简化为简单的方程暂时是不可能的。因此，他设想了一系列持续进行的实验——就像在宏大的气象研究中心的底层探索——来研究涡流的运动，这些大型涡从主要海流（如墨西哥湾流）中旋转并最终被挤压出来。湍流太重要、太迷人了，让人移不开目光。在完全理解湍流之前，进行大量的数值计算是可能的甚至必要的。理查森开始通过观察湍流来了解它，先是用气球和烟迹，然后是思想实验，最后与斯托梅尔站在了码头的尽头。

两人一起将45对萝卜从码头的尽头扔下，并观察它们的去向，希望能了解当它们彼此之间越来越远时会发生什么。根据对苏格兰湖中萝卜移动的观察，他们得出结论：能量在湖水中扩散的原理与在大气中扩散的原理相同。他们所得出的结果让人想起理查森在大约30年前

（即1920年）发表的一篇论文，其中描述了一种违反直觉的可能性，即涡流就像“重力大气中的热动力引擎”，会增加而不是耗散系统中的能量。[11] 他们共同发表的论文之所以被人们记到现在，不仅是因为它的第一行——“我们观察了两颗漂浮的萝卜的相对运动”——非常跳脱，还因为它得出了结论：大气和海洋表现出了形式相似的湍流扩散。[12] 值得强调的是，尺度对得出的结论非常重要。在浴缸里发生的事情与在湖里发生的大相径庭，要理解在海洋里发生的事情则需要更大的认知飞跃。

刺激这一领域发展的是斯托梅尔的湾流论文，而不是那篇萝卜论文。它激发了人们对这一最熟悉的海流的新研究，而这些研究又将进一步加深人们对海洋中所有环流的理解。关于湍流在大洋环流中的角色——在斯托梅尔和理查森的“萝卜合作”中提出的问题——仍需更多的时间来解决。它静静等待着。它是水流运动中既无法解决又无法忽视的问题，就像一个朦胧的生物，人们不知道它的确切尺寸，只能从一些片段中窥见一斑。与此同时，斯托梅尔在各种尺度之间不断探索，既关注广大到连接整个地球的大洋环流（而湾流只是其中的一个组成部分），又关注相对微小的水体运动——萝卜在其中左右摇摆。尽管这需要很长时间，数年甚至数十年，但最终在斯托梅尔以及其他海洋学家的脑海中，这些大大小小的海洋观测和研究将被再次整合到一起。届时，绘制苏格兰湖上萝卜运动轨迹这一看似不切实际的尝试，会成为全面了解海洋的其中一步。现在，这一切尚待未来去实现。

海洋中的压强大得几乎难以想象。正因如此，海洋深处才会像月球表面一样，既陌生又让人敬而远之。仅仅10米深的海水压强，就几乎与一个标准大气压相当。海平面下2000米处的压强是海平面大气压的200倍。正是由于这种压强，海洋学这一学科花了很长时间才能解释水手仅凭直觉就知晓的现象：海水流动得很快，且其运动方式既有序又混乱。经验丰富的水手知道哪些海流流向何方、在哪个区域会刮什么样的风，他们也知道大海是一个出人意料且瞬息万变的地方。他们的经验告诉他们关于海洋表层的事，对于海底深处的秘密仍知之甚少。为了真正了解深海之谜，我们既需要仪器也需要新的思维方式，将海洋表面的船只与海底的奥秘联系起来。

长期以来，船员亲身经历的海洋——据他们报告海洋有时是混乱无序的——并没有出现在那些研究大尺度海洋的描述中。在人类历史的大部分时间里，人们通过船帆和船舷上的测深线以及吊在船舷上的各种仪器来观测海洋。虽然船可以在海洋表面航行，仪器可以进入海水，但它们都会受到风和水流的影响。根据海面上散布的瓶子可以非常粗略地测量海洋最上层的流速，但是没有仪器可以到达更深处并停留在那里。在海水的盐度、压力、强大的海流以及海洋生物的共同作用下，大多数仪器都无法正常工作。除了这些问题外，仪器可能会随海流飘走，对它们的追踪和回收也是一个基本难题。在这种情况下，直接测量深水流速是不可能的。由于没有合适的工具，在人类历史的大部分时间里，人类对海洋深处几乎一无所知。导致的结果就是，过去的海洋学家都认为海洋深处没什么重要的事情发生。

尽管存在这些限制，但仍可以对海水的许多方面进行取样。1751年，一艘英国奴隶船的船长亨利·埃利斯(Henry Ellis)注意到，当船在赤道附近的温暖水域航行时，如果他把一个水桶下放得足够深，水桶提上来时会装满了冷水。这是海流研究史上的一个重要事件。在这样永远温暖的地方会找到冷水的唯一解释是，这些冷水是从更冷的地方——遥远的北方或遥远的南方——流过来的。1798年，本杰明·汤普森[Benjamin Thompson，又称拉姆福德伯爵(Count Rumford)]发表了一篇题为《流体的热传播》(Of the Propagation of Heat by Fluids)的论文，他在文中指出，淡水在温度降到4摄氏度的时候开始膨胀，并一直膨胀到结冰为止，而海水则不同，它在降温时会收缩，直到结冰为止。他认为，冷盐水的密度会非常大，大到足以沉入海洋深处。从淡水的物理学原理中，我们似乎可以直接得出结论——随着温度变化，淡水的密度会改变，并上下运动形成闭合的循环。拉姆福德认为，冷水在海洋中的下沉意味着一种循环（或者说一种流动）：在海底冷水流向赤道，在海面则是相应的反向流动。[13] 长期以来，海面的风一直被视为海水运动的主要驱动力，但与这种由密度驱动的巨大水团相比，海面的风就显得微不足道了。

后来，在19世纪60年代，威廉·卡彭特（William Carpenter）——一位在北大西洋寻找新品种海百合（一种生活在大洋深处的羽毛状棘皮动物）的生理学家——注意到在设得兰群岛和法罗群岛之间的一个地区，海洋深处温暖与寒冷的水域非常接近。他提出了所谓的“世界大洋环流”的理论，“世界”二字是重点（区别于局部的环流）。他的“伟大概括”是：全球的海水环绕着整个地球运动。卡彭特的观点是，北极下沉的冷水不断替代由湾流等海流向北输送的暖水。对南半球也可以推断出类似的现象。

并非所有人都同意这一观点。自学成才的苏格兰学者克罗尔曾提出了一个解释冰期的伟大理论，对于在驱动海洋上是风更重要还是密度更重要，他持有自己的观点。他的冰期理论的核心是，地球轨道偏心率（或形状）的长期变化间接导致的地球气候失衡。为了使自己的冰期理论成立，他需要风作为海洋环流的主要驱动力。他认为，随着冰在两极的堆积，信风也会增强，从而将湾流推向北方，进一步加剧地球轨道变化引发的降温效应，形成正反馈。由于证据不足，克罗尔和卡彭特之间的分歧——海洋环流的关键是表层风还是深层密度——暂时陷入了僵局。[14]

到了19世纪70年代，人们开发出了能够承受深海巨大压力和抵御海水腐蚀作用的机械仪器，这使得我们能够精确地测量海洋的温度、盐度和深度。以1872—1876年英国“挑战者”号(Challenger)考察船为标志，一次次艰苦的调查、数以万计的观测自此开始。“挑战者”号的考察是当时专为海洋研究而进行的最昂贵、最全面的航行，“挑战者”号及其船员花了4年时间，环绕全球航行了13万千米(约7万海里)。50年后，德国的“流星”号(Meteor)考察船对世界海洋某一区域进行了更为细致的考察。他们在南美洲和非洲之间以“之”字形往返了14次，航程与“挑战者”号相似。[15] 不久，在英国“发现”号(Discovery)的努力下，连波涛汹涌的南大洋也开始被观测了。

“挑战者”号、“流星”号和“发现”号，这些名字说明了一切：它们都是单船行动。无论它们的航程有多长，目标有多远大，它们的考察结果都受到了一个简单事实的制约，那就是这些考察都是只由一艘船完成的。观测工作不得不一个接一个地连续进行，而且只有在考察结束后才能将观测结果汇总在一起。在地图上各处标记温度和盐度，然后将分散的数据点之间连成一条条等值线。这些等值线描绘的是研究者们所假定的海洋中水体的轮廓，这些水体被人为定义为拥有相同属性的水团。不过这样的地图存在着一些小伎俩。将相隔数年，有时甚至是数十年的观测数据合并到一张图中，得到的等值线图就像是某个时刻的海洋快照，但从现实的角度来说，这是对时间和空间上高度离散的数据进行的理想化平均。

这些海洋图集表明，海洋是一个非常有序的地方。图集中等值线组成的巨大舌状轮廓遍布海洋。这些水舌就像一块块平板，通过研究这些像平板一样的水体，再考虑到水的基本性质——冷水下沉并扩散、咸水比淡水重，就可以猜测水是如何流动的。这些猜测是数千个小时艰苦考察的成果，来之不易。它们为拉姆福德和卡彭特等人在19世纪描述的深水运动理论提供了具体的框架。在考察队能够观测的时间尺度和空间尺度内,海洋是一个稳定的地方,其中某些大尺度的特征——如湾流及其他西边界流——显而易见。在这个平均的海洋中,海水更像是冷却的熔岩,甚至是坚硬的岩石,而非快速流动的液体。在这样的深海中,也没有任何戏剧性的场面:不像海面上掀起的飓风和骤雨,也不像大气中的雷暴、锋面和气旋,有的只是冷水以极其缓慢的速度流经海底,需要几十年甚至上千年才能看到显著的变化。时间在这里过得很慢。从一个数据点到下一个数据点的过程中,任何尺度小于几百千米、持续时间短于几百天的海洋特征都很容易被遗漏。因为在数据中没有这种尺度的现象出现,所以很多人认为它们在海洋中并不存在。

深海是缓慢而稳定的——这种认知是推断出来的。海洋学家利用当时能获得的海洋信息——主要是由单船考察采集并编入地图集的数据,再加上物理学家描述的流体运动的基本规律来推断海水的运动机制。他们不可能像斯托梅尔那样,根据现实(即观测数据)来反复修正自己的推断,原因很简单,因为这样的观测数据少之又少。1954年,一个一页纸的表格就能轻松列出所有观测过的此类数据,其中最长的数据只显示了与潮汐相关的周期性变化,因此对了解海流毫无帮助。在"流星"号考察中进行海流测量时,科研人员将流速仪从船上扔到海里,并试图让船在流速仪上方尽可能保持静止,这种笨拙的操作手法产生的结果并不可靠。他们收集到的数据表明,一些深海水域的水流速度比根据所谓的动力学方法计算出的要快。但这些数据仍然可以根据传统的理念来解释,即深海大致上是运动缓慢的,这些快的流速是偶然。(一位分析这些数据的人士写道:"即使根据几天的观测得出了深层海流的结果与间接方法推断的不一致,也不能说明两者都错了。")[16] 在海面上进行的观测有时会发现一些小尺度的现象——漩涡和涡流——表明该地区的海水运动不同于预期,但这些微小的异常现象似乎并不显著,不足以对整个海洋的缓慢运动机制提出疑问。

有时,出现的证据会与关于深海的认知——认为其是静止、无生命的——相矛盾或至少使之复杂化。水手们偶尔会从深海里捞出一些奇形怪状的生物,这些生物按照之前的深海死寂理论是不可能存在的,比如羽毛状的海百合随着海流摇曳,宛如《爱丽丝梦游仙境》(*Alice in Wonderland*)中的幻象,还有被藤壶包裹的第一根跨越大西洋的电报电缆的样本。它们都见证了一个奇异的海底世界,而对于我们来说,这个世界还有许多谜团尚未揭开。人们还从深海中"捞出"了一些令人震惊的数据:原本该是冷水的地方,温度计却显示是暖水,原本该是淡水的地方却出现了咸水,反之亦然。如果将这些数据绘制成图,它们会破坏平板一样的水体的平滑轮廓,就像巨大的海洋牡蛎壳中的砂砾。这些异常并未被海洋学家完全忽略。挪威著名海洋学家比约恩·赫兰-汉森(Bjorn Helland-Hansen)和弗里乔夫·南森(Fridtjof Nansen)于1909年绘制的挪威海表面流速图,清晰地呈现了看似随机的小尺度海流。[17] 事后看来,图中的杂乱似乎很重要,但在当时则不然。它们常常被认为是数据中的噪声,由仪器的缺陷或操作人员的失误所导致。有时,它们也会被看成是正确的观测结果,但却被认为无关紧要。这种小尺度、短暂的现象被认为对大尺度环流没有什么影响。对于当时观测海洋的海洋学家来说,小尺度现象可能会影响大尺度环流这一说法几乎是不可想象的。

理论家们认为小尺度的湍流不太可能成为海洋环流的驱动力,这有他们自己的理由。自从奥斯本·雷诺(Osborne Reynolds)首次发现水流从平稳流动转向混乱无序的那个时间点以来,湍流就被理解为系统中一种能量耗散的现象。这种观点认为,湍流之所以重要,是因为它就像系统的制动,使能量"顺着梯度"耗散,进入越来越小的尺度,直至能量在系统中均匀分散。这一观点在理查森那首令人难忘的诗中有所体现,那首诗被收录在他1922年出版的书中,作为卷首插页。这本书阐述了数值天气预报的可能性。理查森总结道:"大涡用动能哺育小涡,小涡照此把儿女养活,能量沿代代旋涡传递,但终于耗散在粘滞里。"[18]* 不同尺度之间可能存在显著的相互作用——湍流可能从大涡"跳过"中间的涡直接变成小涡,或者,更让人难以置信的是,能量可能会从海洋中相对较小尺度的运动"向上"返回到最大尺度的运动——这样的观点对于流体力学理论学家来说,几乎是异端。出于不同原因,对于航海海洋学家来说,也是如此。

斯托梅尔非常清楚数据是有局限性的,但当时的他对此无能为力。他能做的就是继续思考他的西向强化论文中的观点。在第一次尝试时,他没有认识到海洋最深处密度的差异是如何影响海洋环流的。和之前的人一样,他只关注了风。深入思考后,他意识到,风导致了大洋西侧海面流线紧密,根据这个原理,紧密流线的下方也会产生反方向的海流。他做出了一件最罕见的事情:海洋学预测。他预测在向北流动的湾流下方,应该有一个之前从未被发现过的南向流。他的预测依据的是风对海表面的驱动作用,以及深层海水因密度变化而运动的特性。19世纪60年代,关于大洋环流的驱动力,卡彭特和克罗尔各执一词,而斯托梅尔首次在一个理论中包含了这两种观点。斯托梅尔将海表面的风与深海的温盐差异结合起来,提出了一个完整的海洋动力机制。

如此,他改变了海洋学家的思维方式。[19] 他们不再把湾流看作一种单独、孤立的海洋现象,就像从花园水管中涌出的水流(连罗斯贝都是这样认为的),而是把它想象成横跨整个大西洋洋盆的循环往复的环流的一部分。从某种意义上来说,斯托梅尔的所作所为表明,湾流并不

---

* 引自《湍流、间歇性与大气边界层》,胡非著,科学出版社1995年版。——译者

是脱离整个洋盆系统而单独存在的，只有将其视为一个更大的系统中的一部分时，人们才能完全了解它。这种大尺度思维方式的回报是：湾流——以及整个洋盆系统——从数学方面和物理方面都变得可以解释。但这种认知的代价是，从此以后，必须将海洋作为一个整体来考虑。在揭示海洋水动力机制的同时，斯托梅尔也证明了海洋各部分之间的相互联系。

他的论文对于那些关心这个领域并能认识到其意义的人来说，既是挑战，也是礼物。但并不是每个人都能意识到其价值，因为他的论文表面上看起来很谦逊，并且使用了一种对于海洋学来说较新的表达方式。对于那些关注的人来说，他开辟了新的视野。这些论文及其背后的观点带来了两个后续效应：一是人们对海洋模型理论的兴趣激增，二是为了检验这些理论而展开了一系列考察。这些都是相互关联但又各自独立的发展。它们之间存在着一种斯托梅尔所说的迭代关系，这也是他自己创造性思维的核心。海洋学观点和海洋观测之间的互动变得更加频繁。

科学家们创建了新的理论模型，其中一些就像斯托梅尔所提出的观点那样，如马克·罗斯科（Mark Rothko）的画作一样恢宏且大胆。与旧理论不同的是，理论家们现在所构建的图景描绘了一个更加活跃的海洋。其中海水不仅受密度驱动，而且很大程度上受风的影响。尽管这些模型有很多创新之处，并在描述海洋时引入了驱动力，但它们仍然受到科学家们想象力的制约。这些想象力依据的是机械仪器收集的数据（在某些情况下用的是100多年前的技术），观测到的仍然是一个缓慢的海洋。因此，这些理论家不得不对海洋的旧观念做出新的解释。这个海洋仍然是缓慢、黏稠的，用专业术语来说，其运动是层流的——就像整齐的板状水层。

得益于斯托梅尔在1948年发表的论文及其激发的后续理论研究，

人们确立了新的观念——海洋是一种运动的流体,理论上可以用流体力学的物理原理解释。但是,这也是问题所在,物理学仍然不足以推导出海洋的运动。对于当时的方程以及计算能力来说,海洋太大、太复杂了。(即使在今天,在某些方面它仍然太大、太复杂。)尽管斯托梅尔成功预测了深层边界流的存在,但这样的预测在当时仍是少数。新的理论视角以及新的海洋学观点,往往不是由物理理论发酵产生的,而是由新的观测结果所驱动的。这些观测要靠那些聪明人想出新的海洋观测方法才能实现。

在1948年斯托梅尔发表那篇论文之后的几年里,海洋观测者所描绘的海洋就像是点彩画,但是其中大部分的点都被擦掉了。它们(相对来说)既是精确的,又是零碎的。它们不是凭空想象出来的,而是在船上和工坊里花了无数时间打造出来的,科学家们在那里制造仪器设备,摆弄金属和电线,看看能否制造出足够结实的东西,既能承受深海可怕的压力以及咸水的腐蚀,又能维持足够的灵敏度进行有用的测量。最初,这些海洋理论模型似乎没什么用,但最终它们将成为我们重新理解海洋的起点。1950年,就在"萝卜之行"和斯托梅尔发表西向强化论文的两年后,为了更好地认识湾流,第一次有多艘船参与的对湾流的考察启程了。这次航行标志着为期20年的考察的开始,它将从根本上改变我们对海洋的看法——从一块缓慢移动的板状糖浆变成湍急的流体。

与怀曼和伍德科克考察一样,负责这次考察[被称为"卡博特行动"(Operation Cabot)]的两个人的背景在很大程度上说明了这次考察所代表的价值观。弗里茨·福格里斯特(Fritz Fuglister)学习过绘画,曾在科德角为公共事业振兴署赞助的项目绘制壁画,后在伍兹霍尔海洋研究所担任负责绘图的科研助理。他的正式海洋学资历还不及斯托梅尔(不如说根本没有),但这并未妨碍他发挥自己的聪明才智,研究如何使船及其配套装置成为更强大的海洋学仪器。瓦尔·沃辛顿(Val

Worthington)则是另一位没有高等学历的所谓技术专家。[20] 1961年,他们成立了"次专业海洋学家协会",大方承认自己并没有相关的高等学位。(斯托梅尔是该协会的第三位也是最后一位成员。)

福格里斯特和沃辛顿利用6艘船和1套能在更深(比以往任何时候都深)的海域测量压力和温度的记录装置,在10天的时间里绘制了湾流图。他们多方协调在不同的船上同时进行温度测量,当他们在哈利法克斯以南的地方发现湾流有明显的弯曲时,他们的努力获得了回报。在考察的最后10天里,他们一直在追踪这一弯曲。他们观察到它向南延伸,直到从主流中断开,形成了一个快速流动的冷水环——涡流。这是第一次有人实时观察到这种现象的发生。[21]

回顾过去,这一刻似乎是一个关键的里程碑——第一次确切地观察到了海洋涡流,从而"发现"了深海中的天气。福格里斯特和沃辛顿收集到的数据最终会迫使海洋学家不再认为海洋是缓慢的。但在当时,这些数据仍然带有不确定性。福格里斯特和沃辛顿所做的只是记录下了一个难以捉摸、非常神秘的现象,而这代表着什么还充满了问号。其中,最迫切的问题是:这样的单个涡流只存在于湾流中吗?可能只有在像湾流这样强大、快速的西边界流附近才会出现这样的涡流。但另一种可能性是,这样的涡流遍布整个海洋。当时,没人能给出确定的答案。

为了实现理论和观测的反复修正过程,需要更多的数据。为了收集这些数据,需要更多更好的仪器,同样,也需要一个足够大的参考系。福格里斯特和沃辛顿靠的是运气和一种叫作"烟灰玻璃滑动温深仪"的设备(用于记录不同深度的温度),以及远距离无线电导航系统——"罗兰"(LORAN)。虽然他们很幸运地发现并追踪到了涡流,但要想在足够深的深度以及足够大的尺度上观测海流,然后将某一地点的观测结果与海洋环流的普遍理论联系起来,进而全面地了解海洋环流,这似乎仍然是不可能的。在相关海域内,在足够深的位置进行足够多的观测仍然是一个主要的技术障碍,当时的仪器还无法满足这一要求。

斯托梅尔在这一问题上充分发挥了自己的想象力,他设想了一套水下装置,其工作方式类似于气象无线电探空仪,可以随着水流漂浮,就像气球随气流漂浮一样。[22] 要跟踪这些漂浮物,就必须听到它们的声音。为此,他设想了一个定时爆炸的方法:使用一种水下炸弹,当它爆炸时会将漂浮物的位置报给监听设备。这个想法虽然别出心裁,但很笨拙。幸运的是,在他试图说服其他人相信它的可行性之前,斯托梅尔就发现已经有人想出了一个更简单、更巧妙的方法来解决这个问题。这个人是约翰·斯沃洛(John Swallow)。[23] 斯沃洛利用一大桶腐蚀性化学品将捡来的脚手架管子磨薄到精确的厚度,从而设计出了一种工具,既结实得足以抵御海洋深处的压力,又足够精细,可以通过增减配重来调整其浮力。就像可以通过正确组合沙袋和热空气来使气球悬停在任何高度一样,斯沃洛想象出了可以平衡的长浮标,能够在海洋中的预设深度上漂浮。他没有使用炸弹,而是使用一个简单的电路来产生10赫兹的信号——一种特定频率的噪声。然后由附近船上的一对水听器进行追踪。

最初斯沃洛在他工作的大楼的楼梯间放了一大桶水,这样他就可以仔细称重,并根据需要调整浮标。到了1957年,他开始将浮标带到海上。他和沃辛顿一起,去寻找斯托梅尔所预言的湾流下方的深层逆流。[24] 但是斯沃洛收集到的数据不够清晰,无法检验这个问题。而即使观测结果表明湾流下方存在逆流,也不能确定这对全球的海流来说意味着什么。斯托梅尔和其他许多人现在想回答的一个关键问题是:这样的流动是否可以在大洋中被认为最平静、最稳定的地方观测到。

很快,他们获得了更多、更好的结果。1958年夏天,斯沃洛再次进行探索,这次是在葡萄牙沿岸的北大西洋东部寻找深海海流。他认为自己可以探测到慢至每秒1毫米的海流，这大致就是大洋深处缓慢的流速。[25]但当他开始测量时，却出现了奇怪的结果。浮标的移动速度比预期快了10倍，而且会突然改变方向。在深至2.5千米漂浮着的、相距仅25千米的2个浮标的移速大相径庭，其中一个比另一个快了10倍。[26]

图6.1 斯沃洛在部署他的中性浮力浮标，船上的猫在一旁观察。图片来源：英国南安普敦国家海洋中心，国家海洋学图书馆档案

当时人们普遍认为深层海流很弱，以至于即使面对这样的测量结果，第二次考察也是基于在深层只能发现缓慢的海流这一假设。这一点非常重要，因为如果浮标的速度超过每秒1厘米，追踪浮标的船会因无法快速补充燃料（只能返回港口补充燃料）而无法找到浮标。1959年底，斯沃洛和其他人乘坐一艘名为“白羊座”号（Aries）的93英尺长的船，开始在百慕大以西的马尾藻海进行大洋中部的研究。他们的第一批观测数据带来了一些惊人的发现。他们本以为会再次找到斯托梅尔

预言的深层南向流动的证据,却发现了另外一些东西。数据显示,在海面下有着数量惊人的快速移动的涡流,这些涡流宽约100千米,速度比预期的快出几百倍。(幸运的是,船员们及时调整了收集数据的方法,以确保船能跟上浮标的速度。)海流不仅比预期的要快,而且似乎测量得越深,速度就越快。斯托梅尔的理论中并没有预见到也无法轻易地解释这种情况。[27] 在北大西洋不仅发现了涡流,而且它们比想象的更加强大。

那些原先被视为噪声的信号变强了,开始喧宾夺主,以至于无法忽视它们,也无法按照旧理论进行解释。[28] 确定涡流的数量,这是最初的研究问题,而确定这些涡流在更大尺度的大洋环流中的作用则是完全不同的挑战。现在已经可以尝试确定海面下到底发生了什么。有一种明显的可能是,湾流的能量比它所引发的涡流要小。这是一个不太可能发生的物理现象,与能量持续减小到越来越小尺度的常规现象相反。这就相当于海洋学中的"把打碎的鸡蛋重新变成完整的鸡蛋"或"一杯咖啡逐渐变热而不是变冷"。要想更好地了解这些涡流,需要更清楚地看到它们,唯一的办法就是找到更精确的测量方法。

在海洋中,分辨率既涉及时间,又涉及空间。最大的挑战是同时观测海洋中的多个地点。这种观测方式——被称为"同步观测"——是由气象学家菲茨罗伊于19世纪50年代首创的,当时他通过电报网络与沿海的观测人员联系。大约120年后,海洋学家终于可以对海洋进行同样的观测了。这项任务要困难得多,不仅因为海洋对于生活和工作来说环境恶劣,还因为水的密度比空气大得多。因此,在相同的面积内,海水中有更多的湍流,而且这种湍流——海洋中的涡流——比大气中的风暴持续得更久。海洋涡流的大小大约是大气风暴的1/10,它们持续的时间是数周甚至数月,而不仅仅是几天。

斯托梅尔现在面临的任务,是了解涡流如何融入海洋的大尺度结构。他在一篇旨在警醒海洋学家的文中写道:"我们对单独描述这些涡流不感兴趣,我们关心的是,它们在驱动大尺度环流方面是否发挥了重要作用。在海洋中,涡流和大尺度环流是否像在大气中一样存在相互作用?"[29] 例如,这些新发现的水下"风暴"和海洋大尺度环流之间有什么关系?涡流的作用是使能量消散,还是反其道而行为系统增加能量,抑或两者兼而有之?斯托梅尔已经证明,海洋可以用简单的物理原理来解释。他让这个新兴领域开始有信心来描绘海洋的运动模式。他坚持认为,要想了解海洋,我们需要坚定信念,耐心地进行反复观察。

在过去的20年里,科学家们对大气和海洋的想象大相径庭。得益于无线电探空仪的观测网络,以及乔安妮·辛普森等人的工作,人们认知中的大气已经成为一个动荡、瞬息万变的环境。对于大气来说,是"用高度非线性的流体力学解释的流动,其中大的涡流(即风暴)起着不可或缺的主导作用",而此时理论上的海洋与之形成鲜明对比——仍然是静止的,即"稳定的平滑流动"。[30] 斯托梅尔认为,是时候一劳永逸地给出一个结论了:海洋的运动是否与大气一样是非线性的?斯托梅尔和理查森曾在湖上研究的问题即将被推广至更大的尺度。斯托梅尔预言:"我们预计,涡流在海洋环流的动力学中发挥主导作用,我们在过去20年中形成的关于海流的整个理论性概念都将发生变化。"[31] 这是一次冒险的尝试,它威胁到许多参与研究的科学家辛苦得出的理论,但"如果要有人纠正或推翻我们的旧理论,我们希望是我们自己来做"。[32]

斯托梅尔曾多次明确指出,确定这一问题答案的最佳方式,不是进行模糊而无重点的考察来被动地收集数据。他解释道:"毕竟,任何人都可以在世界地图上撒一把豆子,并称这些点为未来观测计划。"[33] 要想真正了解海洋,就必须进行一系列实验,首先提出明确的假设,然后用事先确定好的科学方法进行检验。该项目被命名为"中海动力学实验"(MODE)。这个名字昭示着它的雄心壮志:为过去难以观测到的海洋区域引入动力学和物理实验的方法。这个项目就像一把利剑,斩断了"流星"号所绘制的那种描述性地图集的弊端,甚至直到20世纪70年代这种弊端仍然在困扰着海洋学。该项目是一次自主性的实验——不是考察,不是一系列水文站,而是一项实验。这个实验明确地提出了一个问题——"在深海中是否存在这种尺度的涡流"——并计划在一个确切的时间内完成。

早在1963年,斯托梅尔就发现了海洋学中有关实验的"问题",当时他为《科学》杂志撰写了一篇题为《海洋学经验的多样性》(Varieties of Oceanographic Experience)的重要论文,巧妙地引用了威廉·詹姆斯(William James)关于宗教的经典研究。在这篇论文中,他主张将每次海洋学考察都视为一次科学实验("如果我们将考察视为科学实验,那么我们就必须回答某些具体问题"),[34] 并认真思考海洋变化的各种尺度,以经验来分类。我们越来越清楚地认识到,海洋在时间和空间上的变化是非常惊人的。要想设计出好的实验,即有可能产生明确结果的实验,就必须仔细考虑海洋中存在哪些尺度。正如"白羊座"号的初步结果所表明的那样,不可能简单地使用统计方法来平均海洋中不同尺度的能量。要回答特定的海洋学问题,例如某一特定洋盆的海平面变化,就需要在正确的尺度上提出问题。为此,斯托梅尔在论文中放了一张图,作为海洋能量变化所涉及的尺度的直观参考,图中包含了从持续时间仅几分钟的几百米长的重力波,到日日月月都在发生的潮汐变化,再到在类似尺度上不那么规律发生的气象现象,最后到横跨数千年和数千千米的组成冰期的巨大变化。这张图具有典型的斯托梅尔风格——看似简单但实际上可以有效地整理复杂情况。它如斯托梅尔所想表达的那样,是一张海洋能量图,除此之外,如果海洋学家希望利用手中的仪器捕捉到最有意义的海洋现象,那么它还会是海洋学家的路线参考指南。尽管这项任务似乎过于艰巨,但如果正确处理尺度问题,斯托梅尔认为有理由相信，在未来“理论和观测终将更紧密地结合，共同发展”。[35]

斯托梅尔与同事卡尔·温施(Carl Wunsch)、弗朗西斯·布雷瑟顿(Francis Bretherton)和艾伦·罗宾逊(Allan Robinson)合作，制定了一项在海洋中捕捉涡流的计划。[36] 如果网孔太大，涡流就会穿过其中溜走，如果网孔太小，他们只能看到它的一小部分。从斯托梅尔的角度看，整个海洋不过是他所说的尺度“大于实验室，小于星星”的水动力(水的运动)问题。同样，涡流也是一个大小确定的对象(尽管他们只能猜测其大小)，需要有尺度合适的探测器来对准它。[37] 斯托梅尔及其同事认为，一个大约300英里见方、从海面一直延伸大约4千米深度的海域，将是合适的大小。就像等待猎物的猎人一样，科学家们必须设置一个探测器陷阱，然后静静等待，希望涡流能在实验时间内通过。

他们预估捕获涡流需要6艘船、2架飞机、几十个锚、中性浮力浮标、自由落体速度剖面仪、气流下降探头，以及121个布置在海底的压力计。[38] 要建立如此复杂的观测系统并在研究期间对其进行监测，需要来自15个机构的50名海洋学家的合作，其中首次包括了在项目设计和执行中起关键作用的建模人员。[39] 整个实验将在百慕大和佛罗里达之间的某处持续四个半月。实验使用了一种新型的漂浮设备——声音定位与测距浮标(SOFAR)，它可以被送到深海的指定位置并固定在那里，测量流经此处海水的温度、流速及盐度。与此同时，他们还另外布置了一些自由漂浮的设备，以追踪某一区域内的海流。

如果中海动力学实验取得成功，它可以完善世界大洋环流的最基本的理论，并会对1967年由真锅淑郎(Syukuro Manabe)和理查德·韦瑟尔德(Richard Wetherald)发布的气候模型产生相应的影响。他们隶属于美国国家海洋和大气管理局的国家地球物理流体力学实验室，该模型将海洋与大气进行了组合(或者说“耦合”)。对该实验的另一项期待是可以更好地了解海洋——包括可能发现海洋的"天气",这将提高天气预报的准确性,造福陆地和海上居民。这个计划很大胆,时机似乎也刚好。那些杰出的海洋学家一致认为,这是一项值得花费时间和金钱的计划。然而,该计划能否取得成功还充满了不确定性。他们布下的"涡流陷阱"完全有可能捕捉不到任何东西。

当时拍摄的一部影片记录了这一刻的不确定性(以及科学家们浓密的胡须)。影片中,科学家们分散地坐在草坪上,似乎在露天进行海洋学研究,他们表现得既轻松又全神贯注。一位科学家谨慎地表示:"等到真正有所发现,我们可能都已经退休了。"另一位则担心他们可能

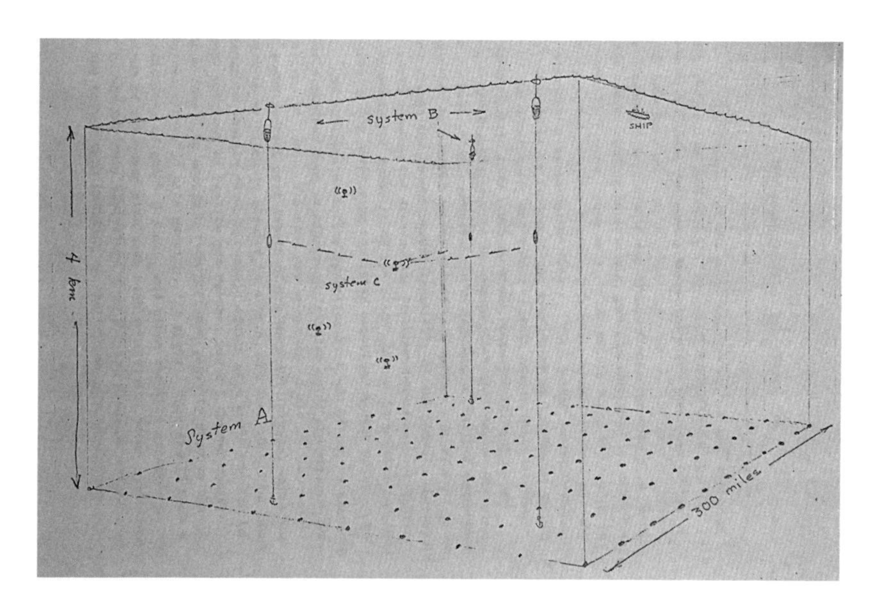

图6.2 中海动力学实验的早期仪器草图。实验区域为300英里见方,深度为4千米。在海底,121个压力计以30英里的间隔排列,另外还有三四个锚定水听器和一组在四个不同深度漂浮的定深浮标。这些物理设备将通过一个"计算机数值模型"得到增强,该模型能预测浮标的位置,以便对实验进行实时追踪和调整。图片来源:马萨诸塞州坎布里奇麻省理工学院研究所档案与特藏部,AC 42第2盒,中海动力学实验记录,斯托梅尔写于1969年8月11日的备忘录。感谢麻省理工学院图书馆研究所档案与特藏部供图

图6.3　中海动力学实验的研究区域，横跨平滑与粗糙的海底地形区域。图片来源：马萨诸塞州坎布里奇麻省理工学院研究所档案与特藏部，AC 42第1盒，中海动力学实验，1973年3月的《中海动力学实验-1——项目与计划》(MODE-1: The Program and the Plan)。感谢麻省理工学院图书馆研究所档案与特藏部供图

什么都找不到。在决定实验地点时,科学家们需要对海洋的运作方式做出假设,而实验本身就是为了检验这些假设。因此,不仅仅是实验结果,连是否能取得数据都充满了不确定性。一个关键问题是:实验地点应该在相对平坦的海域,还是应该在岩石多的海域?答案取决于你认为海底的地形对其上方的海水混合有多大影响。究竟选择哪一片海域去研究,才能最大限度地给海洋学家们带来他们所期望的结果?温施表示:"没有所谓的典型的海洋,每一处海洋都是不同的。"当有人反驳说实验可以在岩石海底和平坦海底的交界处进行时,温施回答说:"也许没有人会对这种妥协感到满意。"大家都笑了,但温施说的并不是玩笑话。[40]

最终,中海动力学实验小组在大西洋中选择了一处既有岩石区域又有平坦区域的地点作为折中方案(主要由于后勤方面的原因,太平洋从未被列入考虑)。实验本身进行得非常顺利。利用特殊的"热线"电话,船上的科学家可以与总部进行联系。唯一的重大挫折是中央锚定装置的消失。把大型设备留在开放海域无人看管就会有这样的风险,但它的消失还是令人费解。

这个大胆的计划取得了成功,找到并追踪了一个涡流。中海动力学实验的结果显示,涡流既常见又广泛存在,最重要且令人惊讶的是,它们包含了海洋中所有动能的99%。从这个意义上说,涡流就像海洋中的暗物质,直到中海动力学实验才将这个一直被忽略的问题揭示了出来。虽然还无法解决湍流和流动的问题,但至少它们的奥秘正在逐渐被揭开。

这显然是成功的。然而,对于海洋学的长远影响,中海动力学实验的意义似乎并不那么明确。一位《科学》杂志的作者指出,中海动力学实验"已被公认为有史以来管理最为严格的实地考察项目,这让一些参与者颇为不满"。由于涉及的成员众多,需要在某些问题上达成共识,正如一位科学家所说:“在棘手的问题上,我们会把大家带到里屋,通过思维辩论达成一致。”[41] 这与斯托梅尔所推崇的独立思考的精神相去甚远。中海动力学实验的成功向外界展示了海洋学现在已经可以在大尺度上运作,并且可以配备巨额预算、拥有数十名甚至数百名研究人员相互合作。正如《科学》杂志的文章所说,这是“大科学,新技术”。但是随着项目规模的扩大,很多人感叹失去了研究的个人自由,项目的成功让许多参与其中的人深感矛盾。布雷瑟顿是一位理论家,他显然很享受直接参与现场实验的机会,但他还是说:“海洋学作为一个大型科学取得了成功,但如果人们相信这是唯一的研究方法,将会贻害无穷。”[42]

中海动力学实验开创了思考海洋中能量和运动的新方法。从根本上说,它还开创了一种全新的海洋学研究方法。来自多个国家的数十名科学家在一个紧张而短暂的时间里进行了合作,并在此过程中产生了大量的数据。对于理查森来说,由64 000台人类计算机组成的庞大计算组织的形象代表了一种乌托邦式的幻想,而这些数据意味着气象学期盼已久的未来已经到来。他是一个极富独立精神的人,他是否愿意生活在这样一个美丽新世界里,我们不得而知。斯托梅尔目睹了这一天的到来,他看到了大型项目的行政管理缺陷,以及对于海洋学问题使用的是蛮力解决而非物理理论,他感到反感。对他来说,科学突破是一种强烈的个人成就。他在一篇题为《我们为什么是海洋学家》(Why We Are Oceanographers)的抗议书中写道:“在科学上开辟新领域是一个艰难的过程,只能靠个人的智慧才能完成。对于我们中的一些人来说,这是从事科学工作的主要吸引力。在这方面,它就像绘画、音乐创作或诗歌等艺术……一切都始于个人选择,包括媒介的选择、主题的选择、风格的选择等。”[43]

斯托梅尔力图维护以及称颂个体研究者(或是一群志同道合的人自由选择在一起工作,就像在一个理想化的船上考察)对海洋最关键的问题所能做出的贡献。他认为,关于海洋的最关键的问题——海水如何在洋盆尺度甚至全球尺度内循环——只有最优秀的人才能解决。但他需要数据,不在乎太多或太少,重要的是足够。而获取这些数据需要组织人员、筹措资金、制定后勤计划,所有这些都有可能消耗掉思考以及做科学研究所需要的时间。矛盾的是,斯托梅尔关于环流的想法越多,他就越需要数据来验证这些想法,项目规模也就会越大。他无法再像1948年那样,仅凭几个方程就推导出了湾流。

中海动力学实验的成功为斯托梅尔带来了持续的矛盾情绪。该实验让人们有可能甚至有必要以一种令人兴奋的新方式来思考过去那个缓慢的海洋。同时,他也意识到,自己所热爱的那种科学——由智慧以及少数人的紧密合作所驱动的科学——将变得越来越难被外界所接受。这是一个转折时刻,学科处于新旧(旧方法已成为怀旧的对象)更替之间。在旧方法中,个人有可能在科学上创造自己的命运,而在未来,海洋学将由大型项目来定义,而不是个体研究者的想法。这种转变尚未到来,但通过中海动力学实验,斯托梅尔看到了转变的开始。

斯托梅尔认为,最好的也是唯一的前进之路就是“分别研究各种海洋现象,就好像它们是相互独立的(当然,它们严格来说并不独立)”。[44] 要研究海洋这台大型机器,就意味着要从概念上将其拆分,同时要牢记机器只有在完整的情况下才能正常工作。换句话说,中海动力学实验提出的问题只能通过探索海洋其他不同元素的相似实验来回答。因此,尽管斯托梅尔对海洋学新的“大型化”抱有根深蒂固的疑虑,但他还是继续参与和中海动力学实验类似规模的项目,比如与苏联合作的有争议的项目——多边形中海动力学实验(POLYMODE)。这些新实验开展得很快。从1973年到1978年,共计划了9次现场实验,实验名称包括中海动力学实验、全球大气研究项目(GARP)、北太平洋实验

(NORPAX)、联合海气相互作用实验(JASIN)、沿岸上升流生态系统分析(CUEA)、印度洋深海环境实验(INDEX)、国际南大洋研究(ISOS)、地球化学海洋断面研究(GEOSECS)等。

有了这些实验,在20世纪70年代,涡流存在于何处的答案变得明确了。几乎在人们观测的每一处,都发现了涡流。[45]北太平洋有涡流,北冰洋有涡流,印度洋有涡流,甚至南极也有涡流。问题不再是涡流在哪里了,而是涡流不在哪里。到了1976年,斯沃洛开始思考,海洋中是否存在没有涡流的地方。看来是没有的,这一事实加上涡流所蕴含的能量,使得人们意识到涡流并不是偶然存在于大洋环流中的,而是大洋环流的必要条件。[46]

在湾流的附近,涡流似乎不仅没有减少湾流的能量,反而增加了它的能量。换句话说,涡流的黏度——它们对系统能量的阻碍或消耗程度——是负值。一位名叫彼得·瑞因斯(Peter Rhines)的理论海洋学家观察数据后写道:"一些小涡流融合成了几个缓慢的大涡流。这与完全混乱无序的三维湍流正好相反——在三维湍流中,能量退化成越来越小的涡旋,直到最终被黏性平滑所耗散。"鉴于涡流这种出人意料的反直觉融合现象,瑞因斯指出,有必要重新思考湍流如何在海洋中发挥作用。用来解释湍流的经典例子——在一杯茶中加进了牛奶并搅拌——不再是一个可靠的模型。瑞因斯总结道:"显然,海洋不是茶杯,在涡流和强海流中加入的能量不会简单地流出系统、变成微小的涡流,然后被黏性消散。"[47]

如果涡流是在为系统**增加**能量,而不是使能量耗散,那么忽略涡流(因为涡流太小而无法看到)来描述环流是有所欠缺的。现有的大尺度环流的理论突然变得不那么可靠了。乔安妮·辛普森和其他气象学家已经在空中研究过这一问题。从世纪之交开始,他们用了大约50年的时间才认识到,大气中的风暴并不仅仅是系统释放多余能量的一种方式。相反，风暴——我们称之为“天气”——实际上是在将能量回馈给系统，并在最大的尺度上影响气候。瑞因斯想象了海洋负黏度对世界大洋环流的影响。“如果涡流移动得足够快，它们可以联合起来驱动系统性流动。海洋可能像一个鲁布·戈德堡装置* 一样，由风驱动强大的环流，环流再分解成涡流；然后涡流漂散并辐射到海洋中遥远的地区，在那里它们重新组合，驱动新的环流元素。目前正在探索这类模型。”[48]

对于斯托梅尔个人而言，尽管要回答海洋提出的“大而困难”的问题需要各方合作，但他尽力让海洋学成为一个没有官僚主义的领域。他从海洋本身找到了灵感。他在一份为政府项目而撰写的文件中满怀希望地宣称：“我们开始看到海洋学家自发组成‘流动’的团体，他们的目标是研究海洋中某些长周期和大尺度的现象。”这些研究人员组成的“涡流”聚在一起进行有时间限制的活动——称为“实验”——“参与其中的科学家希望靠他们自己来完成”。[49] 如果这些团体可以自发地形成及消散，那么自主性就还在。虽然中海动力学实验是“大型科学的一种形式”，但斯托梅尔希望它只是一种临时的形式，为了“某项特定工作而成立，并在几年后工作完成时解散”。[50] 这与斯托梅尔所说的“依赖于政府机构、遵照其程序收集大量数据”的研究形成鲜明对比。如果说斯托梅尔很有礼貌地承认这两种类型的调查都是有用的，那么他的热情(以及创造力)在哪一边，则是再清楚不过了。

这些研究给斯托梅尔带来了很大的压力，他几乎参与了所有研究的规划和大部分研究的实施。习惯于每年发表多达6篇论文(通常与合作者共同发表)的斯托梅尔，在1974年至1976年期间却没有发表任何论文。自1960年以来，他主动选择离开伍兹霍尔海洋研究所去外地

---

* 源于美国漫画家鲁布·戈德堡(Rube Goldberg)，他以其作品中用复杂机械完成简单任务的诸多设计而闻名。——译者

漂泊，先是在哈佛大学，后来又在麻省理工学院生活了15年。在保罗·费伊(Paul Fye)接任伍兹霍尔海洋研究所所长的那一年，他离开了那里，因为他发现自己无法在费伊手下工作。由于费伊的管理风格，伍兹霍尔海洋研究所的官僚主义似乎越来越严重。斯托梅尔创造力的低谷期直到费伊退休才结束。1978年，时隔18年之后，斯托梅尔终于决定回到自己在伍兹霍尔的精神家园。之后，他表示："我放弃了教职和所有管理职务，重新开始生活。"[51]

所有这些关于海洋学实践方法变化的焦虑，以及对能否从全球的角度了解海洋的担忧，在某种程度上都是海洋学领域的内部问题，反映了其特殊的学科历史和战后创建海洋学的物理分支学科的雄心壮志。在20世纪70年代初，海洋学和气象学一样，新的外部压力开始发挥决定性作用。战时和战后，海洋学的资金和声誉来源于其在军事上的应用，而到了20世纪70年代，海洋学在气候预测方面的作用逐渐取代军事应用成为其资金和声誉来源。到1974年，越来越多的人意识到，如果不了解海洋，就不可能了解二氧化碳的增加对地球大气的影响。[52]美国国家研究委员会的"海洋在气候预测中的作用"小组认为，海洋学家有责任去明确如何"在建立海洋模型方面取得进展"。[53]一个由斯托梅尔担任主席的指导委员会成立了，目的是调查"大尺度的海洋大气耦合(特别是与海洋对气候的影响有关的耦合)"。[54]瑞因斯在关于"涡流在大洋环流中的作用"的报告中提到的模型是数值计算模型，到20世纪70年代，这些模型已经在研究气候变化方面发挥了核心作用。20世纪70年代末，美国国家研究委员会任命了一个小组，即"查尼小组"，负责研究二氧化碳增加的作用以及重大的气候变化。斯托梅尔是该小组的三位海洋学家之一。他们的报告对未来全球平均气温做出了一些猜测，并强烈指出在某些方面，如海洋对大气变暖的反应、海洋对碳的吸收以及海洋的热记忆,仍有许多未知之处。[55]

将海洋视为全球性气候系统的一部分,这个观点与从太空观测地球的技术相得益彰。1960年,“电视红外观测卫星”(TIROS)系列气象卫星发送回了从太空拍摄的首张云图,人们开始认真考虑从太空观测海洋的前景。海洋学家意识到,如果有一天卫星能为他们提供足够准确的海表面高度数据(误差大约在50厘米以内),那就有可能从太空的角度确定海流的位置,因为这些海流比周围水域温暖,会导致海洋向上隆起。15年后,曾经看似是科幻小说的情节变成了现实。1975年,地球动力学实验海洋卫星三号(Geos 3)首次展示了海洋大地水准面的详细图像,它像魔法般地从海洋表面减去了潮汐和海浪的影响,只留下重力作用的海洋,然后出现了凹凸不平的平均海平面。为了证明Geos 3提供的数据是可靠的,科学家们利用这些数据找到了所谓的“冷核环”,也就是涡流,并将其与海上浮标、天空中的飞机以及卫星红外波段(不同于测高的波段)所收集到的数据进行了比较。[56] 1978年,海洋卫星(SEASAT)提供了更高精度的海表面数据,从太空中清晰地揭示了湾流的存在。[57]

卫星似乎就要实现新的全球性海洋的愿景,除此之外,还有另一种似乎触手可及的全球性海洋,这就是气象建模领域创建的全球性海洋。一个快速壮大的研究人员群体依靠计算能力的进步,布置出了更加密集的网格,得到了更加精细的地球数值模型。这些模型有望提供一种认识全球的新角度,其中的物理方程能模拟真实水体的运动。然而,如果没有来自真实海洋的数据来检验或校准这些模型,它们就有可能成为精心设计的虚幻,与现实毫无关联。与绒布兔子* 不同,这些模型需

---

* 参见《绒布兔子》(*The Velveteen Rabbit*),玛格丽·威廉斯(Margery Williams)著,楼飞甫译,北京科学技术出版社2013年版。——译者

要的不是爱，而是数据来使其成为现实。[58]

就在斯托梅尔协助主持国家研究委员会海洋大气耦合小组会议的同一年，一个名为“气候变化与海洋委员会”的新组织在迈阿密召开了会议。当下的情况是，建模人员需要数据来校准他们的模型，越来越多从事与气候相关学科的科学家逐渐意识到地球的气候是一个全球性、相互关联的系统，而海洋是其中的一个重要组成部分，所以海洋在气候中的作用问题变得越来越需要尽快解决。正是由于这种越来越广泛的认知，海洋学家和其他研究人员齐聚迈阿密，讨论气候变化与海洋的关系。温施在会上提出，为了了解海洋对气候的影响，至少应该尝试观测全球的海洋环流。[59] 于是，一个新项目诞生了，它汇聚了两个重要的研究小组，这些研究人员的命运从此交织在一起。[60] 该项目将物理海洋学家与气候科学家聚集在一起——前者研究海洋环流这一海洋动力学问题，后者的学科刚被重新命名为气候科学（在一定程度上承袭了改名前的气候学对平均气温的关注）——他们希望了解海洋与大气之间的关系，因为这与吸收人类排放的二氧化碳有关。[61]

与中海动力学实验一样，新项目也是一项实验——世界大洋环流实验。同样地，它也是为了回答某个问题而设计的项目。碰巧的是，这个问题也是一个宏大的问题：全球性海洋环流的本质是什么？这个问题的广度引发了另一个问题：世界大洋环流实验真的还是一个取决于时间和过程的单一事件的实验吗？或者说，为了接近全球性海洋的答案，是否有必要建立一个规模如此之大的项目，却仍然走以前的老路，使世界大洋环流实验成为观测丰富而理论不足的水文调查的新版本？

斯托梅尔对世界大洋环流实验敬而远之。虽然他一直关注理论家、建模者和观测者之间的关系，并强调他们之间需要密切的联系，但世界大洋环流实验的规模对他来说太大了。他认为，在中海动力学实验的项目中，项目的规模运作得很好。但是，当涉及像世界大洋环流实验这样的大型项目时，他担心研究人员之间的联系必然会变得死板，问题也会更多。模型越大，需要的观测就越多，组织也就越复杂。斯托梅尔认为，中海动力学实验的运作方式——如斯托梅尔所说的"为了某个目标，单个研究人员之间进行的轻松随意的合作"——在模型所需的长时间尺度内难以为继。"如果你加入了这些长期、大规模的项目，那么你可能更像是一家建筑公司的员工。这对我们中的许多人来说并不具有吸引力。我们有点害怕此类项目可能涉及的长期承诺。"[62]

从最初的规划阶段开始，到完成对世界大洋环流实验数据的全面分析，大约用了30年的时间。在这一过程中，世界大洋环流实验促进了海洋学的改变。1985年，人们希望世界大洋环流实验将"首次从全球角度，把海洋视为地球气候系统中的一个要素而对其进行全面的审视"。"世界大洋环流实验的动机在于，人们认识到，预测十年的气候变化靠的是准确计算海洋里大尺度的热量、淡水和化学物质流动的变化。"[63]世界大洋环流实验实现了这一目标，对海洋在热量输送中的作用进行了简单而有效的定量估算，这可以与大气作用结合起来，提供一个全球尺度上的地球气候模型。

尽管这一成就令人印象深刻，但世界大洋环流实验最大的影响或许是意味深长地揭示了海洋学家的无知，以及为了避免这种无知而可能采取的项目形式。20世纪80年代初，卡尔·温施和沃尔特·蒙克(Walter Munk)在筹划世界大洋环流实验的同时，也在思考自己学科的未来，他们写道："我们现在可以认识到，那些希望了解海洋如何'运作'的海洋学家所面临的工作是非常艰巨的，有朝一日他们或许希望可以预测海洋状况的变化。海洋是一种全球性流体，与大气并无二致，人们希望在所有重要的空间尺度和时间尺度上观测这个全球性系统。"[64]世界大洋环流实验是海洋的一个规模空前的快照，使人们感到有必要制定一个持续的全球观测计划。这并不是要回归传统的海洋调查，但它意味着对持续观测的重视。不同的是，由于人们对气候变化的日益关注，观测变成了监测。海洋不再仅仅是寻求知识的地方（如果它曾经是的话）。海洋已成为反映全球性气候变化的重要指标，必须加以监测。

斯托梅尔曾希望，世界大洋环流实验会是传统与创新的结合，介于全面与具体之间：为了检验关键的物理假设，而成为以地理为导向的调查和以过程为导向的实验之间的折中。1989年，他在一篇发自肺腑的文章中写道："也许，世界大洋环流实验根本就不是真正的大型科学，它只是人们原本就想做的一些杂七杂八的小项目的组合。"[65] 这听起来像是他在努力地说服自己。对于那些尚未出现的未来的科学家来说，他的话听起来更有说服力，这些年轻人将挑战他那一代人公认的观念，他们将勇于做出新的预测，并可能以新的方式重塑对海洋的认知。无论未来的科学会怎样发展，无论有哪些组织被认为是科学研究所必需的，斯托梅尔都认为，对于任何一个想要从事科学研究的人来说，个人的努力，即"与宇宙的某些方面进行搏斗"，才是主要的挑战和最大的回报。"一个人独自面对未知的世界，并从中发现一些意义。我们整理碎片，并将它们排列成新的图案。"斯托梅尔比任何人都清楚，在海洋中，碎片数不胜数，图案更是无穷无尽。[66]

在1989年录制的一段音频中，斯托梅尔分享了他对科学与信仰之间关系的看法，鉴于斯托梅尔对海洋学有着深刻的个人体会，这段录音不免让人感到有些惊讶。在这里，斯托梅尔没有回答以前无从解答的问题，而是描述科学在其范围内是有限的。他说："在我看来，关于这个世界的事物、科学如何满足我们的需求，以及我们迫切想知道的事，科学能告诉我们的非常有限。"斯托梅尔于72岁时去世，就在去世之前三年，他描述了自己去看望临终的朋友和导师雷·蒙哥马利（Ray Montgomery）的情景，后者在1947年曾建议斯托梅尔去思考为什么西边界的流线密集。斯托梅尔问蒙哥马利，他对生命的意义和奇迹的看法，以及他认为这一切意味着什么。蒙哥马利回答说，他对这个问题一无所知。面对死亡，他没有给斯托梅尔或自己带来任何安慰，他始终坚定地拒绝寻求精神上的慰藉。这次交流给斯托梅尔留下了深刻而不安的印象。

虽然说斯托梅尔本人并不排斥精神价值，但他严格地将其与科学活动分开。尽管他毕生都在与海洋中展现的宇宙奥秘搏斗，并从中找到了巨大的乐趣，但在生命的最后时刻，他坚定地认为，把长期以来与宗教相联系的那种奇迹归因于科学是不诚实的。他说，"我们有敬畏的观念"，指的是人们有时把科学当成是一种宗教。"当我们走进威斯敏斯特大教堂，看到牛顿和开尔文（Kelvin）的墓碑时，会感到非常激动。我把这里（指伍兹霍尔）的图书馆视为某种神庙。"他问道："美丽、敬畏、神庙这些词到底与我们所知的科学有什么关系？""我没有答案，"他回应道，停顿片刻后补充说，"这是一个让我非常困扰的话题。"

在生命的最后阶段，斯托梅尔对奇迹的渴望似乎远远超过了他认为科学所包含的范围。这与丁铎尔反复强调的观点不谋而合，即科学无缘无故地创造了许多奇妙的事物，包括人类对奇迹的渴望。不过，虽然丁铎尔从未对他在理解自然的过程中所产生的奇迹感到满足，但在斯托梅尔的言论中，我们可以感觉到他对科学局限性的沮丧已经超过了他对大自然之作的敬畏。

斯托梅尔在这一唯物主义观点上与丁铎尔意见一致。他明确表示，科学"就像微波炉上的说明书"。它"枯燥无聊、死气沉沉、不近人情"，没有任何赋予人类生命意义的道德价值和情感价值。问题不在于科学无法提供这些东西，而在于我们错误地期望科学能够提供这些东西。斯托梅尔解释说，科学的成功让我们眼花缭乱。"我们所有的希冀、愿望和焦虑都在某种程度上融入其中，然后我们谈论科学之美，谈论我们对科学的热爱和崇敬，而在我看来，科学中根本就没有这样的东西。"

他希望，当我们逐渐在实践中认识到，科学所能了解到的知识是有限的——他本人曾揭示海洋机制中关于湍流的认知的局限——可能有助于重新调整科学在我们情感中的位置。换句话说，也许随着时间的推移，我们可以学会对科学抱有更少的期望，而不是更多，这样反而更好。“我自己对科学的感觉是，对我而言，科学可以转移我对更重要事情的注意力。它在一定程度上避免了我被奇迹和焦虑压垮。这就像在黑暗中吹响口哨。”[67]

第七章

老 冰

1952年6月，一个下雨的星期六，威利·丹斯加德正站在位于哥本哈根市中心的家中后花园里。他把一个啤酒瓶放在地上，并在瓶口放了一个漏斗。雨势强烈而且持续不断，这场雨是由一个巨大的风暴锋面产生的，这个锋面一直延伸到1000千米远的威尔士。[1] 几个小时后，他再次走进后花园。瓶子几乎满了。他把瓶中的雨水倒入一个小容器，然后将其密封，并把空瓶放回后院的草坪上，就像业余气象学家收集雨水一样。他重新回到屋内，在样本的容器上写下日期和时间，把它放在之前收集的样本旁边。这些容器挤满了厨房的餐桌。

他整个周末都在持续做这项工作，甚至在夜里醒来以收集雨水。一个充分发展的暖锋与一个轮廓鲜明的冷锋相遇，造就了这场雨。不知什么时候，他用完了所有的密封容器，开始用厨房里的水罐和锅收集雨水。他一直收集到周一凌晨，然后把收集到的雨水全部装进车里，小心翼翼地开往实验室。

实验室里一台质谱仪在等着他，正是这台仪器让雨水收集的工作不仅仅是业余的天气观察那么简单。在格陵兰岛探险的几年后，他回到这座城市时，这台仪器就已经属于他了。他深爱那座广袤岛屿的冷峻美景，但哥本哈根大学为他提供了一个有薪的研究职位，他无法拒绝。分配给他的任务，是用质谱仪的腔室来测试稳定同位素在医疗或生物方面的应用。近50年来，镭及其高度不稳定的同位素一直被用于治疗癌症，帮助消除病变细胞或追踪疾病的进展，但它们对人体的健康细胞也有害。丹斯加德的工作，是研究氧和氮的稳定同位素是否可以为医学提供安全的替代方案，因为这些非放射性元素不会像放射治疗那样带来危险。

丹斯加德在研究稳定同位素的医学应用方面并不顺利，但这台机器或多或少是他可以随意使用的。同位素是根据原子核中的中子数目来区分的，他知道雨水中的氧气以几种同位素的形式存在。其中的高丰度同位素^{16}O是同位素霸主，比重型同位素^{17}O和^{18}O要普遍得多。^{16}O产生于恒星内部氦核聚变过程的最后阶段，占据了地球大气中所有氧分子的99.7%以上，意味着约每300个^{16}O分子才对应1个^{18}O分子。在化学上，对于这些同位素来说，中子数量的微小差异并不重要。但这确实意味着，比^{16}O多2个中子的^{18}O要稍重一些。

根据这一原理，质谱仪可以分离氧的同位素。丹斯加德已经做到了这一点。有了这台机器，就可以比较容易地分离出以前几乎没有分离过的氧同位素。他知道，水在温度较高时蒸发，在温度较低时凝结，而凝结的其中一种形式就是雨。他还知道^{18}O比^{16}O重，凝结的概率比^{16}O高出约10%。反之，较轻的^{16}O蒸发的概率比^{18}O高10%。暴风雨是由冷暖空气相遇形成的锋面造成的。结合这些知识，丹斯加德想知道雨水是否具有独特的同位素组成，就像指纹一样。在不同的降雨过程中，甚至在一次暴风雨的过程中，雨水的同位素组成是否会发生变化？

这场暴风雨刚刚给哥本哈根带来了大量的雨水，在他车里晃动的瓶子捕捉到了此次暴风雨在不同时间点的同位素组成。他将样本放入质谱仪，结果非常好。他仿佛给暴风雨戴上了听诊器，聆听到了暴风雨中氧同位素搏动的心跳。当暖锋经过哥本哈根上空时，他收集到的雨水中^{18}O的占比上升了，因为“重”水更易凝结成雨。[2]

这些线索就在那里，等待着被测量和了解，它们就像暴风雨生命历程中的密码，暴风雨的温度变化被记录在了同位素的变化过程中。丹斯加德立刻意识到，他现在必须进入云的内部。下一步，他要了解云中心的大气、云顶部边缘的大气以及云下方的大气之间的关系。他把积云想象成天空中巨大的冷凝器，它将水蒸气分离，向上输送暖空气，向下输送 ^{18}O 占比高的冷水，最后再把 ^{16}O 占比高的暖空气送至顶部蒸发。

一位与丹麦皇家空军有联系的朋友让丹斯加德和妻子英厄(Inge)搭上了一架飞机。英厄坚持要一起去，她说自己不想成为年轻的寡妇。于是，他们飞进了积云内部的强烈气流中。丹斯加德试图用干冰冷却的方法收集翻腾的云滴。虽然样本太小，无法量化效果，但结果证实了他的理论。丹斯加德又寻找方法收集更大的样本，以提供更明确的证据。他想到了三维空间的天气：不仅仅是落到地面上的东西，也不仅仅是在一系列地点上用温度计测量到的东西，而是一起移动的气体和液体的集合，也就是像演员掌控舞台那样掌控了空间的云。云有形状、厚度和密度。它们移动、变化，其中散布着稳定的氧同位素。

他要探索整个水循环。他下一步会去哪里呢？他的思绪飘向了河流，河流是整个流域降雨量的液态形式的平均值。他搁置了单一风暴的温度分布，转而思考天气的平均值：气候。河流能否反映出其流经地区的特征？能否通过同位素技术确定这些地区的平均温度？他的思绪迅速拓宽，他想找到一种方法，用自己的新见解、新工具来全面了解整个地球。他需要的是一个收集降雨量数据的全球网络。一家具有国际影响力的丹麦船运公司帮助他实现了这样的网络。另一位有关系的朋友帮他与这家“丹麦东亚公司”(Danish East Asiatic Company)建立了良好的关系，该公司很乐意为他提供来自全球分支机构的样本。很快，他就有了新的样本瓶收藏，这次瓶子里装的不是哥本哈根的雨水，而是从热带到北极的各种风暴产生的雨水。

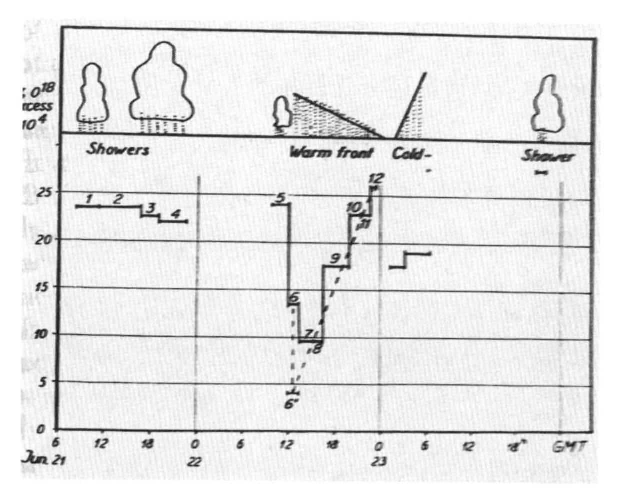

图7.1　1952年6月21—23日风暴期间收集的雨水样本中^{18}O的增加情况示意图。在暖锋过境期间，雨水变得更冷、更重。这就是丹斯加德关于同位素温度计构想的开端。图片来源：Willi Dansgaard, “The Abundance of ^{18}O in Atmospheric Water and Water Vapour,” *Tellus* 5 (1953): 461-469。

现在，他已经准备好对全球水体逐步进行更有深度和广度的探索。他想知道，他在自家后院样本中观察到的同位素比值与温度之间的关系，在全球其他地方的水中是否也适用。起初，结果并不乐观。热带地区的数据比较混乱，很难发现δ值（德尔塔值，即同位素比值的测量值）与水温之间有很强的相关性。但是，这并不意味着一切都结束了。在更靠近极地的地方，特别是在北极的高海拔地区采集的样本，显示出了与他在丹麦的雨中所发现的相同的关系。多亏了丹麦东亚公司，他证明了在大体上同位素技术可以用来测量降雨或降雪时的温度。

这是一个很好的结果，但丹斯加德并不满足。在1954年发表的相关论文中，丹斯加德表达了自己的困惑：在北极等寒冷地区，同位素比值与温度之间的相关性是否也适用于地球遥远的过去。他推断说，“假设大气中各种循环过程的基本特性在很长一段时间内没有变化”,那么同位素技术就有可能“确定过去几百年的气候变化”。[3] 这就是他后来所说的“也许是自己唯一真正的好主意”的雏形。[4] 丹斯加德想,也许他的质谱仪不仅可以分析今天的雨,还可以研究昨天的雪,甚至再早之前。他认为自己也许可以回溯到几百年前,因为要获取深处的冰,只能在冰川边缘进行,而那里的冰有几十米厚。他在论文的最后说:“只要有合适的机会,将立即展开调查。”

丹斯加德实现自己的想法靠的是新技术的发展以及对原子同位素的新认知,在这一过程中他取得了出色的研究成果。然而,其目的仍然是探索一个老生常谈的问题,即冰在地球历史中的作用和意义。得益于阿加西、福布斯和丁铎尔等人的工作,冰期理论在19世纪下半叶逐渐为人们所接受。这在某种程度上与该理论本身的说服力无关,而是与大量有利于该理论的证据积累有关。尤其是地图绘制,这一过程中汇集了冰川、冰盖及它们留下的冰碛的无数观测数据,在人们对冰期理

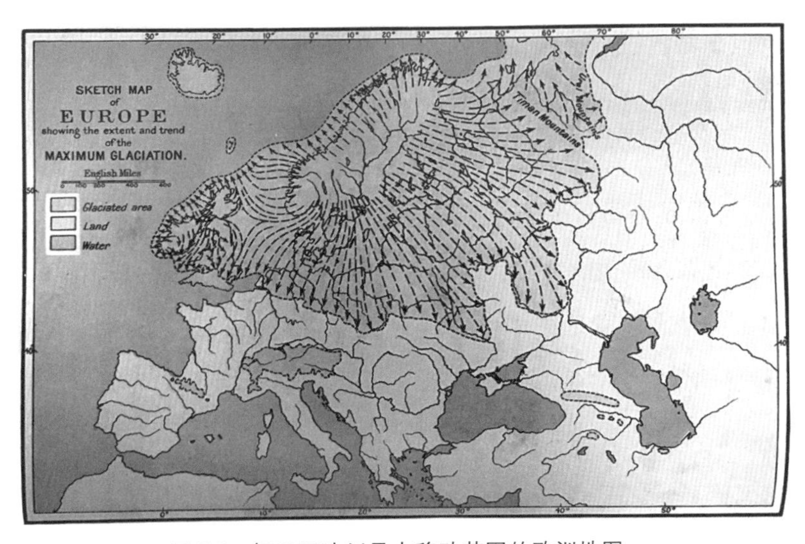

图7.2 标示了冰川最大移动范围的欧洲地图

论达成共识的过程中发挥了关键的作用。到了19世纪70年代,地图上已经标示了足够多的证据,从这些证据的深度和性质来看,最怀疑的人也不得不相信,冰山漂流不再被认为是无规律、不受控制的。[5]詹姆斯·盖基[在给约翰·缪尔(John Muir)的信中]所说的英国地质学家对冰山的"偏见",已经被大量支持冰盖存在的证据打破。在英国,1914年威廉·伯克·赖特(William Bourke Wright)出版了综合性著作《第四纪冰期》(*The Quaternary Ice Age*),将这种依托于地图的证据收集和展示推向了顶峰,该书标示了横跨英国的冰川移动路线,根据冰川留下的冰碛和擦痕再现了冰川的运动。

图7.3　一块冰蚀漂砾的两个视角,显示了不同方向的擦痕

赖特等人绘制的地图说服了那些仍持怀疑态度的地质学家，使他们相信冰期实际上发生了并不止一次，而是很多次。赖特解释说："有越来越多的证据表明，存在多次独立的冰川作用。"[6]但人们仍然不清楚究竟是什么原因导致地球气候在冰期之间发生了明显的变化。对于地球气候系统中多种因素之间复杂的相互作用，克罗尔做出了许多假设。水蒸气形成了使周围降温的雾以及反射热量的云，洋流在全球范围内传递热量，再加上两极的冰，克罗尔认为它们都在气候系统中发挥了重要的作用。虽然克罗尔和他的支持者坚信，从物理定律的角度出发，这样的气候系统必然存在，但海洋、冰和大气在全球范围内相互作用的观点在当时来说还很新颖，也无法证明。地质学家们习惯于将自己的宏大理论建立在广泛的实地考察和地图的整合上，因此他们并不信服。这也是为什么在克罗尔去世后的几十年里，在大多数关于冰期理论的讨论中，他的理论一直被边缘化的原因。

有一个人对克罗尔以天文学为基础的理论产生了近乎革命般的狂热。米卢廷·米兰科维奇(Milutin Milankovitch)是一名塞尔维亚工程师，在第一次世界大战期间被捕成为战俘。他利用4年的监禁时间，开始详细计算数十万年来地球和太阳方位的变化。地球在其轴线上的倾斜和摆动以及绕日轨道形状的细微变化决定了太阳辐射如何影响地球，这三种变化分别对应了三个漫长的周期：23 000年、41 000年、100 000年。虽然这些变化没有改变到达地球的阳光总量，但它们确实影响了全年以及全球的阳光分布，从而对地球气候产生巨大的影响(正如克罗尔所认为的那样)。米兰科维奇赞同克罗尔的观点，即地球轨道的变化是冰期产生的原因，但有趣的是，他认为在雪和冰每年都会形成和融化的北纬地区，轨道变化所导致的夏季日照的增加(而不是冬季寒冷的加剧)才是造成不平衡的主要原因。

与克罗尔一样，这位塞尔维亚人也在努力争取大众对其工作的认可。同样与克罗尔相似，他得到了一些著名科学家的支持。其中一个重要的研究者群体自称为气候学家。他们也关注地图绘制，但试图确定的不是地球过去的历史，而是当前不同气候的地理分布。气候学家曾一度只关注当地或区域范围的气候，到了世纪之交，他们才对自己了解全球性气候差异的能力越来越有信心。他们主要关注的是地点而非时间。这些亚历山大·冯·洪堡的聪明的继承者，并不像地质学家那样关心随时间的变化。他们更愿意关心区域气候的稳定性，更倾向于关注当下的气候，而不是任何长期的变化。例如，美国陆军信号办公室的首席科学家克利夫兰·阿贝认为："本世纪气候学家要解决的真正问题，不是气候最近是否发生了变化，而是我们现在的气候是什么、它有哪些明确的特征，以及如何用数字最清晰地表示这些特征。"[7]

气候学家们所关注的问题与那些希望巩固和扩大领土的国家有关。绘制地图历来都是政府的手段。在哪里种植哪些作物、一个地区可以容纳多少定居者、各个地区的降雨量是多少，这些都是对国家权力至关重要的气候学问题。由于气候区域并不总是沿国界划分，一个国家绘制其领土地图的需求自然会蔓延到其他国家，甚至个别国家为了更好地管理自己的领土，也会寻求国际合作。气候学的声望和抱负逐渐壮大。到20世纪初的几十年里，气候学家们的决心越来越大，他们不仅要描述不同地区的气候特征，还要创建一个能够综合各地信息的全球性气候学。考虑到这一领域的全球导向，也许是当时最有成就的气候学家弗拉迪米尔·柯本，被米兰科维奇关于全球气候变化的工作吸引了注意。柯本也认为应该从全球的角度看待气候学问题。1884年，柯本绘制了首张全球气候地图，标出了全球气温、降水、动植物群相似的地区。柯本和他的女婿——气象学家兼北极探险家阿尔弗雷德·魏格纳(Alfred Wegener)，都对米兰科维奇的工作印象深刻。

1920年，米兰科维奇的第一篇论文发表后不久，他就收到了柯本寄来的明信片,称赞他的论文。他后来提到,这张明信片对他而言"如同圣物"。米兰科维奇经过数十年的努力,画出了首个显示过去60万年夏季日照变化的时间线。克罗尔对太阳辐射可能发生的变化进行了定性的猜测,米兰科维奇则用一条曲线表明天文振荡,并标注了具体的日期,而这些天文振荡会影响地球上夏季的日照。柯本和魏格纳意识到,米兰科维奇的曲线未受到其他关于过去气候变化的研究的影响。早在19世纪三四十年代,地质学家们就已经根据地质痕迹——冰碛、擦痕以及其他首次被注意到的特征——绘制出了关于过去冰期粗略的时间线。把这些曲线按照时间对齐,可以发现它们大致吻合,这让地质学家和物理学家更加确信,地球上的变化可能与天文周期相对应。有了米兰科维奇的时间线和他的理论,人们现在可以对何时发生冰期和间冰期进行回顾性预测,而且这种预测根据的是坚实的物理理论。牛顿的影响横跨整个20世纪,分布在地球上的雪和冰这种看似偶然的现象,被证明与地球和太阳的天体力学密切相关。

地质学家花了一些时间才接受米兰科维奇的理论。20世纪30年代,米兰科维奇继续完善和发展他的计算方法,所计算出的天文曲线日益完备。同时地质学家们的地质证据也越来越详细,他们试图将用这样的证据推演出的冰期曲线与米兰科维奇的天文曲线进行对比。尽管这两条曲线之间存在着明显的差异,但二者之间的一致性令人信服。随着时间的推移,米兰科维奇的理论和地质学家的实地工作之间的关系发生了重要的变化,地质数据不再被用来检验米兰科维奇的理论,而是反过来,该理论被用来验证——或者说是校正——地质数据。米兰科维奇得意地写道:"这样一来,冰期就被赋予了日历。"[8]

米兰科维奇探索宇宙,为地球上的变化提供了一个日历。他的理论借助了天文学的预测能力来推断地球的物理特性。从某种意义上说,这实现了赫歇尔和洛克耶等"宇宙物理学家"曾经的目标——希望在建立起地球与太阳系之间的联系的同时,将地球现象的物理学提升到与方位天文学相同的科学地位。米兰科维奇是用牛顿的经典力学方法进行轨道计算的,而不是磁性或辐射的物理原理,这是他与洛克耶和赫歇尔的区别。虽然米兰科维奇的理论得到了地球地质证据的证实,但它仍然只是粗略地描述了冰期的历史。与克罗尔最初所说的次要因素(例如世界大洋环流和大气现象的变化)有关的其他变化,发生的时间尺度有可能比米兰科维奇认定的周期要短得多。要找出这些周期到底是多少,就需要有新的工具来研究过去。宇宙已经提供了它所能提供的一切。现在到了回望地球、寻找新方法的时候,这些方法将会超越地质学家们费尽心血绘制的描述性地图,聚焦于过去。

米兰科维奇的研究隐含了一个问题:这种周期会在地球上留下什么痕迹?这一领域被称为古气候学,它结合了气候学的描述性要素与新的物理工具,生成了地球过去气候的(一系列)地图。长期以来,岩石的位置和性质一直被用来粗略地代表温度。利用地质痕迹——冰川经过基岩时留下的擦痕,或冰川融化时沉积的冰碛——可以推断出当时的气温是低到足以形成冰,还是高到足以融化冰。但任何尺度更精细的推断都是不可能的。要想看得更清楚,就必须对地球的过去进行一次真实的旅行(并非比喻),真正地钻入地球内部,从冰盖中提取寒冷的残留,从淤泥状的海洋沉积物中提取未受破坏的古时遗痕。这些冰冷或淤泥状的档案到了20世纪50年代才得以解读,这要归功于新的工具,它们所依赖的物理原理与制造原子弹的相同。古气候学在很大程度上(尽管不完全是)建立在核物理的基础上,原子弹的威力在战后既带来了毁灭性的威胁,又展现了科技的巨大潜力,古气候学在这样的焦虑和希望中取得了成果。

丹斯加德在提出同位素温度计的想法后,同时被两种冲动包围:分享这个想法和保护这个想法。他希望获得对这个想法的优先权，但为了确保自己的权利，他必须公布这一想法，或者至少公布足够多的内容来说明它是什么。但问题是，他还没能证明这个想法可行。因此，他在撰写论文时含糊地提到，通过分析格陵兰岛的冰川，也许可以利用他的技术窥探过去“几百年”的历史。[9] 他之所以提到格陵兰岛，是因为那里的雪在夏季从未融化过。每年的降雪都被下一年的降雪所覆盖，形成了几千米厚的一层层夹心，其中每一层都代表着不同的年份。不过当时他并不知道，这个历史不是几百年，甚至也不是几千年，而是几万年。

丹斯加德开始寻找一些老冰。他认为，最好的办法就是捕捉冰山从冰川上崩落入海的过程。他在挪威开始了这项工作，并与一位名叫皮特·肖兰德(Pete Scholander)的魅力四射的挪威人合作。肖兰德认为，被困在冰中的气泡是微小的大气时间机器，可以保存周围降雪时的空气样本。这些气泡不仅可以说明其中的成分——过去大气中存在的氮和氧的混合比例，而且在测定气泡中的二氧化碳含量时，因为采用了利用碳-14同位素的新技术，这些气泡还可以说明其中所含空气的年龄。这正好符合丹斯加德利用氧同位素研究过去气候的目标。丹斯加德和肖兰德一起出发前往尤通黑门山。仅在6周时间里，他们就成功地从冰川的两端——新冰的一端和老冰的一端——撬下了2个非常大的冰块，每块重达5吨。他们融化了冰块并收集了释放出来的空气。根据碳-14测定，冰川的年龄为700岁，与冰川学家的估计一致。但是，挪威冰川中相对较新的积雪却引发了一个意想不到的问题：当其融化成水时，水会带走一些高溶解度的气体，从而改变大气中的气体比例。他们需要未经融水侵蚀的冷冰来避免这个问题。

一年后，丹斯加德最终又回到了格陵兰岛，与肖兰德一起进行了一次更加深入的考察，他把这次考察称为1958年的“气泡考察”(Bubble Expedition)。他们绕过格陵兰岛最南端的费尔韦尔角，驶向西海岸。

他们在那里抛锚，并在船的前部搭建了一个笨重的实验室（这令船长非常不满）。他们等待海岸上的巨大冰川崩裂进入大海，在那之后就开始凿下尽可能大的冰块，就像用鱼叉捕鲸一样捕捉这些巨大的白色冰块。或者，他们会用船撞击较小的冰山，希望能撞出大小合适的冰块——在撞击过程中，他们会紧紧抓住船上实验室里易碎的玻璃器皿。这是一次科学探险，充满了即兴发挥和昂扬的斗志。

他们夜以继日地融化冰块，经过整个夏天对冰山的狩猎，他们从冰川冰芯的气泡中成功提取到了11份二氧化碳样本，每份样本都由大约6—15吨的冰蒸馏而来。这项科学研究及其中的辛苦努力，似乎是为了将巨大的冰和付出的心血压缩成微小的二氧化碳和数据。这符合他们的目标，因为他们正在追寻来自过去的难以捉摸的信号。清除大量的无关线索正是他们所需要的，以便找到想要捕获的信号。

丹斯加德这次带回来的不是几十个塑料瓶，而是成千上万个塑料瓶，每个瓶子里都装满了融化的冰样，他称之为地球过去气候的图书馆或冰冻年鉴。他开始用自己的质谱仪进行分析，很快就有了一条小型生产线，每天生产20个同位素比值或德尔塔值。

当冰被融水淹没后，它的外观会有所不同。仅仅通过观察，丹斯加德就能推断出这些冰块样本原本所在的冰川冰层哪一层有融水，哪一层没有。这些推断与他得出的德尔塔值相吻合。这为他的研究方法提供了进一步的证据。但他们取样的冰还不够老，不足以证明丹斯加德真正想知道的东西：能从格陵兰岛最古老的冰中读取温度吗？要回答这个问题，就必须离开海水，进入格陵兰岛的内陆地区，那里是冰盖最厚的地方。冰盖表面下数百米深的地方就蕴藏着过去气候的记录。丹斯加德对此深信不疑。

当丹斯加德忙于从世界各地的河流、风暴云、冰山和冰川中收集样本时，他的质谱仪在哥本哈根静静地等待，那里是丹斯加德所收集水样的最终目的地，也正因为有它，样本采集才变得有意义。事实上，这台机器并不能分析水样本身。更简单的方法是将水中的氧分子转移到二氧化碳气体中，不同的氧同位素因其质量的不同而被分开，然后再利用质谱仪进行分析。

丹斯加德收集的水不只含有同位素比值的信息。1952年，他在后院收集雨水的时候，实际上也收集到了由于原子武器爆炸而释放到环境——大气、海洋以及地球本身——中的放射性元素的痕迹。除了美国在日本投下的两颗原子弹，其他的爆炸并不是为了发动战争——至少不是为了直接发动战争，而是为了通过测试不同类型武器的效果，为可能发生的战争做好准备。

无论是原子弹还是丹斯加德用来追踪同位素的质谱仪，都证明了一种新物理学——原子核物理学——的成功，这种物理学源于大约50年前的发现，即原子不是一成不变的，而是可变的。原子物理学表明，原子也是有历史的，并通过被称为"辐射"的能量包的形式展现出随时间推移而变化的轨迹。这似乎说明，物质的结构本身就包含着变化。

然而，并非所有的变化都是自然发展的。自1945年"三位一体"(Trinity)核试验以及在长崎和广岛上空引爆的原子弹以来，放射性同位素进入地球环境的数量越来越多。这些并不是自地球起源以来就存在的稳定的"天然"同位素。它们是原子弹爆炸的副产品，是不稳定的放射性同位素。它们有着陌生的名字，如锶-90、钚、碘-129、铯-125和氚。它们释放出过剩的危险能量包，破坏生物的脆弱细胞。急性辐射病可能立即随之而来，其影响也可能会延迟，多年后表现在受辐射者的后代身上，这些人患癌以及基因异常的概率将上升。

20世纪50年代，随着美国和苏联之间的紧张关系加剧，核试验的频率不断增加。到这10年的末尾，环境中的生物因放射性物质受到了很大的损害。至于具体损害到什么程度,没人确切地知道。为了回答这个问题,国际原子能机构与世界气象组织合作,试图确定到底有多少人造放射性物质正在活跃,以及在哪里活跃。为此,他们建立了丹斯加德所需要的全球降雨收集网络。此类全球项目的起源可以追溯到1853年,当时美国海军气象台台长马修·方丹·莫里(Matthew Fontaine Maury)呼吁建立一个国际系统来监测海陆天气。1905年,德博尔特提议国际气象组织(世界气象组织的前身)建立一个全球气象观测网络。这两个项目都在其雄心壮志的重压下遭遇失败。各国在观测方法上的细微差别导致数据中出现了严重的不一致。例如,一些国家每隔三小时进行一次气象观测,而另一些国家则坚持每隔两小时进行一次。仪器设备的差异以及定位和读取仪器的不同要求,使问题变得更加复杂。即使可以对数据进行有意义的比较,也由于项目规模庞大,很多数据都是原始的,没有进行整理。[10] 比较成功的是一系列专门的观测"年",在有限的时间内集中了科学家的力量。"双国际极地年"(1882—1883年和1932—1933年)为1957—1958年举办的目标更远大的"国际地球物理年"奠定了基础。国际地球物理年动员了超过65个国家,包括美国和苏联在内。这是一次科学上的稀有合作,他们放下政治纷争,联手从多个角度对地球进行了18个月的深入研究。

与国际地球物理年相比,国际原子能机构和世界气象组织的合作范围很窄,其目的仅是追踪由核试验释放的一种放射性元素——氚。很快,全球100多个站点都配备了相关设备,可以收集降水样本并将其运送到维也纳中央办公室。他们收集到的水样同地球上的任何水样一样,含有独特比例的氧同位素。丹斯加德得知这个项目后,又一次抓住了这个千载难逢的机会,借助国际组织的全球影响力和雄厚财力来推进他的研究。他只需要几毫升的水来进行自己的分析。他劝说了国际原子能机构中的一名丹麦联系人,从而搭上了这趟全球雨水收集项目的顺风车。军事问题影响着新的科学发展方向，这不是第一次，也不是唯一一次。一如既往，丹斯加德总是能够巧妙地从这些资金雄厚的项目中获取他所需要的资源。[11]

这个雨水收集网络在地理和政治允许的范围内均匀分布。南美洲和北美洲的覆盖范围北起阿拉斯加的巴罗，南至马尔维纳斯群岛。非洲、欧洲和大洋洲也布满了观测站。苏联和中国的广大连绵区域仍是一片空白，这在全球降水网络中留下了一个大的缺口。但根据其他地方的样本已足够了解情况。丹斯加德很快就被样本淹没了，一度每月有上百个样本（每个观测站一个）。质谱仪——测量氘的法国高级质谱仪和测量氧同位素的1951年老式质谱仪——日夜不停地运转着。

要想发挥温度计的作用，就必须保持一致性，无论放在何处，对于相同的温度都应该给出相同的读数。随着水在全球的循环，其蒸发和凝结的方式十分复杂。哥本哈根的冷空气因同位素的原因而更重，这个过程是否在每个地方都适用还并不清楚。采样的水有多次凝结和蒸发的“前史”，这决定了它含有多少特定的氧同位素。在全球各地采集的水样，每个水样的前史都大不相同，那么重水比例与当地温度之间的关系是否一致呢？答案是肯定的，但还需要考虑一些细节。

国际原子能机构-世界气象组织的数据表明，利用氧同位素技术描述“全球和局地水的循环机制”是可能的，丹斯加德在他发表的论文中如是说。[12] 十多年前，丹斯加德开始在哥本哈根的后花园中收集雨水，当时他证明了自己可以利用质谱仪窥探到一场暴风雨的核心。现在他证明了水中的氧同位素可以揭示全球蒸发和凝结的模式，这些水分子的循环会促进全球热量的流动，并驱动海洋和大气环流。在那些他可以测量氧同位素比值的观测站，随着气温的下降，他发现较重的同位素越来越多。这样一来，之前发现的相关性——较重的同位素与较低的温度之间的相关性——在全球各地都得到了证实。他还绘制了一张图表,包含了来自太平洋岛屿的样本,显示温度与^{18}O比例之间的相关性在数千英里的范围内都保持不变。

现在,丹斯加德已经证明氧同位素的比值可以用作温度计,但他仍然想知道是否可以把它们转化成时间机器。当初正是放射性沉降物推动了他的研究进展,促进了国际原子能机构与世界气象组织的合作,现在这却妨碍了他。作为第二次"气泡考察"的后续行动,他正在研究使用一种名为Si-32的放射性硅同位素来测定冰的年代,但他从冰山上采集的样本都被苏联核试验产生的放射性沉降物污染了。丹斯加德现在转向了一个奇特而迷人的项目,这个项目正在格陵兰岛进行。"世纪营"(Camp Century)是美军在雪下挖掘的实验站,它占据了岛屿的一部分,正好位于美国东部与俄罗斯西部之间的飞行路线上。"世纪营"在距离图勒空军基地仅100多英里("世纪营"因此而得名)的内陆,成为冷战地缘政治战略中独一无二的拼图。

对于美国军方而言,了解北极环境对于其在该地区成功开展行动至关重要。[13]一位军方官员指出,虽然军方研究人员"在这种特殊情况下必须如此深入科学基础"的情况并不多见,但冰雪知识是如此之少,以至于许多基础研究都是必要的。[14]"世纪营"由"雪冰和永冻土研究所"(SIPRE)负责管理,该机构是国防部于1948年成立的实验室,目的是为美军在需要越过格陵兰岛发动进攻时做好准备。重型飞机能否降落在积雪压实的跑道上甚至是漂浮的海冰上,以便为计划中的50个北极雷达站提供补给?能否从冰下发射核武器?能否在这片冰冻的土地上发动地面战役?在雪下建造和运行一条铁路来运输货物和人员是否可行?[15]

到了1964年,美国陆军已经努力研究这些超乎想象的问题长达5年之久。他们建造了一个非常先进的雪下营地,其规模前无古人、后无来者。200名士兵住在雪下的一系列隧道中,里面有容纳了4000册图书的图书馆,有洗衣房、食堂、理发店和医院,还供应丰盛的食物,包括牛排、四季豆和土豆泥。这一切都由一个核反应堆提供动力,该反应堆距离士兵的生活区只有300英尺。

丹斯加德对"世纪营"的雄心壮志并不怎么感兴趣(他指出,试图在雪下修建铁路是愚蠢的,因为铁路一开工就会在冰的压力下开始弯曲),但它可以为他提供急需的未受污染的雪,最好年代比向大气中释放Si-32的那次核试验还要久远,而"世纪营"的挖掘深度正好让这种雪

图7.4 1964年在"世纪营"安装的热钻机。丹斯加德在访问期间并未见到热钻机

重见天日。所以他于1964年夏天出发采集一些样本。他采集到了所需的冰,并注意到了冰下那奇异的生活——既有美国式的欢快(饮料不论大小杯都只需25美分),也有残酷的严寒与压力。

他在“世纪营”待的那几天都在忙于自己的工作。就在几米之外,冰雪墙的另一侧,一个巨大的钻机正向覆盖着格陵兰岛的厚重冰盖深处钻探。直到丹斯加德离开“世纪营”,他都没能看到这台钻机,因为它是军事机密。在长达6年的时间里,美国人钻进冰层的深度超过了以往的任何人。钻到这么深的地方面临着巨大的现实挑战,所有钻孔的孔壁都会承受巨大的压力。完成这项工作的工具是一种特殊的热钻机,它可以同时融化冰层,并保存不受融水污染的冰冻冰芯。这种工具非常昂贵,只有美国军方才负担得起。到1966年,钻探人员已经钻到了距冰的表面1390米处的基岩。

当丹斯加德得知这长冰芯的消息,他立刻意识到它对研究北极气候的价值不亚于国际原子能机构-世界气象组织的样本对研究水循环的价值。丹斯加德已经证明了他有能力利用同位素研究冰和液态水的样本,从而研究现在和过去的气候。不久之后,他便说服了相关人员给他提供了一些样本。虽然他和美国军方都还不知道,但到目前为止,经过6年的时间和无数的资金投入,最持久且最有价值的成果便是丹斯加德和他的同事们用这些样本所做的研究。他的研究所产生的数据,将揭示过去地球气候的变化有多大,以及同样重要的——气候的变化会有多突然。

早在19世纪20年代,傅里叶就已经认识到大气在捕捉太阳热量方面的重要作用,但他从未想到人类有一天会对大气中某些关键气体的含量产生实质性影响。丁铎尔对某些分子吸收热量的能力进行了定量分析,但他也没有考虑到人类将来可能会对地球大气产生重大影响。

直到1895年，瑞典物理学家阿伦尼乌斯才首次计算出，在人类活动影响下，地球大气中的二氧化碳非自然地（或被迫）增加了多少。他的预测在今天看来非常有先见之明，但在当时却被其他科学家认为是不可能的。1938年，一位名叫卡伦德的英国工程师又另外计算出了二氧化碳增加一倍对全球平均气温的影响。[16] 同样，当时的科学家们也否认了他的研究结果。直到20世纪50年代，雷维尔和苏斯的工作才使人们持续关注碳对地球海洋和大气的影响。考虑到他们的研究成果，地球化学家基林在夏威夷的冒纳罗亚火山顶建立了一个观测站，记录高处大气中二氧化碳的百分比，因为二氧化碳在那里分布得最均匀。几乎是立刻，他的装置就开始显示大气中的二氧化碳正在不可阻挡地逐步上升，这是因为化石燃料燃烧释放出了数百万年前沉积的碳。[17]

这是过去与未来交汇的时刻。虽然少数研究人员已经预见到了工业活动对整个地球气候的影响，但他们的研究成果并没有得到大众的认可。直到20世纪50年代末，研究人员、仪器、问题和焦虑的特殊组合汇聚在一起，人们才开始持续有效地研究人类活动对大气以及最近对整个全球性系统的影响。也正是从那时起，"气候"一词从之前的地理概念转变为隐含变化的时间概念。尽管柯本和汉恩等人努力使气候学"现代化"并具有全球普适性，但他们仍然坚持认为气候在人类的时间尺度上（即几十年或更长的时间）基本上是稳定的。随着二氧化碳含量迅速上升的迹象出现，再加上人们逐渐认识到其对整个地球气候的影响，一种新的气候科学才应运而生，它强调全球范围内的时间变化。[18]

随着个别研究人员的发现，以及某些科学家（特别是雷维尔）开始大声呼吁要求当权者做出回应，这些关于二氧化碳含量上升的问题才逐渐进入了公共视野。随后，人们开始进一步调查这可能带来的实际影响。1965年，林登·约翰逊（Lyndon Johnson）总统召集了一个环境污染问题小组。该小组成员的任务是评估工业污染对空气和水质造成的直接环境影响，但他们决定加入一种“隐形污染物”——大气中二氧化碳——的特别报告。由雷维尔担任主席的二氧化碳5人小组下属委员会，包括负责在冒纳罗亚火山测量二氧化碳的基林、地球化学家哈蒙·克雷格（Harmon Craig）、气象学家斯马戈林斯基和年轻的地质学家兼地球化学家沃利·布洛克（Wallace Broecker）。该下属委员会参考了阿伦尼乌斯和张伯伦（T. C. Chamberlin）早前关于二氧化碳增加对气候影响的工作，报告了当时从冒纳罗亚火山（以及另一个南极观测站）测得的5年的数据，这些数据显示大气中的二氧化碳含量上升了1.36%。根据对过去化石燃料消耗量的估计和对未来使用量的预测，他们推测，到2000年大气中的二氧化碳含量将比工业化前高出大约20%。考虑到这些增加的二氧化碳会保存额外的热量，他们估计地球表面的平均温度会上升0.6—4℃。

该小组在报告中坦率地承认，这些估计基于许多简化的假设。尽管不可能做出精确的预测，但他们仍然相信，到2000年（即35年之后），二氧化碳的增加将足以导致“可测量的且也许是显著的气候变化”，其中包括温度的变化。[19]鉴于这些变化的规模，它们对人类的影响可能是“有害的”，因此他们在报告中建议，必须探讨“主动对抗气候变化”的可能性。在不久的将来，也许会在海洋上层的大片区域散布反射粒子，或者改变平流层处的卷云。

随着二氧化碳含量迅速上升的消息开始在科学界传播，人们越来越清楚地认识到，有必要了解地球气候是如何在最大的尺度上运作的。考虑到这一任务的复杂性，从事该领域研究的科学家们尽可能从简单入手。他们创建了气候“模型”，即描述气候系统的基本特征的方程组。[20]他们利用这些类似玩具的模型来模拟气候系统，测试当他们改变个别输入变量（如大气中的二氧化碳含量或进入系统的辐射量）时，气候系统会发生什么变化。由于这些模型旨在了解全球性指标——二氧化碳含量——的影响，因此模型中也会有一个全球性的输出变量：全球地表温度。[21] 这个简单的数字有效地把地球上本来非常复杂的问题简化成了一个连孩子都能理解的概念。这个数字还暗示存在着所谓的“全球性气候”。这种全球性气候在很多方面都是一种实用的虚构，它的诞生是因为需要一个粗糙的平均值。全球平均气温并不存在于任何一个地方，也不可能存在于任何一个地方。它是一种概念上的工具，可以一目了然地理解地球，这种简化既能让人对全球气候系统的运作有深刻的了解，又能忽略其复杂性。

为了检验这些模型是否切合实际，早期的建模者需要将它们与地球上的真实数据进行比较。这种对全球气温数据的需求促使从事此类数据工作的科学家——其中包括东安格利亚大学气候研究室的气候学家——大约于1850年开始了首次对全球平均气温的估算，那时生产出了第一批可靠的仪器。[22] 全球性气候模型很容易建立，只要方程简单、有几个提供数据的地点即可，但全球平均气温的获得却不那么容易。唯一的办法就是在地球上尽可能多地进行测量，并找到一种方法将它们整合起来，同时考虑到所有的局部变化和覆盖范围的差距，否则可能会导致结果的偏差。从1938年开始，卡伦德、米哈伊尔·布德科(Mikhail Budyko)和小约翰·默里·米切尔(John Murray Mitchell Jr.)陆续汇总了温度数据。这些主要是北半球的温度平均值。要将海洋的数据纳入这些所谓的全球平均值需要数十年，而将来自偏远极地地区的观测数包含在内则需要更长时间。[23]

全球平均温度的概念改变了气候研究的含义。然而，这并不意味着气候学的终结，因为气候学长期以来一直由柯本、汉恩和希尔德布兰德松等学者所发展，他们继承了洪堡对地理位置的敏感性。休伯特·兰姆(Hubert Lamb)是一位具有敏锐的历史意识和地理意识的气候学家，事实上，他创建了气候研究室，并一直是该领域的重要人物。[24] 但是，全球气温作为一个参考指标，确实有助于实现气候研究的重要转变，这与兰姆所倡导的以地理为导向的气候学理念背道而驰。一旦地球被视为生产平均气温的机器，局地甚至区域的变化即使有其意义，也会沦为全球气候建模者目标的附属品。于是，一门不同于气候学的新的气候科学诞生了。这门科学关注的不是地球上的各个位置，而是地球的过去和未来，以及可在全球尺度上观测到的气候变化的驱动机制。

对于研究二氧化碳影响的科学家来说，他们并没有放弃过去。相反，面对一个充满不确定性的未来，地球的历史变得尤为珍贵。如果说人类活动释放的碳有可能大幅改变气候，那么地球过去发生的一切就有可能成为预测未来的关键。只有了解地球过去的自然变化——什么时候更热、什么时候更冷，以及为什么会这样——才可能预测未来。预测一直是19世纪气象学家们孜孜以求的科学成熟的标志。第二次世界大战后的几十年里，气候科学这一新兴领域似乎终于能够回应期待，不仅可以预测天气，还可以预测地球的气候。与此同时，一小部分科学家开始意识到，气候已经迅速地对人类活动引起的变化做出了反应。因此，预测未来气候的雄心壮志总是与人类对气候的新认知——气候的多变性，以及人类对这个本就不稳定的系统有多大的干涉能力——紧密相连。[25]

当气候科学这个学科正在发生这些变化时，丹斯加德一直在努力争取获得美军在格陵兰岛“世纪营”钻取的冰样。到了1967年，他终于成功了。这一年，从格陵兰岛内部历尽艰辛、耗费巨资提取出来的冰，被分成一条条两米长的冰段，并在高度保密中运送至新罕布什尔州政府专门研究寒区的实验室——美国陆军寒区研究与工程实验室。不久之后，一位丹麦同事来到新罕布什尔州，收集了86份样本，并带回丹麦用丹斯加德的质谱仪进行分析。丹斯加德终于有机会尝试他梦寐以求的同位素时间机器了。

图7.5　1965年，位于新罕布什尔州汉诺威的美国陆军寒区研究与工程实验室的冷冻库，其中装满了来自“世纪营”的冰芯的样本

现在，他拥有了整个冰芯的样本。丹斯加德和他的团队用质谱仪分析了近1英里长的冰芯中约1600份不同的样本。当这些数据被缩小并绘制成图时，它显示为一条延伸至过去的弯弯曲曲的线。这块冰芯所提供的结果分辨率之高超出了所有人的预料。[26]样本中重同位素比值变化所表示的温度上升和下降的序列虽然十分复杂，但似乎存在着周期性。冰芯中揭示的细节，尤其是“最近”8300年的细节，令人叹为观止，详细到可以追溯每年的温度，包括夏季和冬季的季节性变化，就像读取树木的年轮一样。最令人惊叹的数字是10万年，这是冰芯可以回溯的年数。这是迄今为止，以如此高的分辨率获得的时间最长的地

球气候记录(从湖泊中提取的沉积岩芯虽然提供的时间跨度更长,但分辨率却低得多,1000年的时间被挤压在1厘米之内)。冰芯以每米大约50年的速度铺陈时间带。它们易于观察和计算,以一种前所未有的方式使过去变得清晰可辨。1969年,丹斯加德和他的团队在《科学》杂志上发表了一篇关于"1000个世纪的气候记录"的论文,在这篇引人注目的论文中,他们发现了一系列周期,或者说气候振荡。他们认为,大约每隔120年、940年和13 000年,气候就会发生有规律的变化。[27]

丹斯加德和团队做的第一件事,就是将他们的发现与有关地球过去温度的其他线索进行比较。就在丹斯加德研究雨水中氧同位素比值的性质的同时,其他物理学家也在使用相同的比值将从洋底提取的泥岩芯转化为自己的温度计。[28]如果两者吻合,就说明冰芯关于过去温度变化的信息是有意义的。否则,冰芯的结果就有可能是错误的,或者只代表了格陵兰岛的温度变化。丹斯加德和团队在那篇发表在《科学》上的论文中列出了一张图,将他们的研究结果与其他研究得出的过去温度进行了比较,包括可追溯到8万年前的荷兰古花粉、可追溯到几乎同样久远的更新世沉积物,以及深海沉积岩芯。当把这四种气候变异的痕迹并排放在一起时,两个事实立即显现出来。首先,四条曲线都是通过独立的方法获得的,它们的轮廓大致吻合。其次,冰芯研究提供的细节是惊人的。与冰芯数据细微的锯齿状曲线相比,其他曲线看起来就像小孩的凌乱涂鸦。

虽然丹斯加德和团队强调他们的曲线"主要适用于北格陵兰地区",但他们在论文的最后提到了不同数据之间那不可思议的相关性。这种相关不仅增强了他们结果的可信度,还揭示了更为重要的事实:过去气候的主要变化是在全球范围内发生的,而不仅仅是在某一区域,而且这种变化的发生速度比人们想象的要快得多。他们的冷静措辞无法掩盖他们对这项技术的兴奋之情,因为这项技术提供的"气候学细节比

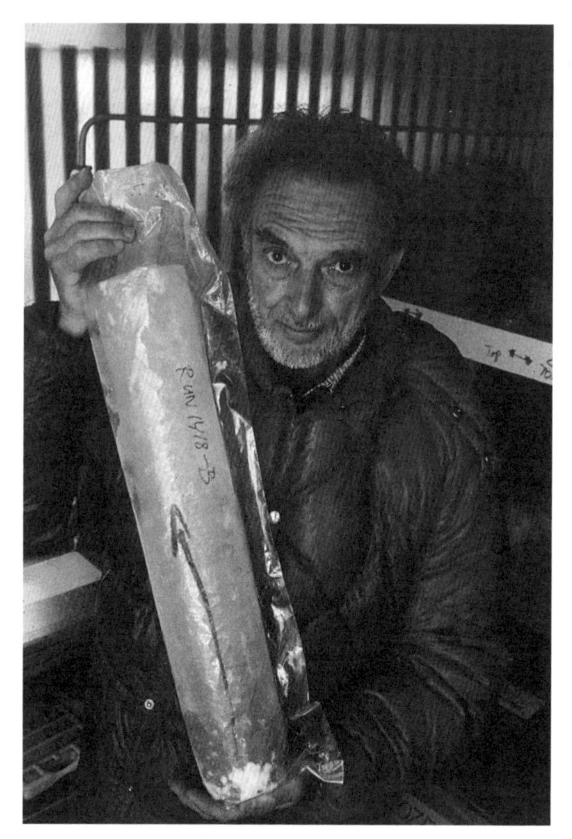

图7.6　1994年，冷冻室中的丹斯加德与冰芯。图片来源：哥本哈根大学冰与气候中心

迄今为止任何的已知方法都要直接得多、详细得多"。[29] 这些详细信息所揭示的正是地球气候突然变化的可能性。

丹斯加德的技术尽管很巧妙，但如果没有那长长的冰芯作为研究对象，其价值也会大打折扣。当然，这也离不开"世纪营"的钻机以及钻机操作团队的独特技能和顽强精神，他们的成功使钻探队渴望获得更多的冰。在"世纪营"钻到基岩后不久，他们启动了另一次大型钻探活动，目的地是伯德站，这是一个在1957—1958年的国际地球物理年期间于南极洲建立的美国研究站。两年内，他们成功地从冰中提取了另一段冰芯，其时间跨度和详细程度几乎与“世纪营”冰芯相同。他们再次对结果进行了比较，结果再次吻合。

在地球两极的冰中保存的变化，似乎是短短几十年间影响整个地球的剧烈气候变化（最高达8°C）的痕迹。没有人想到如此剧烈的气候变化会发生得如此之快。[30] 即使在论文发表之后，丹斯加德所绘制曲线的含义也并不明显。尽管丹斯加德和团队知道他们已经发明了一个强大的新方法来探查地球的过去，但有兴趣了解地球过去及其对未来影响的研究人员尚未完全理解冰芯记录的含义。要想完全解码锯齿状的曲线，就需要像克罗尔一样，拥有能够跨越不同数据、不同时空尺度的思维，才能完全理解冰芯所揭示的快速变化的含义。

布洛克就是这样一个人。他是一名地球化学家，对海洋同位素特别感兴趣，曾在1965年与雷维尔和基林一起参加了大气二氧化碳下属委员会。1966年，他在一组从深海洋底采集的岩芯中注意到“海洋-大气系统在两种稳定的运行模式之间发生了突然的转变”，这一转变可以追溯到20万年前。[31] 当布洛克读到丹斯加德在1969年于《科学》杂志上发表的论文时，他立即注意到岩芯显示的变化是如此突然。他意识到，丹斯加德和其团队发现的过去的周期，也可以用来预测未来的气温，其分辨率要比自己和下属委员会成员在1965年报告中的结果高得多——报告中依据的是大气中二氧化碳含量与气温之间的粗略关系。丹斯加德指出，小尺度周期中最近一次变暖的时间表明，另一个这样的变暖期很快就会到来。布洛克根据历史记录，并按照约翰逊委员会报告所确定的几十年的时间尺度进行思考，推测出了触手可及的未来。他的论文发表在1975年的《科学》杂志上，题为《气候变化——我们正处于全球变暖的边缘吗？》（Climate Change: Are We on the Brink of a Pronounced Global Warming?）。今天，这是一个非常熟悉的标题，但在当时还不是。虽然布洛克不是第一个使用"全球变暖"这个词的人,但他在《科学》上的文章让这个词广为流传。此后,他的论文被誉为全球变暖史上的里程碑。在该论文发表35周年之际,布洛克被誉为"全球变暖之父"(这让他感到相当震惊)。再回到当时,"全球"这个形容气候的词与气候可能正在变暖这个观点同样发人深省。全球性变化——无论是哪方面的变化——都是丹斯加德的冰芯所揭示的信号。正如布洛克的标题所暗示的那样,全球性气候具体会如何变化,仍是一个未解之谜。

虽然布洛克的预测成真了,但其依据却被证明是不根之论。他假定"世纪营"冰芯的小尺度周期也会成为全球的典型特征,并称自己这种假设为"巨大的思维飞跃"。他坦然承认了这一点:"我的预测是基于一个错误的前提,即丹斯加德的数据代表了全球。实际上,它只代表了格陵兰岛的北端。"随后从不同地点采集的冰芯再没有显示120年的周期。布洛克关于气候重新变暖的预测成真了,但这并不是因为"世纪营"冰芯揭示了任何潜在的、全球性的120年周期。[32] 在面对预测气候变化的挑战时,这是科学家们将反复学习的一课。全球性系统是一头复杂的野兽,一次心跳无法解释它过去经历的变化,也无法解释它未来可能发生的变化。

得益于丹斯加德的想法及其所依赖的同位素分析技术的发展,按照丹斯加德诗意的说法,冰芯成了地球往昔的冰冻年鉴。冰芯也许是最为神圣的古气候记录,它唤起了人们对远古冰雪的凛冽诗情,但还有许多同样神奇的(虽然不那么引人入胜)过去的记录,其中有些甚至可以追溯到更久远的从前。在寻找更多线索的过程中,古气候科学家分析了从海底提取的泥浆和沉积物,其中保存了被称为有孔虫的远古海洋生物的外壳,它们的外壳是由不同的同位素构建的。古气候科学家也钻进古树中数年轮,这些年轮记录了远在公元前就存在的树木所经历的变化。他们还研究随风飘散数千英里的花粉，这些花粉记录了哪些植物生长茂盛，从而反映了当时的气候条件。解读一棵树的秘密与解析古老泥浆所揭示的气候，需要的技巧不同，需要做出的假设不同，所得出的信号强度以及精确度也各不相同。就其本质而言，古老泥浆所讲述的信息要比古树年轮的更加模糊，但古树年轮最早只可以追溯到11 000年前，而古老泥浆则可以追溯到150多万年前。

这是一个既令人振奋又充满争议的时代。人们更加意识到跨学科的必要性，但跨学科合作仍然面临挑战。1972年，布朗大学举办了一次重要会议。丹斯加德没有出席，但他提交了自己的研究成果，并被收录到会议论文集中。尽管会议取得了丰硕成果，但紧张气氛也显而易见。就好像两类不同的研究人员第一次进行碰撞。他们中的一方是寻找“气候对照”的研究人员，他们寻找与当前气候事件相似的过去事件，为了在一定程度上预测未来的气候变化。另一方则是探究气候模式背后物理成因的科学家，他们希望深入了解这些模式并解释它们的起源。此时还不清楚哪方占主导。会议论文集的编辑们认为，让这两股力量同时蓬勃发展才是明智之举。“气候变化的这两种研究方法必须各行其道，直到某一种理论的有效性得到充分证明。”[33]时间会证明哪种方法将胜出。[34]

很多事情还未达成一致。阿加西提出了只有一个冰期的观点，詹姆斯·盖基和克罗尔则认为存在多个冰期，而对于丹斯加德和布洛克等研究人员来说，古气候数据表明，从某种意义上说气候一直在变化。从一个大约延续了10万年的温度曲线来看，任何气候稳定看起来都是暂时的。以赖尔为开端的阶段式气候的旧观念被抛弃了。取而代之的是一种新的思维方式，即从某种意义上说，气候是不断变化的。正如巴里·萨尔茨曼（Barry Saltzman）所说：“气候总是如此多变，以至于我们很难说地球有一个单一的气候标准。从过去来看，几乎可以确定地说，我们今天所经历的气候是短暂的,未来会被其他气候所取代。”[35] 将地球的过去——以及相应的未来——视为一个不断变化着的系统,代表科学家们对于地球的理解方式产生了巨大的变革。

布洛克于1975年警告了全球变暖的可能性,当时人们普遍担心的并非全球变暖,而是全球变冷。一连串比正常年份更冷的年份让一些科学家开始担心,随着全球自然气候周期进入更冷的阶段,另一个冰期即将来临。1972年,在苏联粮食危机的背景下,人们开始担忧这种气候变化可能会对全球的粮食供应产生灾难性影响,这一担忧迅速扩大。气候正在发生变化,而它可能以何种方式发生变化,似乎至少在短时间内还不会有定论。

20世纪60年代末到70年代在冰盖底部钻取的最古老的冰芯,和“世纪营”的冰芯一起,揭示了气候骤然变暖的现象。冰盖底部的冰沿着基岩滑动时所产生的压力常常会使数据曲线模糊或失真,而这恰恰是我们最需要看清楚的部分。过去地球气候变化的本质是什么?它的变化有多大?它有哪些规律可循?我们需要更多的冰芯来揭开这些刚刚进入人们视野的谜团。事实证明,美国和欧洲国家之间的项目合作很难达成。与冰芯有关的科学是如此迷人,以至于每个国家都想分一杯羹。1987年,针对格陵兰岛中部,出现了两种不同的钻探方案。丹斯加德非但没有阻止这种重复的劳动,反而认为这是验证每个冰芯结果的重要方式。就像一个多世纪前皮亚齐·史密斯的立体照片那样,接下来的冰芯项目——被命名为GRIP和GISP2——将相互检验。[36] 这两个项目于1989年启动,相距仅20英里,都位于格陵兰岛的正中心,那里的冰盖最厚,研究人员希望其因滑动而造成的数据失真最小。虽然这些冰芯未能如研究人员所期待的那样,提供真正的古气候信息,但它们所产生的惊人结果证实了之前的冰芯所暗含的气候突变。

这些新的格陵兰岛冰芯数据进一步引发了布洛克的思考。当他看到格陵兰岛冰芯的变化后，他开始在其他古气候代用指标中寻找类似的变化。布洛克回忆说："一个接一个地，其他档案也相继显示了同样的现象。格陵兰岛的数据开创了这一新方法。没有人想过会发生这种情况。如果不是丹斯加德，我们可能很难意识到这些事情。"[37] 布洛克将在格陵兰岛冰芯中捕捉到的突然变化命名为"丹斯加德-奥斯切格事件"（简称丹-奥事件），因为丹斯加德帮助解密了这些冰芯的数据，而汉斯·奥斯切格（Hans Oeschger）开发了相关技术，用于分析困在这些冰芯中的气体。再加上在南极洲钻取的冰芯，布洛克的观点似乎得到了进一步证实，即格陵兰岛冰芯中的许多周期实际上是全球范围内的变化，而其中的丹-奥事件是一种突然的、快速的气候变化（虽然未在其他地方发现120年的短周期）。

图7.7　约1980年，冰芯研究的"三个火枪手"：丹斯加德、美国陆军寒区研究与工程实验室的切特·朗威（Chet Langway），以及奥斯切格

无论是丹-奥事件，还是一系列被称为海因里希-邦德（Heinrich-Bond）周期的更为剧烈的转变，这些突然变化的起因仍存在争议。布洛克的猜测是，北大西洋融化的冰涌入导致海洋环流方式发生变化，从而引发气温的急剧下降。这也是当今仍备受关注的假说。海洋表层深度

为100米内的洋流是由风驱动的，而海洋深处的洋流运动则是由海水的密度决定的。当两极的海水变冷、变咸并沉入海底时，就会产生连锁反应，吸引更暖、更淡的海水来填补它曾经的位置。布洛克意识到，这种环流在全球范围内传递着巨大的能量，如果有什么东西破坏了这种环流，气候就会发生非常快速而剧烈的变化。[38]

冰芯让我们清楚地认识到，变化是第一位的，然后其他一切才随之而来。这种对地球的新认知，来源于冰芯和其他古老资料，越来越多致力于全球性思考的国内组织和国际组织正慢慢接受它。系统思维与对变化的认知是相辅相成的——冰芯揭示的变化需要环环相扣的系统机制来解释，就像布洛克所追求的那样。

与此同时，日益增长的环境意识，使人们更加关注人类活动所引发的当前环境的变化。对于人类活动来说，不仅其速度在加快，而且越来越有可能引发全球尺度的变化。20世纪80年代初，一系列具有影响力的研讨会都包含了全球变化这个主题。正如美国国家航空航天局所说的那样，在这一刻，似乎所有的道路都指向了同一个目标——"探索地球"。在一定程度上受到20世纪六七十年代开始从太空观测地球的启发，这些研讨会准确把握了当时的社会主流情绪，也对接下来的工作产生了持久的影响。

1982年6月，美国国家航空航天局在伍兹霍尔举办了"全球变化：对宜居性的影响"研讨会，与会者宣称："地球始终处于变化之中，如今它已经进入了一个独特的时代，人类这个物种已经具备在全球范围内改变地球环境的能力。"[39] 长期的资源攫取和开发支撑了人类的发展，如今似乎却正不可避免地走向尽头。与会者警告说："接下来的发展空间已经变得十分有限。"跨学科合作至关重要。"此刻，各个学科的边界已经开始交融，未来的进步只能依赖跨学科研究项目来实现。"[40] 第二年夏天，又一个研讨会召开，此次研讨会由国际科学理事会资助，研究建立“国际地圈-生物圈计划”，随之而来的是对全球性思考的又一次热情呼吁。“就在我们试图了解地球的时候，地球也在发生变化，”与会者强调，“变化的方式涉及陆地、海洋、大气和生物圈的相互作用。”只有将地球视为一个“单一系统”时，我们才有希望理解这个问题。[41] 这种需要以新的角度看待地球的观点得到了雷维尔的强烈支持，他是最早对二氧化碳浓度不断增加发出警告的人。

然而，最有影响力的报告来自成立了三年的地球系统科学委员会，该委员会隶属于美国国家航空航天局，由布雷瑟顿担任主席。他是理论海洋学家，曾指导中海动力学实验的设计。布雷瑟顿写到，最新的进展“一起向我们展示了——其实是强迫我们接受——将地球视为一个整体系统的全新视角，这方面的研究必须跨越学科界限”。[42] 在怀俄明州杰克逊霍尔的雪兔山庄举行了项目建模组的会议，小组成员时而滑雪，时而绘图展示“地球各部分是如何运作的”。[43] 其中一位参与者沉浸在激烈的讨论中，一时忘记了还未完成的图表正投影在酒店房间的墙上。他直接用记号笔在墙上修改了一个方程式，美国国家航空航天局为此支付了重新粉刷墙壁的费用。

布雷瑟顿图的名称来源于绘制该图的委员会的主席（尽管布雷瑟顿本人并未直接参与该图的绘制），该图反映了地球系统各要素之间复杂的相互作用。图上的反馈机制表明了地球系统的各组成部分是如何相互影响的。这些反馈共同造成了丹斯加德的古冰芯所揭示的气候多变性。值得注意的是，该图将地球系统的生物地球化学方面和物理方面结合在了一起，表现了有生命的海洋和陆地，以及生命赖以生存的、流动着的空气和水。例如，海洋动力学与大气物理学和海洋生物地球化学都有关，而陆地生态系统则从土壤和全球水资源中汲取生存所需，同时影响对流层化学。所有这一切的中心是全球水资源。水使地球成为太阳系中独一无二的、似乎总是在变化着的星球。[44]

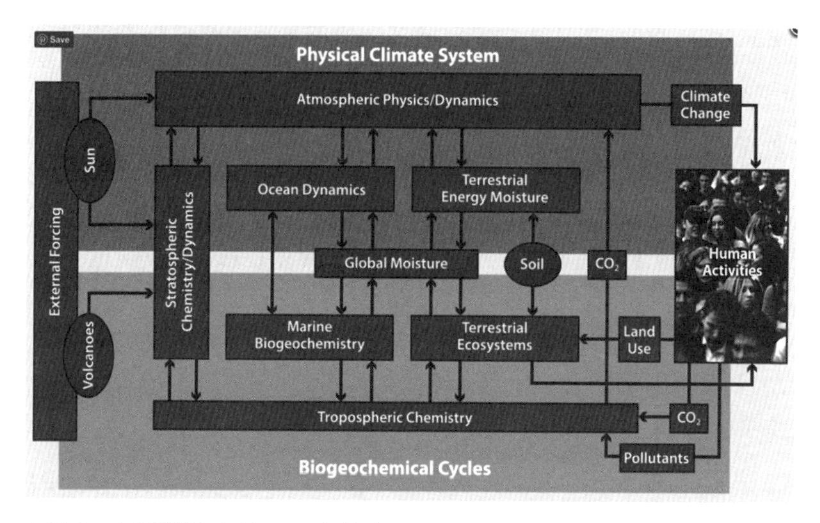

图7.8 布雷瑟顿图，是1986年地球系统科学委员会（隶属于美国国家航空航天局）的有影响力的成果，呈现了物理系统和生物地球化学系统之间的相互联系。人类活动在右侧用一个单独的方框表示

虽然这并不是第一次有人认为需要将生物地球与物理地球联系起来，但这幅图却是在人类认知提升的时刻出现的。20世纪60年代和70年代是人们认识气候变化的关键时期，气候变化影响着整个地球，匪夷所思的是，其时间尺度竟然从几十年到几十万年不等。古气候学是一门广泛的学科，包含了对冰芯、树木、泥土和花粉等的研究。新的气候变化科学则更广泛，它将地质学家和地球科学家聚集在了一起，前者希望了解过去的冰期，后者更多是以物理和化学为导向，致力于预测人类活动导致的二氧化碳增加所产生的影响。[45] 可以毫不夸张地说，20世纪气候科学的最大发现不是人类有能力改变气候，而是正如古气候学技术所揭示的那样，气候本身一直在变化。

在这种情况下，似乎比以往任何时候都更有必要明确生物如何影响系统中水和热的运动，以及生物又如何被水和热的运动所影响，就像布雷瑟顿图显示的那样。为此，该图还包含了一个代表人类活动的独立方框。人类活动通过土地利用、污染物和二氧化碳影响气候系统，反过来，人类活动又被系统输出——如气候变化和陆地生态系统——所牵制。这个小方框是全球变化研究的重要里程碑。可以肯定的是，它是对人类活动的一种简化表示。将人类的所有事务挤进一个字面意义上的小方框，这样看来，人类似乎只是地球气候系统这个巨大机器中的一个小齿轮。这或许表明人类以某种谦卑的态度看待自己在地球尺度所能产生的影响，但同时也表明人类在面对人类活动的复杂性时过于轻率。回过头来看，我们很难不从这个方框看到，绘制这张图的人对于社会科学是多么天真。尽管这张图比较粗糙，但这个方框的加入却代表了气候科学家对该科学的理解方式发生了巨大的转变。通过将人类活动纳入地球系统，这些科学家承认人类在改变地球方面可能极其重要，产生的后果也可能极其严重。除此之外，他们还表明，仅靠气候科学不足以描述地球系统的性质，更无法设计出能够限制或扭转变暖趋势的方案。

布雷瑟顿图在美国国家航空航天局内部以及有合作关系的机构中非常有名，同时也被纳入了1987年由国际科学理事会发起的国际地圈–生物圈计划。[46] 最重要的是，该图以简单的形式传达了将地球视为一个系统的观点——地球就像一个由相互关联的部分组成的机械。这张图暗示了一个实用的观点：如果地球是一个系统，那么该系统的每个部分都可以看作一个模块。这样，布雷瑟顿图简化了复杂到让人无从下手的全球气候系统，就像电工的接线图一样，布雷瑟顿图可以用来确定系统中的关键位置或临界点，从而集中进行研究和干预。

这种对地球的看法类似于亨利·斯托梅尔看待海洋——一个有许多活动部件的复杂机器，但仍然可以对其中各个部件进行独立研究并从中获益。这是一种实用主义和机械主义的地球观，非常适合工程师。布雷瑟顿图并没有认为“地球是一个生命体”，也没有像盖亚假说那样认为形成了一个保护地球的生命体。相反,它呈现的是一群工程师和科学家眼中的地球,他们所服务的国内机构和国际机构委托他们解决问题。这个问题就是及时了解地球的自然变化,以便能够探究人类活动对地球系统的影响——后者是额外但重要的问题,被简单地放在了单独的方框中。尽管该报告对人类活动进行了粗暴的简化,但它和其中的布雷瑟顿图就像一声号角,宣告了一个新领域的存在,在这个领域中,人类活动与复杂的气候过程有着千丝万缕的联系。地球不是单独的个体,也不是多个个体的集合,相反,它是"一个由相互作用的部分组成的综合系统",人类在名义上(如果只是粗略地看)被视为其中的一部分。[47] 这标志着一个名为"地球系统科学"的新领域诞生了。美国国家航空航天局已经将自己定位为这门新科学的领路人,"地球系统科学"这个词组中的每个词都暗示着美国国家航空航天局如何看待地球科学的未来。

阿波罗计划更新了对地球的认知,斯图尔特·布兰德(Stewart Brand)的《全球概览》(*Whole Earth Catalog*)中所宣传的——人类对这个脆弱的、生生不息的地球负有共同的责任——只是新认知中的一小部分。从这个意义上说,从太空看到的地球,是一个需要管理的星球,而不是亟待拯救或急需培养全球意识的星球。这个管理的对象是一个不断变化着的系统。在发现变化是地球气候系统的基本特征的同时,人类也正在推动这种变化。换句话说,人为气候变化的发现与自然气候变化的发现是同步的。能够察觉到这种不正常的变化,依据的是古气候学家——尤其是冰芯科学家——所揭示的过去的自然变化。各学科的科学家使用地球系统科学这一框架来整合和比较新的观测数据。变化是地球系统的固有属性,而此次报告的副标题是"全球变化计划",它一语双关,既强调了需要明确人类在该系统受干扰的过程中所扮演的角色,又强调了需要在全球尺度上研究变化。正如报告所述:"地球上的人类不再是地球演变的旁观者，而是全球尺度上的积极参与者。”[48]

布雷瑟顿图——以及产生该图的地球系统科学这门新兴学科——在今天深刻反映出两方面的情感：一方面是人们自认为有可能“解决”地球系统问题的狂妄自大，另一方面是正视问题的庞大规模时产生的谦卑。布雷瑟顿在报告中宣称，“对地球的研究正处于一场深刻变革的边缘”，但同样，地球本身也是如此，“在几代人的时间里，人类活动已经在全球尺度上引起了显著的变化”。[49] 报告中隐含的问题是：人类是否能在为时已晚前应对自己所引发的这些变化？

第八章

总　结

在深入了解这本书所描述的科学家们后，我们再来看布雷瑟顿图，就会发现它包罗万象，并不简单。从字面意义上来说，这张图（及其附带的文字）囊括了本书讨论的许多内容。例如，本书提到了1986年美国国家航空航天局首次测量地球降雨量的项目——热带降雨测量任务卫星，乔安妮·辛普森受聘负责此项目，而这张图也是在这一年发表的。本书还提到了世界大洋环流实验，斯托梅尔为这一全球项目提供了理论基础，但他对这个项目的情绪却很矛盾。沃克的南方涛动也出现在本书中。在1986年，反复无常的南方涛动仍是不可预测的（直到今天也是如此），它体现了在全球尺度上研究气候过程的重要性。在布雷瑟顿图中，云和水蒸气在气候中的作用或许还不太明确，但这是亟待解决的更为本质的问题，也是皮亚齐·史密斯所面临的问题。我们还需要了解冰如何移动和改变形状，正如丁铎尔曾经思考的：冰底部是否有液态水，而使得冰在其上滑动？在气候变暖的情况下，冰的运动是否会导致巨大的南极西部冰盖脱离和融化？

丁铎尔、皮亚齐·史密斯、沃克、乔安妮·辛普森、斯托梅尔和丹斯加德的生活和工作，就像我们自己的生活一样，是在不断变化着的欲望、目的和机遇中度过的。正如丁铎尔敏锐地感受到的，在阿尔卑斯山上走错一步就有可能让他摔下去。如果皮亚齐·史密斯没有鲁莽地从皇家学会辞职,他的人生可能会截然不同。沃克曾一度精神崩溃,后来恢复了,但如果他未能康复呢?这些假设性的故事告诉我们,个人命运的偶然性影响了我们对于看似自然而然存在的地球系统和全球性观念的理解。

丁铎尔和皮亚齐·史密斯都证明了,有时独自一人探索地球是可能的,甚至是必要的。这种探索的本质,以及怎么才算是独自一人,并没有严格的定义。当皮亚齐·史密斯登上特内里费岛的山顶时,他在想象中正在接受一群科学同行的监督。丁铎尔经常在阿尔卑斯山上"独自"攀登,但通常都有向导陪同。结合实地考察和实验室工作来获取可靠的认知绝非易事。沃克是一个特例,他就像一只精于计算的蜘蛛,坐在一张靠帝国支持的观测网的中心。他没有成功预测季风,但这并不重要,重要的是他成功地展示了某些强大的计算模式是如何依赖于难以想象的庞大观测网络的。了解这些隐藏的数字如何转化为显而易见且有影响力的认知——如全球温度——是至关重要的。

人类认知地球的完整历史不能仅从个人的角度来讲述。事实上,自第二次世界大战以来,气候科学变得越来越庞大,而个人所发挥的作用却越来越小。这就是斯托梅尔预见到并对此感到遗憾的变化。在他看来,这意味着自由的丧失,他认为自由是解决重要的概念性问题所必需的。乔安妮·辛普森在寻求与政府资助机构建立合作,以从事她真正想做的科学研究时,也遇到了同样的矛盾。人工影响云永远不可能是一项单独的工作,更遑论人工影响飓风。同样,如果不投入大量资金,就无法钻取冰芯。丹斯加德不得不想办法利用各国政府的预算和后勤力量。皮亚齐·史密斯和沃克也都依赖于大型的合作网络,为他们提供必要的设备和权力来进行研究。认识到个人无法单独发挥作用,并不意味着个人的生活对于讲述历史不再重要。研究个人与机构之间的互动,就像系统中不同尺度的能量之间的互动,如此我们才能了解系统是如何运作的。

科学家以全球性角度研究和描述地球的工具不仅仅是研究手段，它们对于产生、塑造和定义知识也有着深远的影响。它们所产生的知识隐含了两个内容：一是谁发现了这些知识——有些人因为他们受过的培训、拥有的技能甚至是他们在社会中的道德地位，其发现的知识更易被公众所相信；二是这些知识意味着什么。本书讲述的故事是科学家们如何创造工具来发现全球性的知识，以及这些工具的影响。虽然我的主人公们几乎都讲英语，几乎都是男性，但他们属于不同的时代、不同的地方，更具挑战的是，他们拥有不同的学科背景。我有意这样选择，因为我希望展示，我们今天轻易提到的气候科学其实是多种地球认知方式的结合。从某种意义上说，这是一件好事，因为它提供了产生知识的多种途径，以应对气候变化的挑战。几十年来，人们一直在呼吁跨学科合作，其声响有时甚至盖过了其他。尽管如此，在自然科学和社会科学领域，真正的跨学科工作仍然难以实现。最近对全球气候科学进行的20项科学评估结果的元分析指出："只有1/5的案例尝试整合了现实要素(或)考虑了跨空间尺度的社会经济和地球物理。"[1] 然而，正如本书所阐述的，气候科学自始至终都是一个跨学科领域。无论好坏，气候科学从来都不是一门独立的学科。

全球性的认知必然是由非全球性的元素——个人、特定地点、某个时刻——组成的。这本身谈不上是坏事还是好事，只是我们必须意识到这一事实。全球性的知识是一个有影响力的概念。它可能是我们今天所需要的，但这并不意味着它是中性的或本来就有的。我们所有的全球性认知，就像本书中所描述的认知一样，都是个人思想在特定时间、特定地点运作的产物——这些历史可能会有其他的发展。换句话说，我们生活在同一个地球上，但是——用丁铎尔可能会欣赏的一句话来说——它蒙着许多面纱，呈现出各种各样的面貌。在本书中，我们揭开面纱的工具，是人类将地球研究划分成的不同学科：地质学、物理学、天体物理学、宇宙物理学、大气物理学、气象学、海洋学、古气候学、气候科学。这些学科提供了思考和科学研究的框架，它们也以这种方式决定了每个学科的研究者能够知道什么。在这一步又一步的研究过程中，既有精心安排，也有偶然机会，既有艰苦的准备工作，也有不可预知的突发事件。总的来说，首先是个人生活和由此产生的知识，然后知识被整合为学科，最后得到了类似布雷瑟顿图这样的成果。这不仅是整个地球的融合，也是认知地球的多种方式的融合。

跨学科可以有多种形式。布雷瑟顿图代表了许多学科知识的整合。它还表明，为了模拟系统中的人为因素，有必要也将社会科学整合进来。一系列研讨会的举办就是因为意识到了地球正处于变化之中，该图也是在这些研讨会的基础上产生的，促使人们再一次呼吁跨学科合作，而这一次是将气候科学与传统的历史学科结合起来。

这种全球变化的认知是由冰芯直接引发的。有了神奇的同位素化学和丹斯加德的“一个好主意”，冰芯成了冰冻的年鉴。事实证明，地球不仅有自己的历史，而且还保存着自己非常详细的档案。冰芯作为古代代用指标家族中的一员，能够以极高的分辨率记录很长的时间跨度。事实上，在某些冰芯中，我们能够按年阅读地球的历史，就像历史学家阅读教堂登记簿一样。冰芯的这一特性，使得人类历史和气候历史能够以前所未有的方式对齐。现在，气候历史可以直接用来校准人类历史。这提出了一些问题，其中最重要的是气候如何影响人类历史。为了“评估气候和天气对过去人类活动的影响”，1979年在英国东安格利亚大学气候研究室举行了“气候与历史”会议，汇聚了来自自然科学、社会科学和人文科学领域的250名研究人员。[2]

会议明确了几个问题。其一，气候对人类的影响是一个复杂、多维度的问题。在不同的时间和地点，不同的人类文化对气候变化的反应是截然不同的。埃尔斯沃思·亨廷顿(Ellsworth Huntington)的环境决定论受到了越来越多的质疑，已经没有什么支持它的证据了。其二，为了应对未来，人类需要更深入地了解气候变化。但尚不清楚的是，人类本身是否也对气候产生了影响。1979年，在英国东安格利亚大学的会议上，没人提到人类引起的气候变化。虽然当时的主流观点是，气候对人类的影响是单箭头的，但学者们仍强调这种影响是有条件的。当时，不只是环境决定论没有立足之地，连人类活动与气候变化之间的潜在联系都没有受到关注。这种状况并没有持续多久。越来越多的证据表明，人类活动对大气中二氧化碳的增加产生了影响，而且有新的迹象表明全球气温正在上升，这让人很难忽视人类指向气候的箭头。但在1979年的英国东安格利亚大学的会议上，这些问题暂时被搁置一旁。

冰芯研究引发了一个迫切的需求，那就是在隔了鸿沟的两种文化之间建立交流。会议论文集的编辑们断言："'气候与历史'这一研究领域位于不同学科的交叉点上，该领域的发展需要跨学科合作。"在这里，"历史"这个词有着丰富的内涵。编辑们不太真诚地解释说："我们的方法很简单，就是研究气候本身的历史，试图重建过去几个世纪甚至几千年的气候变化和波动模式。"[3] 从这个意义上说，气候史在当时往往被认为是一种几乎纯粹的科学[编辑提到，除了少数专门研究气候对人类历史影响的历史学家，比如勒华拉杜里(Le Roy Ladurie)，他是其中的佼佼者]。

编辑们声称气候史明显是一种科学，他们认为自己所陈述的已经是一个平淡无奇、司空见惯的真理。但是，自以为是的断言往往在深处隐藏着不确定性。尽管他们如此声称，但这群20世纪的研究人员对气候历史的看法并不是本来就有的。相反，它是其自身学科历史的产物，与人类的任何产出一样，具有偶然性和不确定性。

18世纪末，赖尔和詹姆斯·赫顿(James Hutton)等地质学家发现了地球的“深层时间”。但是正如马丁·鲁德威克(Martin Rudwick)所言，相比于发现了深层时间，创造了一种思考地球过去的新角度也许才是更重要的。这是一种新形式的历史意识，鲁德威克称之为地球的“深层历史”。鲁德威克认为，在我们对地球的理解上相比延长所了解的时间跨度(地质学家赫顿曾有著名的描述，这样的时间“没有开始的痕迹，也没有结束的趋势”)来说更重要的是，我们对“自然界的历史性和历史真实性”有了新的认识。[4]《圣经》凭借其复杂和充满偶然性的历史，为早期地质学家提供了一个现成的模型，说明变化是如何随着时间推移而发生的。从《圣经》中，他们借鉴了一个主导一切的假设，即地球地质历史的展开是一系列偶然事件。与牛顿所描述的一成不变的行星轨道相比，地球地质历史与人类历史的变迁更为接近。[5]借鉴《圣经》的历史模型绝非偶然。鲁德威克认为，这种每个时间点都可能走向不同结果的观点，从人类文化和人类历史中被“故意地移植到了自然界”。除此之外，鲁德威克的论据还反驳了科学与宗教的简单冲突。鲁德威克认为，《圣经》的理解非但没有阻碍对地球深层历史的发现，反而“有积极促进的作用”。尽管英国东安格利亚大学的会议论文集的编辑们将气候的历史性简化为某种自明之理(前文提到的“我们的方法很简单……气候变化和波动模式”)，但地质学的历史性“生来”就更丰富、更有意义。从一开始，地质学就是一门自觉建立在《圣经》这一最人性化的历史模式之上的科学。

今天的气候科学，由于它有一部分建立在地质学的基础之上，因此它包含了一些历史性和偶然性。但它也包含了一种不同的历史观，一种在精神上更接近牛顿而非赫顿的历史观。牛顿式的历史，描述的是按精确周期展开的历史，而不是峰回路转的故事，这种观点也是我们今天所称的气候科学的一部分。詹姆斯·汤姆森等人用这种观点计算出了冰在压力下的融化程度。这些物理方法孕育了布洛克等人的思维方式,使他们开始研究记录在冰中的快速变化的全球性机制。这项工作创造了一种思考气候内部历史的新方法,这种方法后来被称为气候动力学。[6]气候动力学并没有直接借鉴传统的历史学方法,也没有像参加1979年英国东安格利亚大学会议的科学家那样,与传统历史学家合作建立时间线。它是一种对于气候的全新思维方式。许多受益于地质学的学科(比如战前和战时的经典气候学,以及气象学和海洋学的许多方面),都或多或少地满足于简单描述气候历史的发展。对物理动力学感兴趣的科学家则不同,他们更希望探寻气候系统内部的因果关系,了解这些关系如何产生可以观测到的现象。在这种背景下,研究气候史需要理解物理现象之间的因果关系,而不是"仅仅"描述它们。顺着这种思维方式,推测水、空气或冰的运动的历史,依靠的不仅仅是观察和描述,而是正确应用物理原理。斯托梅尔关于西向强化的论文是海洋学中这种思维方式的经典之作。这种思维方式不仅是理解物理现象的驱动力——物理现象正是气候历史的核心,它还证明了在这一新领域中简单性的价值。

从这个意义上说,研究气候动力学的科学家也是有历史意识的。虽然关于气候系统的具体变化路径始终存在不确定性——人们确实感觉到事情很容易以不同的方式发展,但气候动力学这门科学强调的不是这种不确定性,而是系统各要素之间的联系。换句话说,他们更关注从物理动力学角度可以解释的因果关系,而较少关注(至少从理论上)根本无法预测的因素。从这个意义上说,将他们的研究方法视为历史性的似乎很合理,尽管这不同于古典气候学家的年代描述框架。当不确定性超过了数据的噪声,就必须发展新的理论来解释它。其中最主要的是气象学家洛伦兹对某些系统——尤其是大气系统——的混沌特征的描述。按照洛伦兹的理解,混沌是一种在系统中引入不可预测性的方法，但又不至于失控至随机，"仅仅"是偶然的。混沌系统远非随机，相反，它们围绕着某些稳定状态盘旋，虽然从不陷入固定的轨道。但是，它们仍是不可预测的，这种不可预测性使物理学家感到困惑，因为它挑战了牛顿的承诺：只要对初始条件有足够敏锐的了解，就可以获得完美的认知。洛伦兹证明，在混沌系统中，初始条件不可能精细到足以否定不确定结果的可能性。为了获得一定的认知，我们必须放弃追求完美的认知。

寻求简化是科学探索中的一个常见主题，特别是当遇到如空气和水的运动这样的复杂现象时。如果说简化有一个图腾，那它一定在科德角伍兹霍尔海洋研究所内的一间小木屋中。自1959年以来，每年夏天都会有一群科学家聚集在那里，讨论如何用最简单的方法来描述行星尺度上的流体运动。这个研讨会被称为GFD（地球物理流体动力学），它是一种理解地球流体运动的方法，影响了许多本书所描述的科学认知，同时也被其影响。[7] 值得注意的是，这种地球科学的概念性简化方法是在一个不保暖的木屋里孕育出来的，里面最多只能容纳20多名研究人员，他们挤在一堆杂乱无章的折叠椅上，三面墙上都是黑板。木屋的大小限制了人员的规模。相较于其他领域，如计算机建模或有更多人参与的各项气候研究中的实地考察，研究地球物理流体力学的科学家并不多。他们中的大多数人都参加过GFD的暑期学校，这个暑期学校已经开办了超过59年。小木屋的墙壁可以不保暖，因为GFD只在暑期开办，从每年的6月持续至8月，剩下的时间只保留最基本的行政功能，直到下一年。这样做的目的（和结果）是，GFD成了跨学科——正是本书所描述的那些学科——的桥梁。海洋学家、气象学家、大气物理学家和冰川学家都申请来这里学习或讲学。他们在离开时吸纳了一种新的看待地球的方式，并将其应用于自己的博士工作、博士后研究以及随后的职业生涯中。

1956年秋天，伍兹霍尔海洋研究所与麻省理工学院联合举办了一系列研讨会，GFD研讨会由此应运而生。在麻省理工学院方面，诺曼·菲利普斯(Norman Phillips)和查尼出席了研讨会，两人都是最近从普林斯顿高等研究院转到麻省理工学院的，而查尼之前一直在那里从事冯·诺伊曼所倡导的数值天气预报工作。气象学家洛伦兹也参加了研讨会。在伍兹霍尔海洋研究所方面，与会人员包括斯托梅尔、乔安妮·马尔库斯和她当时的丈夫威廉·马尔库斯，以及福格里斯特(他对湾流中的涡流进行了早期观测)。当时在伍兹霍尔海洋研究所访学的罗斯贝也参加了。这样，一群数学功底深厚的海洋和气象领域的专家(为方便起见，可以称之为理论家)每两周聚在一起交流两个小时，轮流在伍兹霍尔和马萨诸塞州的坎布里奇进行，这还不包括会后的晚餐和两地之间的车程。

在这些研讨会上，参与者之间逐渐形成了一种共同的语言，对了解大气和海洋的流体动力学产生了共同的兴趣。因此，他们都想要开办暑期学校，对学生也进行这种思维方式的培训。1958年秋天，乔治·维罗尼斯(George Veronis)、斯托梅尔和威廉·马尔库斯起草了一份关于GFD暑期学校的提案，主题是"地球物理流体力学理论研究"。乔安妮·马尔库斯和斯托梅尔都是该暑期学校的早期顾问，尽管乔安妮在与威廉·马尔库斯离婚后就不再参加该暑期学校了，但威廉·马尔库斯仍密切参与其中，斯托梅尔也参与了数年。他们二人都是GFD精神的典范，试图从物理的角度理解空气和水的运动，从而用最简单的语言解释世界上最复杂的事物。

首届课程包括4名学生和6名受邀职员，此外还有伍兹霍尔海洋研究所的成员。该课程主要是举办研讨会，由教职员工介绍他们目前正在开展的研究，而不是教授固定的课程。课堂上不仅允许提问，而且鼓励提问，重点不在于传授固定的知识体系，而在于学生和教职员工共同探讨有趣的研究问题。斯托梅尔和罗宾逊讲述了他们最近提出的温跃层理论，即海洋中温度急剧下降的突变层。乔安妮·马尔库斯做了一个关于云物理学的报告。研讨会的核心精神是平等。在研讨会成立60周年之际，这种平等精神依然如故：研讨会欢迎建设性的插话，不断提问的精神打破了师生之间的隔阂。

GFD研讨会对我们理解海洋、冰川和大气如何运动产生了巨大的影响。尽管GFD研讨会的参与者追求用简化的视角来理解和解读气候现象，但气候科学的发展历史正变得越来越复杂。布雷瑟顿图固然重要，但它的重要性早已被另一种全球性认知所超越。在这种认知中，简单性有价值，复杂性也有价值。正是这种全球性认知——甚至比我们的“蓝色弹珠”在漆黑太空中的形象更迷人——塑造了我们对地球气候的思考。这种认知就是“大气环流模型”，它是一种复杂的模拟，通过物理方程组在数据网格点的表现来重现地球系统的动力。就像豪尔赫·路易斯·博尔赫斯(Jorge Luis Borges)讲过的讽刺性故事——绘制出与领土大小完全相同的“完美”地图，却因此失去了它的实用性——这些大气环流模型的目标也是尽可能完整地覆盖地球。它们使用的不是纸张，而是假想的网格，其分辨率随着计算机处理能力的进步而提高。[8]时间是气候模型中的另一个要素。虽然可以通过更大的时间步长来运行空间分辨率更高的气候模型，但科学家们通常选择30分钟这种较短的时间步长来运行一个世纪或更长时间的模型。这意味着在任何给定模型的每个网格点上都要进行1 753 152次迭代。对于每个网格点，还需要计算一系列模型变量——温度、风速、气压、湿度等数值。迭代次数、网格上的点数和每个点上的变量数这三组数字相乘，很快就会产生几乎难以想象的庞大计算量。对于目前使用的分辨率最高的大气环流模型来说，即使是世界上速度最快、功能最强大的计算机，运行一个世纪的模型所需的计算量也是惊人的。通常情况下，将模型的分辨率提高1倍，所需的计算量就会增加10倍。[9] 这些模型就像饥渴的巨兽，不论计算能力随摩尔定律如何增强，它们都会吸干所有可用的计算资源。

大气环流模型在再现气候系统的某些方面取得了显著成功，如大尺度的洋流和气流、冰盖的脉冲式增长和衰减，以及大气中二氧化碳的分布。其他特征，特别是那些在小的空间尺度或时间尺度上运行的特征，即使使用现有最大的计算机也难以捕捉。目前，这类大气环流模型的空间分辨率约为100千米。任何更小的部分——云或是小的海洋涡流——都会被漏掉。（由于云是全球气候系统的关键组成部分，科学家们一直在努力寻找其他方法将其包括在内。他们通过参数化来实现这一点——将云的影响简化成数字。这些都是有用的工具，总比完全忽略这些小尺度特征要好，但它们也有局限性。）这些模型世界的复杂性（而且更复杂的是，有数十种不同的模型）使得气候科学家们开始担心，他们有可能忘记自己研究的不是真实的地球，而是地球的模型版本。如果迷失在大气环流模型的细节中，他们有可能忽视这些模型的真正目的——了解我们自己的星球。[10]

还有一些其他的气候模型，处于模型多样性系谱的另一端。这些简化模型的目的不是模拟气候，而是为探索气候提供一个有用的媒介。其中一个很好的例子就是乔安妮·辛普森和里尔用来“发现”热塔的那种能量平衡模型。通过尽可能消除细节，这些模型遵循了与大气环流模型相反的认识论。不考虑非必要的细枝末节，只保留气候系统的基本特征，能够提供一种清晰的视角。这种研究方法由来已久，可追溯到克罗尔、费雷尔（Ferrell）和詹姆斯·汤姆森等人的工作，它往往与现实不符，不是以模拟地球为目的，而是为了想象另一个地球，例如海洋学家约翰·马歇尔（John Marshall）的水行星模型。[11] 他探讨了如果地球表面全部被水覆盖,地球的气候会是怎样的。让这个模型运行5000年的时间,他发现它最终会进入一个稳定的气候体系——两极都会形成冰盖。马歇尔进行了四次实验,每次都添加一条线来代表最简单的陆地,它的作用是阻碍整个地球的水流。通过四次简单的变化,马歇尔能够测试陆地分布如何影响海洋环流和气候机制,从而更好地了解一个星球是会经历固定冰期、振荡冰期,还是会陷入永久的冰封状态。

理论上,在简单如水行星的模型和复杂的大气环流模型之间,存在着一系列复杂程度越来越高的中间模型。那些支持"模型分级"方法的人认为:气候系统非常复杂,我们需要一个嵌套模型系统来理解能量在系统的不同尺度中的流动。根据这种观点,气候科学重要问题的"答案"不在于某个特定的模型,而在于这些分层排列的模型中的每一个模型所带来的不同理解。[12]

今天,气候科学家对自己的学科身份,以及自己的认知身份——他们如何知道所知的——都有强烈的自我意识。在以跨学科思考为目标的会议上,科学家们在发言前通常会说"作为一名建模者"或"作为一名理论家",等等。在丁铎尔和福布斯关于冰川运动性质的争论中,这种思考方式以不同的面貌出现过。沃克一直在努力克服统计学在物理认知方面的局限性。同样,斯托梅尔和乔安妮·辛普森也在为寻找正确的平衡而苦恼:一方面是他们观察到的海洋和大气中的复杂现象;另一方面是要用以简洁为特性的数学和物理去描述它们。人们"做"观测、"做"理论、"做"模型之间的相互影响是本书的核心主题。本书所涵盖的150年历史的一个统一特点是,人们在有意识地寻求观测、理论和模型之间的平衡(平衡的定义也是在不断变化着的),这三者之间没有一个固定的比例。

虽然我们很容易认为地球科学越来越趋向于数学化——就像地球

物理流体力学一样，但更恰当的说法是，理论、观测和建模之间的迭代需求已经加强，且这个循环正在加速。理论家需要数据，甚至比以往更需要数据。观测或建模可以产生数据，但它们的相关人员又需要理论来确定他们的研究重点，甚至——正如保罗·爱德华兹(Paul Edwards)所说的那样——需要理论来真正理解他们的数据。

历史学家往往对“现在主义”的事物持谨慎态度。他们认为以现在的眼光看待过去是一种不好的倾向，这会让我们站在自己的角度上，从而无法真正了解过去。但是，现在主义是不可避免的。我们无法摆脱自己看待过去的视角，即现在的视角。与其竭力否认这一视角，不如直面它。考虑到当今世界面临的环境挑战，我们急需认真思考现在与过去之间的关系。与其担忧我们被“现在”的偏见所蒙蔽，不如把“过去”这个最佳工具用来预测未来。

利用历史来想象未来有很多种说法。有时，我们将过去视为经验教训或案例研究的源泉，如古气候科学家寻找的气候类比，或用来做出新预测的旧有天气模式。我们可以从过去的相似时刻中吸取教训，(隐藏的含义似乎是)避免犯同样的错误。另一种更为细致的方法是利用过去，不是作为未来的参考答案，而是作为一种想象力的延伸练习，帮助我们更全面地考虑未来的各种可能性。有人称这种方法为“预期历史”，这些人致力于思考如何管理现实事物，比如文物古迹，它们因其地理位置而容易受到即将发生的变化——比如气候变化导致的海平面上升——的影响。[13] 这迫使管理者和决策者直面这个问题，并考虑如何应对，而不是逃避。当涉及气候的历史时，情况就没有那么明确了，也就是说，与气候变化相关的科学实践并没有像我们的自然景观那样直接受到气候变化的威胁。

但是，如果我们更深入地思考这个问题，也许科学确实正受到威胁。我认为，这不仅仅是来自那些试图破坏科学话语权的人，尽管这种威胁确实存在,而且顽固得难以消除。更深层次的是,气候科学可能正面临着缺乏自我认知的威胁。气候科学所需要的似乎是一套词汇体系,可以将隐藏在其背后的价值观明确地表达出来。科学实践中蕴含着许多这样的价值观,但作为历史学家的我想特别呼吁,去审视气候观念中所隐含的历史本质。[14] 例如,什么会被视为气候的历史?可以用哪些概念工具和物质工具来揭示这样的历史?它们赋予了哪些时刻以意义,却又忽略或抹杀了哪些时刻?这些我们刚刚提出的问题,对于确定我们在气候问题上的关注点至关重要,而这些问题的答案,无论我们是否意识到,都将构成我们面对变化时的反应依据。

理解与气候相关的历史有助于我们界定什么是正常的气候。确定什么是原本的气候是当今气候科学和气候政策的焦点之一。当我们了解气候在过去是如何变化的,并考虑它在未来可能会如何变化时,我们都是基于一些假设来判断什么是"好的"或"原本的"气候。迄今为止,这些假设都是由那些研究地球过去的人定义的。他们不是历史学家,而是科学家,他们通过研究过去的气候变化数据,来预测未来可能会发生什么,以及我们应该如何应对。什么样的变化被视为可接受的变化?这可能是一个科学问题,但不仅如此,它在很大程度上取决于你如何界定它。[15] 过去12 000年的历史被称为全新世,从之前数百万年的历史来看,这段时间异常稳定,也异常温暖。这恰好是人类进化的时期。我们有责任维持这种特殊的气候吗?如果我们把有权决定这个问题答案的人群扩大到气候科学家之外,那么"什么是原本的气候"的说法就更多了。

如果声称有许多不同种类的知识,似乎容易引起党派之争,从而引发信任危机,甚至在某些情况下会完全否定科学价值。从这个角度看,科学正受到威胁,它必须用自己的方法来拯救自己——用数据证明它"有效",即它可以做出有意义的预测。从另一种角度来说,理解科学的多元性可以帮助我们理解更为根本的东西——科学的局限性。承认科学的局限性并不意味着否定科学,反而这种局限性可以开辟新的前进道路。发现科学中各种价值——如兴趣、承诺、情感联系、自主性——的存在及其必要性,可以帮助我们更好地了解科学是什么。这使我们明白,在人类社会中,我们在地球上生活的方式会受到科学价值观的影响,但是不必由其决定。我们选择如何使用能源、如何处理我们的物品、如何与环境共存,一直都比我们对冰期的理解或预测天气的能力重要得多。

气候与历史的关系既是一个关键的政治问题,也是一个尚未解决的科学问题。地球现在显然是一个不断变化着的星球。过去永远是未来的资源。科学家们现在试图根据古气候记录了解过去的气候动力,以便更好地了解未来可能发生的变化。我们可以选择什么样的未来?我们想象的未来是什么样的?从政治角度出发,这些问题在一定程度上也受制于对过去气候动力和未来气候动力的科学理解。

对气候的理解还在继续。布雷瑟顿图虽然曾经很有影响力,但现在看来已经过时且显得笨拙。美国国家航空航天局的工程师们认为,在理解地球"系统"的各个组成部分时,现在的研究方式更注重这些组成部分之间的联系,而非各部分本身。[16] 系统中的因果关系以及相关的临界点已经成为当前科学研究的核心问题。对系统各要素的区分已经逐渐被淡化,人们转而强调它们是一个不可分割的整体。所有内容都紧密地相互关联,只有研究这些复杂的关联,我们才能真正理解系统。尽管有观点认为,研究这些关联仍然意味着要研究各个要素,但研究的重点已经变了。维克多·斯塔尔在大约60年前提到的"基本的统一性"是一个反复出现的主题,但似乎每一代人都必须独立地提出这一认知。

本书中所描述的科学家们都以各自充满乐趣的方式获取认知——他们将地球视为一个探索的舞台。沃克投掷回旋镖是本书所描述的最直接的游戏形式,在他严谨的数学背景下更显得引人注目。丁铎尔也很爱玩,且玩的方式总是充满考验:他喜欢冒险,同行对他好争辩的性格保持耐心和宽容,他挑战仪器的精度以回答越来越难的问题。皮亚齐·史密斯则摆布权威——他自己的权威、他的仪器的权威,以及我们现在可能称之为图像的"真实性"的权威。他在最瞬息万变的现象中寻求知识,他摆布自己对知识的追求,最终挑战自己,接受无法证明的信仰。乔安妮·辛普森在天空的竞技场上尽情发挥,使用她所需要的一切工具——从飞机到手工计算的模型,再到她自己拍摄的云的照片——来探求她渴望的物理知识。斯托梅尔在制作和思考中感受乐趣,他一边修补东西,一边修补想法,把自己的思想当作一个长焦镜头,在海洋中拉近又拉远,寻找他认为值得研究的问题。对于丹斯加德来说,格陵兰岛的天凝地闭中隐藏着一个冰封的过去,得益于他那"真正的好主意",他的思绪可以在这里任意徜徉。

对于这些人来说,工作是一种既充满乐趣又严肃认真的探索,历经数十年,同时跨越了精神领域和物质领域。他们追寻着水和它所蕴含的热量(或蕴含的热量痕迹),就像他们所研究的分子一样,在时间和空间中描绘出轨迹。虽然他们的探索充满了游戏般的乐趣,但其背后的动力是深切的渴望:渴望获得更多的知识、渴望有更多的时间研究地球、渴望在工作中有更多的自由、渴望有更多的工具来进行深入的研究和观测。对这些人来说,探索游戏是通向某种严肃伟大目标的途径。他们每个人都以自己的方式,从与地球的对话中寻找着意义深远的东西。我们也应该如此。

致 谢

我在撰写这本书的过程中得到了许多人的支持，没有他们的专业知识和慷慨相助，我不可能完成这本书。我写这本书的主要乐趣之一，就是与科学家们的交流，他们研究了海洋中的水、大气中的水蒸气，以及冰川和冰盖中的冰。我很高兴有机会在此感谢这些慷慨的人士。戴维·马歇尔（David Marshall）热情地与我分享了他的知识，并借给我几本非常重要却很难找到的《斯托梅尔论文集》（*Collected Works of Henry M. Stommel*）。温施阅读了几个章节，以他的历史敏感性和对该领域的精通为我提供了宝贵的意见。在2017年我访问伍兹霍尔海洋研究所期间，黄瑞新与我分享了他对斯托梅尔的回忆，并确保我了解那里的特殊文化，包括GFD研讨会。在伍兹霍尔，乔·佩德洛斯基（Joe Pedlosky）和约翰·马歇尔也花时间与我讨论了物理海洋学的历史和现状。回到英国后，贾尔斯·哈里森（Giles Harrison）在雷丁接待了我，与我分享了他在大气物理学方面的研究成果，并让我体验了发射气象气球的乐趣。

我对以下人士表示衷心的感谢，他们阅读了我各章的草稿并给出了宝贵的意见：乔治·亚当森（George Adamson）、马蒂亚斯·海曼（Matthias Heymann）、麦克·休姆（Mike Hulme）、勒莫恩、戴维·马歇尔、理查德·斯特利（Richard Staley）、斯宾塞·沃特（Spencer Weart）、埃德·齐普泽（Ed Zipser），以及以下研讨会的与会者：2017年9月6—7日在汉堡大学环境人文中心举办的“迈向古气候学的历史”；2017年8月16—17日在马克思·普朗克科学史研究所举办的“预估的真相：水、科学与近似的政治”；2018年8月20—24日在牛津大学布雷齐诺斯学院，由圣十字物理学历史与哲学中心举办的“物理历史:科学仪器与环境物理”暑期班。我还从与以下人士的对话和电子邮件中获得了帮助:卡伦·阿普林(Karen Aplin)、布洛克、哈利·布赖登(Harry Bryden)、伊恩·休伊特(Ian Hewitt)、吉姆·莱德维尔(Jim Ledwell)、马丁·马霍尼(Martin Mahony)、丹尼斯·摩尔(Dennis Moore)、蒙克、克里斯·拉普利(Chris Rapley)、埃米莉·沙克伯勒(Emily Shuckburgh)、约翰·坦尼森(John Tennyson)、克里斯·威尔逊(Chris Wilson),以及芝加哥大学出版社的两位匿名审稿员。其余所有错误均是我个人的。此外,我还要感谢伍兹霍尔海洋研究所的数据图书馆和档案馆的戴夫·舍曼(Dave Sherman)、拉德克利夫研究所施莱辛格图书馆的戴安娜·凯里(Diana Carey)、爱丁堡皇家天文台图书馆的卡伦·莫兰(Karen Moran),以及麻省理工学院档案与特藏部、伦敦皇家学会和牛津博德利图书馆的工作人员。

我很感谢科学工厂公司的彼得·塔拉克(Peter Tallack)担任我的代理人,我还从两位出色的编辑那里获益匪浅:芝加哥大学出版社的卡伦·梅里坎加斯·达林(Karen Merikangas Darling)和英国斯克里布出版社的菲利普·格温·琼斯(Philip Gwyn Jones)。由于他们的认真工作和热情付出,这本书才会更加出色。此外,我还要感谢美国国家人文基金会在2015—2016年度为我提供的公共学者资助。

我的朋友们也给了我很大的支持和鼓励:海利·麦格雷戈(Hayley MacGregor)、西尔维·赞尼尔-贝茨(Sylvie Zannier-Betts)、西涅·戈斯曼(Signe Gosmann)、利兹·伍利(Liz Woolley)、劳拉·斯塔克(Laura Stark)、帕特里克·特里普(Patrick Tripp)和苏茜·赖斯(Susie Reiss)。谢谢大家,现在我们终于可以聊点别的了。

我的父母保罗·德里(Paul Dry)和塞西·德里(Cecie Dry)以及我的姐妹凯蒂·德里(Katie Dry)向来都是我坚实的后盾,这本书也不例外。我非常感谢他们对我无条件的爱和耐心,特别是在我为这本书投入的时间远超预期时。

在家里,我很幸运有两个特别的人:雅各布和罗伯,前者给了我无与伦比的支持,后者始终相信我。

注 释

第一章

1. 东安格利亚大学的丁铎尔气候变化研究中心；Geoffrey Cantor, Gowan Dawson, James Elwick, Bernard Lightman, and Michael S. Reidy, eds., *The Correspondence of John Tyndall* (London: Pickering and Chatto, 2014–)；以及 Roland Jackson, *The Ascent of John Tyndall: Victorian Scientist, Mountaineer, and Public Intellectual* (Oxford: Oxford University Press, 2018)。

2. Stephen Schneider, "Editorial for the First Issue of Climatic Change," *Climatic Change 1*, no. 1 (1977): 3–4.

3. John Tyndall, *The Forms of Water in Clouds and Rivers, Ice and Glaciers* (London: King, 1872), 6.

4. Simon Schama, *Landscape and Memory* (London: HarperCollins, 1995), 7–9.

5. 例如，见 Sheila Jasanoff, "Image and Imagination: The Formation of Global Environmental Consciousness," P. Edwards and C. Miller, eds., *Changing the Atmosphere: Expert Knowledge and Environmental Governance* (Cambridge, MA: MIT Press, 2001), 309–337。有关全球图像的更长历史，请参阅 Dennis Cosgrove, *Apollo's Eye: A Cartographic Genealogy of the Earth in the Western Imagination* (Baltimore: Johns Hopkins University Press, 2001); Sebastian Grevsmühl, *La Terre vue d'en haut: l'invention de l'environnement global* (Paris: Editions du Seuil, 2014)。

第二章

1. 参见 John Tyndall, "Winter Expedition to the Mer de Glace, 1859," *The Glaciers of the Alps: being a narrative of excursions and ascents, an account of the origin and phenomena of glaciers and an exposition of the physical principles to which they are related* (London: John Murray, 1860), 195–218。在这次探险中，丁铎尔雇用了爱德华·西蒙德(Eduard Simond)和约瑟夫·泰拉(Joseph Tairraz)作为向导，另外还有四名搬运工(199 页)。另请参阅英国皇家学会收藏的丁铎尔的打印版日记，vol.3, section 8, 24–30 December 1859, 101–175; 以及 Jackson, *Tyndall*, chapter 8, "Storms over Glaciers, 1850–1860," 145–150。

2. Tyndall, *Journals*, vol. 3, 101.

3. Tyndall, *Glaciers*, 208.

4. Tyndall, *Journals*, vol. 3, 159.

5. 关于丁铎尔和福布斯之间争论的更多信息，见 J. S. Rowlinson, "The Theory of Glaciers," *Notes and Records of the Royal Society of London* 26 (1971): 189–204; Bruce Hevly, "The Heroic Science of Glacier Motion," *Osiris* 11 (1996): 66–86; 以及 Jackson, *Tyndall*, chapter 8, "Storms over Glaciers, 1858–1860," 132–151。

6. John Tyndall, "On the Physical Phenomena of Glaciers," *Philosophical Transactions* 149 (1859): 261–278.

7. Martin Rudwick, *Worlds Before Adam: The Reconstruction of Geohistory in the Age of Reform* (Chicago: University of Chicago Press, 2008); Martin Rudwick, *Earth's Deep History: How It Was Discovered and Why It Matters* (Chicago: University of Chicago Press, 2014).

8. 引自 Christopher Hamlin, "James Geikie, James Croll, and the Eventful Ice Age," *Annals of Science* 39 (1982): 569。

9. Crosbie Smith and Norton Wise, *Energy and Empire: A Biographical Study of Lord Kelvin* (Cambridge: Cambridge University Press, 1989), 556.

10. Rudwick, *Earth's Deep History*, 150.

11. William Hopkins, "On the Causes which may have produced changes in the Earth's superficial temperature," *Quarterly Journal of the Geological Society* 8 (1 February 1852): 88.

12. 1851年，霍普金斯向地质学会宣读了一篇论文，他在论文中引用了泊松(Poisson)的估计，即地球平均温度中只有大约1/20华氏度是由所谓的"原始热量"造成的。这个比例不仅很小，而且减少的速度非常缓慢，以至于需要"1000亿年"才能将这个比例减少一半。即使对于那些习惯于地质变迁需要花费很长时间的地质学家来说，这也是一段漫长的时间。见 Crosbie Smith, "William Hopkins and the Shaping of Dynamical Geology: 1830–1860," *British Journal for the History of Science* 22, no. 1 (March 1989): 41。

13. Hopkins, "On the Causes,"59. 霍普金斯指出，尽管以前地质学家只能想象"地球表面总体温度从高到低"这样的"气候条件的变化"，但更"准确的地质研究"表明，"这些变化在很大程度上具有振荡的性质"，并且"就这些变化的特点而言，它们显然不能用地球内部的能量来解释"。

14. 摘自 James Campbell Irons, *Autobiographical Sketch of James Croll, with Memoir of his Life and Work* (London: Edward Stanford, 1986), 32。有关克罗尔的更多信息，请参阅 James Fleming, "James Croll in Context: The Encounter between Climate Dynamics and Geology in the Second Half of the Nineteenth Century," *History of Meteorology* 3 (2006): 43–54。

15. Irons, *Croll*, 35.

16. Irons, *Croll*, 228.

17. 引自 Fleming, "Croll," 49。

18. Hamlin, “Geikie,” 580.

19. 1865年2月6日，赫歇尔致赖尔的信；1865年2月15日赫歇尔致赖尔的信；都出自赫歇尔文稿。

20. 1868年9月19日，达尔文致克罗尔的信，引自Irons, *Croll*, 200。

21. James Geikie, *The Great Ice Age and Its Relation to the Antiquity of Man* (London: W. Isbister, 1874), 94.

22. Hamlin, “Geikie,” 578.

23. Geikie, *Great Ice* Age, 95.

24. Irons, *Croll*, 104.

25. 1865年1月14日，丁铎尔致克罗尔的信，引自Irons, *Croll*, 104。

26. Tyndall, *Forms*, 7.

27. Tyndall, *Forms*, 14.

28. “Glacial Theories,” *North American Review* 96, no. 198 (January 1863): 2.

29. 参见Crosbie Smith, “William Thomson and the Creation of Thermodynamics: 1848–1855,” *Archive for the Exact Sciences* 16 (1977): 231–288。

30. William Hopkins, “On the Theory of the Motion of Glaciers,” *Philosophical Transactions of the Royal Society* 152 (1862): 677.

31. 参见Naomi Oreskes and Ronald Doel, “The Physics and Chemistry of the Earth,” Mary Jo Nye, ed., *The Cambridge History of Science* (Cambridge: University of Cambridge Press, 2003), 544。

32. Hevly, “Heroic Science”; Michael Reidy, “Mountaineering, Masculinity, and the Male Body in Victorian Britain,” Robert Nye and Erika Milam, eds., “Scientific Masculinities,” *Osiris* 30 (November 2015): 158–181.

33. Tyndall, *Glaciers*.

34. Tyndall, *Glaciers*, v.

35. Tyndall, *Glaciers*, 116.

36. 引自Daniel Brown, *The Poetry of Victorian Scientists: Style, Science and Nonsense* (Cambridge: Cambridge University Press, 2013), 110。

37. 引自Brown, *Poetry*, 117。

38. 引自Rowlinson, “Theory,” 194。

39. Tyndall, “The Bakerian Lecture: On the Absorption and Radiation of Heat by Gases and Vapours, and on the Physical Connexion of Radiation, Absorption and Conduction,” *Philosophical Transactions of the Royal Society* 151 (1861): 1.

40. 该设备及其带来的挑战在丁铎尔的《贝克讲座》中有所描述。

41. 丁铎尔在1861年夏天写的日记，存放于皇家学会。

42. 丁铎尔在1859年5月18日写的日记，存放于皇家学会。

43. 起初，丁铎尔甚至懒得测试水蒸气和二氧化碳，因为它们在大气中的含量极少，他认为"它们对辐射热的影响一定是非常不明显的"。A. J. Meadows, "Tyndall as a Physicist," W. H. Brock, N. D. McMillan, and R. C. Mollan, eds., *John Tyndall: Essays on a Natural Philosopher* (Dublin: Royal Dublin Society,2918), 88. 引自 John Tyndall, *Heat Considered as a Mode of Motion* (London: Longmans, Green and Company, 1863), 333。

44. Tyndall, "Bakerian Lecture," 6.

45. Tyndall, "Bakerian Lecture," 29.

46. Tyndall, "Bakerian Lecture," 28.

47. 关于丁铎尔和马格努斯，见Jackson, *Tyndall*, 166–168。

48. John Tyndall, "On the Relation of Radiant Heat to Aqueous Vapour," *Philosophical Transactions of the Royal Society of London* 153 (1863): 1–12, 第10页。

49. A. S. Eve and C. H. Creasey, *Life and Work of John Tyndall* (London: Macmillan, 1945).

50. Tyndall, *Glaciers*, 205.

51. Tyndall, *Glaciers*, 206.

52. Tyndall, *Glaciers*, 205.

第三章

1. Charles Piazzi Smyth, *Teneriffe, An Astronomer's Experiment, Or, Specialties of a Residence Above the Clouds* (London: Lovell Reeve, 1858).

2. Alexander von Humboldt and Aimé Bonpland, *Personal Narrative of Travels to the Equinoctial Regions of the New Continent During the Years 1799–1804* (London: Longman Hurst, 1814), 110.

3. Charles Darwin, *A Naturalist's Voyage: Journal of Researches into the Natural History and Geology of the Countries Visited during the Voyage of H.M.S.* Beagle *Round the World: Under the Commands of Capt. Fitz Roy, R.N.* (London: John Murray, 1889), 1.

4. 引自 Kurt Badt, *John Constable's Clouds* (London: Routledge and Kegan Paul, 1950), 55。

5. 关于皮亚齐·史密斯的传记资料，参见 Hermann Brück and Mary Brück, *The Peripatetic Astronomer: The Life of Charles Piazzi Smyth* (Bristol and Philadelphia: Adam Hilger, 1988)。关于皮亚齐·史密斯在维多利亚时代气象学的视觉和流行文化中的作用，参见 Katharine Anderson, *Predicting the Weather: Victorians and the Science of Meteorology* (Chicago: University of Chicago Press, 2005), chapter 5；以及 Katharine Anderson, "Looking at the Sky: The Visual Context of Victorian Meteorology," *British Journal for the History of Science* 36, no.3 (2003): 301–332。

6. Agnes Clerke, *A Popular History of Astronomy during the Nineteenth Century* (London: Adam & Charles Black, 1893), 152.

7. Simon Schaffer, "Astronomers Mark Time: Discipline and the Personal Equation," *Science in Context* 2, no. 1 (1988): 115–145.

8. Stephen Case, "Land-Marks of the Universe: John Herschel against the Background of Positional Astronomy," *Annals of Science* 72, no. 4 (2015): 417–434.

9. Humboldt and Bonpland, *Personal Narrative*, 110.

10. Humboldt and Bonpland, *Personal Narrative*, 182–183.

11. Alexander von Humboldt, *Cosmos: A Sketch of a Physical Description of the Universe*, trans. E. C. Otte (New York: Harper, 1858), 26.

12. Humboldt, *Cosmos*, 37.

13. Alexander von Humboldt, "Beobachtungen über das Gesetz der Wärmeabnahme in den höhern Regionen der Atmosphäre, und über die untern Gränzen des ewigen Schnees," *Annalen der Physik* 24 (1806): 1–2.

14. Michael Dettelbach, "The Face of Nature: Precise Measurement, Mapping, and Sensibility in the Work of Alexander von Humboldt," *Studies in the History and Philosophy of Science* 30, no. 4 (1999): 473–504.

15. John Cawood, "The Magnetic Crusade: Science and Politics in Early Victorian Britain," *Isis* 70, no. 4 (1979): 492–518.

16. Clerke, *Popular History*, 177.

17. Piazzi Smyth, *Teneriffe*, 77.

18. Piazzi Smyth, *Teneriffe*, 90.

19. Charles Piazzi Smyth, "The Ascent of Teneriffe," *Literary Gazette and Journal of Belles Lettres, Science, and Art*, 17 April 1858 (London: Lovell Reed): 377.

20. Piazzi Smyth, *Teneriffe*, 108–109.

21. Charles Piazzi Smyth, *Astronomical Observations Made at the Royal Observatory Edinburgh* (Edinburgh: Neill and Company, 1863), 444.

22. Piazzi Smyth, *Teneriffe*, 274.

23. Piazzi Smyth, *Teneriffe*, 320.

24. Piazzi Smyth, *Teneriffe*, 288.

25. Charles Piazzi Smyth, "On Astronomical Drawing," *Memoirs of the Royal Astronomical Society* 15 (1946): 75–76.

26. Charles Babbage, *Reflexions on the Decline of Science in England* (London: B. Fellowes, 1830), 210–211.

27. Charles Piazzi Smyth, *Our Inheritance in the Great Pyramid* (London: Alexander Strahan, 1864).

28. Brück and Brück, *Peripatetic Astronomer*, 119.

29. Brück and Brück, *Peripatetic Astronomer*, 177.

30. David Brewster and J. H. Gladstone, "On the Lines of the Solar Spectrum,"

Philosophical Transactions of the Royal Society of Edinburgh 150 (1860): 152.

31. 参见 Anderson, *Predicting*, chapter 5, 讨论了皮亚齐·史密斯的雨带分光镜。Charles Piazzi Smyth, "Spectroscopic Weather Discussions," *Nature* 26 (5 October 1882): 553.

32. F. W. Cory, "The Spectroscope as an Aid to Forecasting Weather," *Quarterly Journal of the Royal Meteorological Society* 9, no. 48 (1883): 285.

33. Piazzi Smyth, "Spectroscopic," 553.

34. Charles Piazzi Smyth, "The Spectroscope and the Weather," *Popular Science* 22 (1882): 242.

35. Piazzi Smyth, "Spectroscopic," 552.

36. Robert Multhauf, "The Introduction of Self-Registering Meteorological Instruments," *Contributions from the Museum of History and Technology: Paper 23, United States National Museum Bulletin* (Washington, DC: Smithsonian, 1961).

37. Robert H. Scott, *Instructions for the Use of Meteorological Instruments* (London: J. D. Potter, 1875), 9–10.

38. Robert Brain and M. Norton Wise, "Muscles and Engines: Indicator Diagrams and Helmholtz's Graphical Methods," in *Universalgenie Helmholtz: Rückblick nach 100 Jahren*, ed. Lorenz Krüger (Berlin: Akademie-Verlag, 1994), 124–145; Lorraine Daston and Peter Galison, "The Image of Objectivity," *Representations* 40 (1992): 81–128.

39. Lorraine Daston, "Cloud Physiognomy," *Representations* 136, no. 1 (Summer 2016): 45–71; Richard Hamblyn, *The Invention of Clouds: How an Amateur Meteorologist Forged the Language of the Skies* (London: Picador, 2001).

40. Ralph Abercromby, *Seas and Skies in Many Latitudes, Or Wanderings in Search of Weather* (London: Edward Stanford, 1888).

41. William Clement Ley, *Cloudland: A Study on the Structure and Character of Clouds* (London: Edward Stanford, 1894), vii.

42. "Manchester Photograpic Society," *British Journal of Photography* (22 December 1876): 609.

43. Brück and Brück, *Peripatetic Astronomer*, 217.

44. Charles Piazzi Smyth, *Cloud Forms That Have Been at Clova, Ripon*, 1892–1895, 3 vols., Archives of the Royal Society.

45. H. H. Hildebrandsson and Teisserenc de Bort, *International Cloud Atlas* (Paris: 1896), 15.

46. Piazzi Smyth, introductory note, *Cloud Forms*, 5, 7.

第四章

1. 关于沃克的传记资料包括 S. K. Banerji, "Sir Gilbert Walker CSI, ScD, FRS,"

Indian Journal of Meteorology and Geophysics 10, no. 1 (1959): 113–117; Geoffrey Taylor, "Gilbert Thomas Walker, 1868–1958," *Biographical Memoirs of Fellows of the Royal Society* 8 (November 1962): 166–174; J. M. Walker, "Pen Portrait of Gilbert Walker, CSI, MA ScD, FRS," *Weather* 52, no. 7 (1997): 217–220; 以及关于沃克在印度气象局的工作, D. R. Sikka, "The Role of the India Meteorological Department, 1875–1947," Uma Das Gupta, ed., *Science and Modern India: An Institutional History, c. 1784–1947*, 381–421, vol. 15, part 4, D. P. Chattopadhyaya, ed., *History of Science, Philosophy and Culture in Indian Civilization* (Delhi: Pearson-Longman)。关于沃克对南方涛动的持续研究,参见 Richard Grove and George Adamson, *El Niño in World History* (London: Palgrave Macmillan, 2018), 特别是第五章, "The Discovery of ENSO," 107–137; 以及 Mike Davis, *Late Victorian Holocausts: El Niño Famines and the Making of the Third World* (London: Verso, 2002), 特别是第三部分, "Decyphering El Niño," 211–239。

2. *The Queen's Empire: A Pictorial and Descriptive Record, Illustrated from Photographs*, vol. 2 (London: Cassell, 1897–1899), 120.

3. Frederik Nebeker, *Calculating the Weather: Meteorology in the 20th Century* (San Diego, CA: Academic Press, 1995), 197n21.

4. Nebeker, *Calculating the Weather*, 21.

5. Deborah Coen, "Climate and Circulation in Imperial Austria," *Journal of Modern History* 82, no. 4 (2010): 846.

6. Julius von Hann, *Handbook of Climatology*, trans. Robert De Courcey Ward (New York: Macmillan, 1903), 2.

7. 如今,气候科学家仍在使用这些技术,他们与汉恩的假设(将某些时期的气候视为基本稳定的,这种观点是有价值的)继续影响着我们对气候的理解。参见 Mike Hulme, Suraje Dessai, Irene Lorenzoni, and Donald Nelson, "Unstable Climates: Exploring the Statistical and Social Constructions of 'Normal' Climate," *Geoforum* 40 (2009): 187–206。

8. Hann, *Handbook*, 2.

9. 参见 Coen, "Climate," 846; Deborah Coen, *Climate in Motion: Science, Empire, and the Problem of Scale* (Chicago: University of Chicago Press, 2018), 139–143。

10. "Notes from India," *Lancet* 157, no. 4045 (15 June 1901): 1713.

11. Mike Davis, *Late Victorian Holocausts: El Niño Famines and the Making of the Third World* (London: Verso, 2002), 26.

12. Davis, *Late Victorian Holocausts*, 32.

13. Davis, *Late Victorian Holocausts*, 146.

14. Report of the Indian Famine Commission 1880, part 1 (Parliamentary Paper, c. 2591), vol. 52 (1881): 25.

15. *Times of India*, 11 June 1902.

16. Davis, *Late Victorian Holocausts*, 152–155.

17. 关于沃克的传记材料来自 Geoffrey Taylor, "Gilbert Thomas Walker, 1868–1958," *Biographical Memoirs of Fellows of the Royal Society* 8 (1962): 166–174; 以及 Walker, "Pen Portrait"。

18. 引自 Taylor, "Walker," 168。

19. 1902年2月24日阿贝致沃克的信，见 Gilbert Walker Papers, Science Museum Library Archive, MS2012/39。

20. Frank Cundall, *Reminiscences of the Colonial and Indian Exhibition* (London: William Clowes & Sons, 1886), 116.

21. Katharine Anderson, *Predicting the Weather: Victorians and the Science of Meteorology* (Chicago: University of Chicago Press, 2005), 260–261.

22. Norman Lockyer, "Sunspots and Famines," *Nineteenth Century* 2, no. 9 (1877): 583–602.

23. *Imperial Gazetteer of India*, chapter 3, "Meteorology" (London: Clarendon Press, 1909), 104.

24. Norman Lockyer, "The Meteorology of the Future," *Nature* 8 (12 December 1872): 99.

25. 引自 J. Norman Lockyer and W. W. Hunter, "Sunspots and Famine," *Nineteenth Century* (1877): 591。

26. Clerke, *Popular History*, 176. 另见 Helge Kragh, "The Rise and Fall of Cosmical Physics: Notes for a History, c. 1850–1920," https://arxiv.org/abs/1304.3890, accessed 17 December 2018。

27. Balfour Stewart and Norman Lockyer, "The Sun as a Type of the Material Universe," *Macmillan's Magazine* 18, no. 106 (August 1868): 319–327, 第327页。

28. Lockyer and Hunter, "Sunspots and Famine," 585.

29. Lockyer and Hunter, "Sunspots and Famine," 602.

30. "Friday August 19, Subsection of Astronomy and Cosmical Physics, Chairman Sir John Eliot," *Report of the Seventy-Fourth Meeting of the British Association for the Advancement of Science Held at Cambridge in August 1904* (London: John Murray, 1905), 456.

31. Report on the Administration of the Indian Meteorological Department from 1907–1908, 7.

32. Eliot, *Report*, 457.

33. Arnold Schuster, "Address to the Belfast Meeting of the British Association for the Advancement of Science," *Report of the SeventySecond Meeting of the British Association for the Advancement of Science* (London: John Murray, 1902), 519.

34. Cleveland Abbe, *Proceedings of the American Association for the Advancement of Science* 39 (1890): 77.

35. Nebeker, *Calculating the Weather*, 28.

36. Napier Shaw, *Manual of Meteorology* (Cambridge: Cambridge University Press, 1926–1931), 333.

37. Shaw, *Manual of Meteorology*, 333.

38. H. H. Hildebrandsson, "Quelques recherches sur les centres d'action de l'atmosphère," *Kungliga Svenska Vetenskapsakademiens Handlingar* 29 (1897); Teisserenc de Bort, "Etude sur les causes qui determinant la circulation de l' atmosphère";H. F. Blanford, "On the Barometric See-Saw between Russia and India in the Sun-Spot Cycle," *Nature* 25 (1880): 447– 482.

39. H. H. Hildebrandsson and Teisserenc de Bort, *Atlas International des nuages: pub conformenent aux decisions du Comite meteorologique international* (Paris: Gauthier-Villars, 1896).

40. Gilbert Walker, "World Weather," *Quarterly Journal of the Royal Meteorological Society* 54 (April 1928): 226.

41. Gilbert Walker, "Correlation in Seasonal Variation of Weather, Ⅷ: A Preliminary Study of World Weather," *Memoirs of the Indian Meteorological Department* 24 (1923): 75–131, 109.

42. Walker, "Correlation," 109.

43. Gilbert Walker, "On Periods and Symmetry Points in Pressure as Aids to Forecasting," *Quarterly Journal of the Royal Meteorological Society* 72, no. 314 (1946): 265–283.

44. Eliot, *Report*, 453.

45. Gilbert Walker, "Seasonal Foreshadowing," *Quarterly Journal of the Royal Meteorological Society* 56 (237): 359–364.

46. Charles Daubeny, *Climate: An Inquiry into the causes of its differences and into its influence on vegetable life, comprising the substance of four lectures delivered before the Natural History society, at the museum, Torquay, in February 1863* (London and Oxford: John Henry and James Parker, 1863).

47. 正如1927年至1944年气象局局长诺曼德所写："总体而言，相比于印度，沃克的全球调查最终为其他地区的天气预报提供了更多的希望。" Charles Normand, "Monsoon Seasonal Forecasting," *Quarterly Journal of the Royal Meteorological Society* 79 (October 1953): 469.

48. Gilbert Walker, "Presidential Address to the Fifth Indian Science Congress, Lahore, January 1918," *Journal and Proceedings of the Asiatic Society of Bengal, New Series Vol. XIV, 1918* (Calcutta: Asiatic Society): lxxvii.

49. Nebeker, *Calculating the Weather*, 48.

50. 摘自 R. B. Montgomery, "Report on the Work of GT Walker," *Monthly Weather Review* 39 (1940): supplement 1–22。

51. Sikka, "The Role," 397.

52. Sikka, "The Role," 401.

53. Sikka, "The Role," 415.

54. Sikka, "The Role," 401.

55. J. Bjerknes, "Atmospheric Teleconnections from the Equatorial Pacific," *Monthly Weather Review* 97 (1969): 163–172.

第五章

1. William Koelsch, "From Geo-to Physical Science: Meteorology and the American University, 1919–1945," *Historical Essays on Meteorology, 1919–1995: The Diamond Anniversary History Volume of the American Meteorological Society*, ed. James Fleming (Boston: American Meteorological Society, 1996), 541– 556.

2. 引自 Robert Marc Friedman, "Constituting the Polar Front, 1919–1920," *Isis* 73, no. 3 (September 1982): 355。

3. 参见 Roger Turner, "Teaching the Weather Cadet Generation: Aviation, Pedagogy, and Aspirations to a Universal Meteorology in America, 1920–1950," *Intimate Universality: Local and Global Themes in the History of Weather and Climate*, ed. James R. Fleming, Vladimir Jankovic, and Deborah R. Coen (Sagamore Beach, MA: Science History Publications, 2006), 141–173。

4. Joanne Malkus, "Large-Scale Interactions," *The Sea: Ideas and Observations on Progress in the Study of the Seas*, vol. 1, *Physical Oceanography*, ed. M. N. Hill (New York: Wiley Interscience, 1962), 99.

5. W.-K. Tao, J. Halverson, M. LeMone, R. Adler, M. Garstang, R. House Jr., R. Pielke Sr., and W. Woodley, "The Research of Dr Joanne Simpson: Fifty Years Investigating Hurricanes, Tropical Clouds, and Cloud Systems," *AMS Meteorological Monographs* 29, no. 15 (January 2003): 1.

6. Duncan Blanchard, "The Life and Science of Alfred H. Woodcock," *BAMS* 65, no. 5 (1984): 460.

7. 贝吉龙后来认识到了自己经验的局限性，指出："我当时几乎没见过北纬50度以南的任何天气或气候(除了1928—1929年马耳他的冬天)。"关于贝吉龙，参见 Robert Marc Friedman, *Appropriating the Weather: Vilhelm Bjerknes and the Construction of a Modern Meteorology* (Ithaca, NY: Cornell University Press, 1989); Roscoe Braham, "Formation of Rain: A Historical Perspective," in *Historical Essays on Meteorology, 1919–1995*, 181–223; 以及 Arnt Eliassen, "The Life and Science of Tor

Bergeron," *Bulletin of the American Meteorological Society* 59, no. 4 (April 1978): 387-392。

8. Herbert Riehl, "Preface," *Tropical Meteorology* (New York: McGraw-Hill, 1954).

9. Alfred Woodcock and J. Wyman, "Convective Motion in Air over the Sea," *Annals of the New York Academy of Sciences* 48 (1947): 749-776.

10. Michael Garstang and David Fitzjarrald, *Observations of Surface to Atmosphere Interactions in the Tropics* (New York: Oxford University Press, 1999), 58.

11. "Interview with Joanne Simpson," *The Bulletin Interviews*, ed. Hessam Taba (Geneva: WMO, 1988), 271.

12. 参见 Blanchard, "Woodcock," 460; 以及 "American Meteorological Society, University Corporation for Atmospheric Research, Tape Recorded Interview Project, Interview of Joanne Simpson, 6 September 1989, Interviewer Margaret LeMone"(以下简称 Simpson Oral History), 21, Papers of Joanne Simpson, 1890-2010, Schlesinger Library, Radcliffe Institute(以下简称Simpson Papers)。

13. Simpson Papers, MC 779, Simpson 1.13, Family History Overview, Childhood, 2.

14. Simpson Oral History, 21.

15. Simpson Papers, MC 779, Simpson 1.8, Notes between Simpson and lover C, 1950s.

16. J. S. Malkus, "Some Results of a Trade-Cumulus Cloud Investigation," *Journal of Meteorology* 11 (1954): 220-237.

17. Simpson Papers, MC 779, 1.4, Simpson letter re: self-hypnosis for migraines, January 1996.

18. Simpson Papers, MC 779, 1.4, Journal re: Simpson and lover "C" 1952-54, 1 of 2. Entry dated 16 October 1952.

19. Simpson Papers, MC 779, Simpson 2.10, Beginnings of a research career, 1953-1964.

20. J. S. Malkus, "Some Results," 220-237.

21. Simpson Papers, MC 779, 2.10, Summary of the Meteorological Activities of Joanne S. Malkus year 1954-55, Clippings, Beginnings of a research career.

22. 参见Blanchard, "Woodcock," 460。

23. Henry Stommel, "Entrainment of Air into a Cumulus Cloud," *Journal of Meteorology* 4 (June 1947): 91-94.

24. Deborah Coen, "Big Is a Thing of the Past: Climate Change and Methodology in the History of Ideas," *Journal of the History of Ideas* (April 2016): 305-321.

25. Victor Starr, "The Physical Basis for the General Circulation," *Compendium of Meteorology*, ed. Thomas Malone (American Meteorological Society, 1951), 541.

26. Robert Serafin, "The Evolution of Atmospheric Measurement Systems," *Histori-*

cal Essays on Meteorology, 1919–1995. 在战争期间，每天大约有80个这样的探空仪被部署在美国各地，在战争结束后，这个数字还在继续增长。

27. Carl-Gustaf Rossby, "The Scientific Basis of Modern Meteorology," *Climate and Man, Yearbook of Agriculture* (Washington, DC: U.S. Department of Agriculture, 1941), 599–655.

28. *New York Times*, 11 January 1946, 12.

29. Philip Thompson, "The Maturing of the Science," *Bulletin of the American Meteorological Society* 68, no. 6 (June 1987): 631–637.

30. "气象专家说，如果能够成功制造并运行超级计算器，能实现的或许不只是解答与天气预报科学相关的未解之谜。" *New York Times*, 11 January 1946, 12.

31. "Weather to Order," *New York Times*, 1 February 1947.

32. John von Neumann, "Can We Survive Technology?," *Fabulous Future: America in 1980* (New York: Dutton, 1956), 152.

33. Von Neumann, "Can We," 108, 152.

34. "Weather to Order."

35. "Making Weather to Order," *New York Times*, 20 July 1947.

36. "Weather to Order."

37. 参见 chapter 12, "The Unification of Meteorology," Nebeker, *Calculating the Weather*。

38. "Making Weather to Order."

39. Jule Charney, "Impact of Computers on Meteorology," *Computer Physics Communications* 3 (1972 Suppl.): 124.

40. 参见 David Atlas and Margaret LeMone, "Joanne Simpson 1923–2010," *Memorial Tributes: National Academy of Engineering* 15 (2011): 368–375; W.-K. Tao et al., "Research," 4。

41. Nebeker, *Calculating the Weather*, 124; Jacob Bjerknes, "Practical Application of H. Jeffrey's Theory of the General Circulation," *Résumé des Mémoires Réunion d'Oslo* (1948): 13–14; Victor Starr, "An Essay on the General Circulation of the Earth's Atmosphere," *Journal of Meteorology* 5 (1948): 39–43.

42. Herbert Riehl and Joanne Malkus, "On the Heat Balance in the Equatorial Trough Zone," *Geophysica* 6, no. 3–4 (1958): 534.

43. 他们提醒读者要记住，"许多数量都是基于残差计算，而不是独立测量，因此会有相当大的误差幅度"。Riehl and Malkus, "On the Heat Balance," 505.

44. Simpson Papers, MC779, Simpson 3.10, Joanne Simpson Notebooks on Research Ⅱ: Second Set April 1957-July 1959, Evolution of hot towers hypothesis, 1.

45. Malkus, "Large-Scale Intentions," 95.

46. "目前，我们至少正在迅速消除数据总量方面的缺口。" Starr, "Physical Ba-

sis," 541.

47. Malkus, "Some Results"; Joanne Starr Malkus and Claude Ronne, "On the Structure of Some Cumulonimbus Clouds Which Penetrated the High Tropical Atmosphere," *Tellus* 6 (1954): 351–366; Joanne Starr Malkus, "On the Structure of the Trade-Wind Moist Layer," *Papers in Physical Oceanography And Meteorology* 12, no. 2 (1958): 47.

48. 例如,参见 Herbert Riehl, "On the Role of the Tropics in the General Circulation," *Tellus* 2 (1951): 1–17; Herbert Riehl, *Tropical Meteorology* (New York: McGraw-Hill, 1954), chapters 3 and 12; Herbert Riehl, "General Atmospheric Circulation of the Tropics," *Science* 135 (1962): 13–22; 以及 Riehl and Malkus, "On the Heat Balance"。

49. Starr, "Physical Basis," 549.

50. 关于这项工作的早期回顾,参见 Herbert Riehl and Dave Fultz, "Jet Stream and Long Waves in a Steady Rotating-Dishpan Experiment: Structure of the Circulation," *Quarterly Journal of the Royal Meteorological Society* (April 1957): 215–231;以及 Oral History Interview with Dave Fultz, http://n2t.net/ark:/85065/d7ks6pzf。

51. H. E. Willoughby, D. P. Jorgensen, R. A. Black, and S. L. Rosenthal, "Project Stormfury: A Scientific Chronicle, 1962–1983," *Bulletin American Meteorological Society* 66, no. 5 (May 1985): 505.

52. Roger Revelle and Hans Suess, "Carbon Dioxide Exchange Between Atmosphere and Ocean and the Question of an Increase of Atmospheric CO_2 during the Past Decades," *Tellus* 9, no. 1 (February 1957): 18–27.

53. Revelle and Suess, "Carbon Dioxide," 20.

54. Richard Anthes, "Hot Towers and Hurricanes: Early Observations, Theories and Models," Wei-Kuo Tao, ed., *Cloud Systems, Hurricanes and the Tropical Rainfall Measuring Mission (TRMM): A Tribute to Joanne Simpson* (Boston: American Meteorological Society, 2003), 139.

55. Simpson Oral History, 14.

56. Simpson Papers, MC 779, Simpson 3.10, Malkus-Riehl collaboration and Notebooks, 8–10, 10.

57. Joanne Malkus and Herbert Riehl, "On the Dynamics and Energy Transformations in Steady-State Hurricanes," *Tellus* 12, no. 1 (1960): 1–20; Herbert Riehl and Joanne Malkus, "Some Aspects of Hurricane Daisy, 1958," *Tellus B* 12, no. 2 (May 1961): 181–213.

58. Simpson Papers, MC 779, Simpson 2.8, Scrapbook on clips, 1947–1973, "Head in clouds, mind on weather," *LA Times*, 1961.

59. Simpson Oral History, 11.

60. Simpson Papers, MC 779, Simpson 3.12, Narrative The Miami Years, 1967–

1974, 7; Simpson Oral History, 15.

61. Simpson Papers, MC 779, Simpson 3.12, Stormfury Cumulus Seeding Experiments— Joanne' s model tests, Narrative The Miami Years, 1967–1974.

62. Simpson Papers, MC 779, Simpson 3.12, Decade of Weather Modification Experiments, 1964–1974, 8.

63. Simpson Papers, MC 779, Simpson 3.12, Narrative The Miami Years, 1967–1974.

64. Simpson Papers, MC 779, Simpson 3.12, Stormfury Cumulus Seeding Experiments— Joanne' s model tests, Narrative The Miami Years, 1967–1974, 9.

65. "我们现在能够在一个全尺寸的大气实验室中进行真实的模拟实验,以发展和测试各种人工影响飓风的假设。"摘自 Robert Simpson and Joanne Malkus, "Experiments in Hurricane Modification," *Scientific American* 211, no. 6 (1964): 37; "Seeded Clouds 'Explode,' " *Science News-Letter* 86, no. 8 (1964): 115。

66. Simpson and Malkus, "Experiments," 35.

67. John Walsh, "Weather Modification: NAS Panel Report and New Program Approved by Congress Reveal Split on Policy," *Science* 147, no. 3655 (15 January 1965): 276; "Weather and Climate Modification: Report of the Special Commission on Weather Modification," National Science Foundation and Advisory Committee on Weather Control, Final Report I, 1957.

68. 引自 Arthur Schlesinger, *A Thousand Days: John F. Kennedy in the White House* (New York: Houghton Mifflin Harcourt, 2002), 910。

69. Simpson Papers, MC 779, Simpson 3.12, Stormfury Cumulus Seeding Experiments—Joanne' s model tests, Narrative The Miami Years, 1967–1974, 9.

70. NAS Report on Weather and Climate Modification—Problems and Prospects, NAS-NRC 1350 (Washington, DC: National Academy of Sciences–National Research Council, 1966), 6.

71. NAS Report, 8.

72. NAS Report, 9.

73. NAS Report, 10.

74. Simpson Papers, MC 779, Simpson 3.12, Stormfury Cumulus Seeding Experiments—Joanne's model tests, Narrative The Miami Years, 1967–1974, 14.

75. Simpson Papers, MC 779, Simpson 4.9, Banquet talk, 4 October 1989, Joanne Simpson, AMS President, "The Weather Modification Paradox Rises Again."

76. Simpson Papers, MC 779, Simpson 1.4, Simpson letter re: self-hypnosis for migraines, January 1996.

77. Simpson Papers, MC 779, Simpson 2.10, Clippings, "Woman Cloud Expert Has Time for Family," 2 May 1953, *Boston Evening Globe*. 另见"Scientist with Her Feet on

Cloud 9," *LA Times*, 20 December 1963。

78. "Woman Likes to Fly in Hurricane' s Eye," *Boston Globe*, 1957.

79. "当时和现在一样，没有一篇关于女性科学家工作的文章不会提到她的配偶、子女和家庭的详细情况。我不反感这样。但当媒体讨论男性科学家的工作时，却很少这样做。" Simpson Papers, MC 779, Simpson 210, Clippings "Beginning of a research career," 2.

80. Simpson Papers, MC 779, Simpson 1.14, Family history narrative, Personal memories January 1996 Re: difficult childhood, depression, referrals to photographs, 1 (unnumbered).

第六章

1. George Veronis, "Henry Stommel," *Oceanus* 35 (Special Issue, 1992): 5.

2. Henry Stommel, "The Westward Intensification of Wind - Driven Ocean Currents," *Transactions AGU* 29, no. 2 (April 1948): 202–206.

3. 1950年4月30日艾斯林致斯托梅尔的信，Woods Hole Oceanographic Institution (WHOI), Papers of Henry Stommel, MC-6, Box 2, Correspondence, 1947–1954.

4. Henry Stommel, *Autobiography*, I–8, *The Collected Works of Henry Stommel* (Boston: American Meteorological Society, 1995).

5. Stommel, *Collected*, I–9.

6. 关于斯托梅尔的传记资料，参见 Arnold Arons, "The Scientific Work of Henry Stommel," *Evolution of Physical Oceanography: Scientific Surveys in Honor of Henry Stommel*, ed. Bruce A. Warren and Carl Wunsch (Cambridge, MA: MIT Press, 1981); Carl Wunsch, "Henry Melson Stommel: September 27, 1920–January 17, 1992," *National Academy of Sciences Biographical Memoir* 72 (1997): 331–350; 以及"A Tribute to Henry Stommel," *Oceanus* 35 (Special Issue,1992)。另见 *Collected Works* 中斯托梅尔的自传。

7. Henry Stommel, "Why We Are Oceanographers," *Oceanography* 2, no. 2 (1989): 48–54.

8. Henry Charnock, "Henry Stommel," *Oceanus* 35 (Special Issue, 1992): 15–16.

9. Oliver Ashford, *Prophet or Professor: The Life and Work of Lewis Fry Richardson* (Bristol: Adam Hilger, 1985), 82–83.

10. Henry Stommel, "Response to the Award of the Ewing Medal, from AGU 1977," *Collected*, I–205.

11. L. F. Richardson, "The Supply of Energy from and to Atmospheric Eddies," *Proceedings of the Royal Society* A97 (1920): 354–73.

12. L. F. Richardson and Henry Stommel, "Note on Eddy Diffusion in the Sea," *Journal of Meteorology* 5 (1948): 238–240.

13. Margaret Deacon, *Scientists and the Sea, 1650–1900: A Study of Marine Science* (Aldershot: Ashgate, 1997), 209.

14. Eric Mills, *The Fluid Envelope of Our Planet: How the Study of Ocean Currents Became a Science* (Toronto: University of Toronto Press, 2009), chapter 2; Deacon, Scientists, chapters 14 and 15.

15. Mills, *Fluid Envelope*, 155–158.

16. K. F. Bowden, "The Direct Measurement of Sub-Surface Currents," *Deep Sea Research* 2 (1954): 3–47.

17. B. Helland-Hansen and F. Nansen, *The Norwegian Sea. Its Physical Oceanography Based upon the Norwegian Researches 1900–1904*, Report on Norwegian Fishery and Marine Investigations, vol. 2, part 1 (Bergen: Fiskeridirektoratets, 1909).

18. L. F. Richardson, *Weather Prediction by Numerical Process* (Cambridge: Cambridge University Press, 1922), 66.

19. 例如:"一旦把这个问题看作一个全球性的结构问题,其中湾流是一个极度非对称环流单元的一部分,那么问题的性质就会发生永久而深刻的改变。现在湾流是海洋环流的一部分,而不仅仅是一个地理上的奇观。" Joe Pedlosky, introduction to chapter 1 of Stommel, *Collected Works*, Ⅱ-7.

20. Philip Richardson, "WHOI and the Gulf Stream," 2004, https://www.whoi.edu/75th/book/whoi-richardson.pdf. 更多传记详情,参见 Jennifer Stone Gaines and Anne D. Halpin, "The Art, Music and Oceanography of Fritz Fuglister," http://woodsholemuseum.org/oldpages/sprtsl/v25zn1-Fuglister.pdf; "In Memoriam, Valentine Worthington," http://www.whoi.edu/mr/obit/viewArticle.do?id=851&pid=851。

21. F. C. Fuglister and L. V. Worthington, "Some Results of a Multiple Ship Survey of the Gulf Stream," *Tellus* 3 (1951): 1–14.

22. Henry Stommel, "Direct Measurement of Sub-Surface Currents," *Deep Sea Research* 2, no. 4 (1953): 284–285.

23. 关于斯沃洛,参见 Henry Charnock, "John Crossley Swallow, 11 October 1923–3 December 1994," *Biographical Memoirs of Fellows of the Royal Society* 43 (November 1997): 514–519。

24. Henry Stommel, "A Survey of Current Ocean Theory," *Deep Sea Research* 4 (1957): 149–184.

25. John Swallow, "Variable Currents in Mid-Ocean," *Oceanus* 19 (Spring 1976): 18–25.

26. J. C. Swallow and B. V. Hamon, "Some Measurements of Deep Currents in the Eastern North Atlantic," *Deep-Sea Research* 6 (1960): 155–168.

27. J. C. Swallow, "Deep Currents in the Open Ocean," *Oceanus* 7, no. 3 (1961): 2–8; J. Crease, "Velocity Measurements in the Deep Water of the Western North Atlan-

tic," *Journal of Geophysical Research* 67 (1962): 3173–3176.

28. 斯托梅尔在自传中指出，到1950年，人们已经清楚地认识到大气的动力不是线性的，与大气动力学相似的动力学的可能性“一直在我们的认知中”，但直到“白羊座”号考察才在海洋中观测到动力学涡流。参见 Stommel, *Autobiography*, I–39；以及 Carl Wunsch, "Towards the World Ocean Circulation Experiment and a Bit of Aftermath," *Physical Oceanography: Developments Since 1950*, ed. Markus Jochum and Raghu Murthugudde (Berlin: Springer, 2006), 182。

29. Henry Stommel, "Varieties of Oceanographic Experience," *Science* 139, no. 3555 (15 February 1963): 575.

30. 摘自 Memo of 11 August 1969, by Henry Stommel, Correspondence 1958, 1969–1970, in Mid-Ocean Dynamics Experiment, AC 42 Box 2, Folder 92, MIT Archives。

31. 摘自 Memo of 11 August 1969, by Stommel。

32. Stommel, *Collected Works*, I–64.

33. Henry Stommel, "Future Prospects for Physical Oceanography," *Science* 168 (26 June 1970): 1535.

34. Stommel, "Varieties," 572.

35. 关于斯托梅尔所绘制的图的更多信息，参见 Tiffany Vance and Ronald Doel, "Graphical Methods and Cold War Scientific Practice: The Stommel Diagram's Intriguing Journey from the Physical to the Biological Environmental Sciences," *Historical Studies in the Natural Sciences* 40, no. 1 (2010): 1–47. Stommel, "Varieties," 575。

36. 最终，伍兹霍尔海洋研究所、麻省理工学院、哈佛大学、耶鲁大学、美国国家海洋和大气管理局下属大西洋海洋和气象实验室、罗德岛大学、约翰斯·霍普金斯大学、哥伦比亚大学以及斯克里普斯海洋研究所的同事们也加入了他们的工作。

37. Stommel, "Future Prospects," 1536.

38. Jochum and Murthugudde, *Physical Oceanography: Developments since 1950*, 51.

39. B. J. Thompson, J. Crease, and John Gould, "The Origins, Development and Conduct of WOCE," *Ocean Circulation and Climate: Observing and Modelling the Global Ocean*, ed. Gerold Siedler, John Church, and John Gould (San Diego, CA: Academic Press, 2001), 32.

40. *The Turbulent Ocean*, Centre Films, 1974.

41. Allen Hammond, "Physical Oceanography: Big Science, New Technology," *Science* 185, no. 4147 (19 July 1976): 246–247.

42. Hammond, "Physical Oceanography."

43. Stommel, "Why We Are Oceanographers," 50.

44. Henry Stommel, "Theoretical Physical Oceanography," *Collected*, I–119.

45. Francis Bretherton, "Reminiscences of MODE," *Physical Oceanography: Developments since* 1950, 26.

46. Swallow, "Variable Currents," 24.

47. Peter Rhines, "Physics of Ocean Eddies," *Oceanus* 19, no. 3 (1976): 31.

48. Rhines, "Physics," 35.

49. *The Role of the Ocean in Predicting Climate: A Report of Workshops Conducted by the Study Panel on Ocean Atmosphere Interaction, Under the Auspices of the Ocean Science Committee of the Ocean Affairs Board, Commission on Natural Resources, National Research Council, December 1974* (National Academy of Sciences: Washington, DC, 1974), vi.

50. Stommel, *Collected*, I-217.

51. Stommel, *Collected*, I-72.

52. 关于测量二氧化碳的发展历史,参见 Maria Bohn, "Concentrating on CO_2: The Scandinavian and Arctic Measurements," *Klima Osiris* 26, no. 1 (2011): 165–179。

53. *The Role of the Ocean*, 1.

54. *The Role of the Ocean*, vi.

55. Wunsch, "Towards," 183.

56. Erik Conway, "Drowning in Data: Satellite Oceanography and Information Overload in the Earth Sciences," *Historical Studies in the Physical and Biological Sciences* 37, no. 1 (2006): 134.

57. Wunsch, "Towards," 186–187.

58. "很明显,海洋数值模型即将超越对其进行测试的任何观测能力。"见 Wunsch, "Towards," 187。

59. Geoff Holland and David Pugh, *Troubled Waters: Ocean Science and Governance* (Cambridge: Cambridge University Press, 2010), 107–108.

60. "近几十年来海洋学家主要关注的是过程研究,现在转向大尺度海洋学研究的时机已经成熟。"摘自 foreword, John Mason and R. W. Stewart, vi, World Climate Research Programme, WOCE Scientific Steering Group, Scientific Plan for the World Ocean Circulation Experiment, WCRP Publications Series No. 6, WMO/TD-No. 122, July 1986。

61. J. D. Woods, "The World Ocean Circulation Experiment," *Nature* 314, no. 11 (April 1985): 509.

62. 见 1972 年 10 月 17—20 日在新罕布什尔州达勒姆举行的研讨会的论文集, Henry Stommel, "Numerical Models of Ocean Circulation," National Academy of Sciences, Washington, DC, 1975, Stommel, *Collected*, I-202.

63. Woods, "The World," 501.

64. Walter Munk and Carl Wunsch, "Observing the Ocean in the 1990s," *Philo-*

sophical Transactions of the Royal Society A 307 (1982): 440.

65. Stommel, "Why We Are Oceanographers," 52.

66. Stommel, "Why We Are Oceanographers," 54.

67. Interview with Henry Stommel and Bill von Arx, 11 May 1989, Woods Hole Oceanographic Institution Archives.

第七章

1. 以下许多传记细节来自丹斯加德的回忆录 *Frozen Annals: Greenland Ice Cap Research* (Odder, Denmark: Narayana Press, 2004)。

2. Willi Dansgaard, "The Abundance of ^{18}O in Atmospheric Water and Water Vapour," *Tellus* 5 (1953): 461–469.

3. Willi Dansgaard, "The ^{18}O Abundance in Fresh Water," *Geochimica et Cosmochimica* 6 (1954): 259.

4. Dansgaard, *Frozen Annals*, 16.

5. Jamie Woodward, *The Ice Age: A Very Short Introduction* (Oxford: Oxford University Press, 2014), 85. 参见盖基的《大冰期》一书在1874年和1877年的后续版本，可以了解一位著名理论家从海洋冰川理论转向陆地冰川理论的依据。

6. W. B. Wright, *The Quaternary Ice Age* (London: Macmillan, 1937), 74.

7. 引自 James Fleming, *Historical Perspectives on Climate Change* (Oxford: Oxford University Press,1998), 53。有关气候思想变化的更多信息，参见 Mattias Heymann, "The Evolution of Climate Ideas and Knowledge," *WIREs Climate Change* 1, no. 1 (2010): 588。

8. 引自 John Imbrie and Katherine Palmer Imbrie, *Ice Ages: Solving the Mystery* (Cambridge, MA: Harvard University Press, 1979), 117。

9. Dansgaard, "^{18}O Abundance."

10. 关于世界气象组织的历史，以及以往国际气象学领域中进行的尝试的简要回顾，参见 Paul Edwards, "Meteorology as Infrastructural Globalism," *Osiris* 21 (2006): 229–250。

11. 关于国际原子能机构和世界气象组织的合作历史，参见 P. K. Aggarwal et al., "Global Hydrological Isotope Data and Data Networks," J. West, G. Bowen, T. Dawson, and K. Tu, eds., *Isoscapes* (Dordrecht: Springer, 2010), 33–50。

12. Willi Dansgaard, "Stable Isotopes in Precipitation," *Tellus* 16 (1964): 437.

13. Roger Launius, James Fleming, and David DeVorkin, *Globalizing Polar Science: Reconsidering the International Polar and Geophysical Years* (Basingstoke: Palgrave, 2011); Ronald Doel, Robert Marc Friedman, Julia Lajus, Sverker Sörlin, and Urban Wråkberg, "Strategic Arctic Science: National Interests in Building Natural Knowledge through the Cold War," *Journal of Historical Geography* 44 (2014): 60–80.

14. 引自 Janet Martin-Nielsen, " 'The Deepest and Most Rewarding Hole Ever Drilled' : Ice Cores in the Cold War in Greenland," *Annals of Science* 70 (2012): 56。

15. 关于"世纪营"和冰芯钻探,参见 Edmund Wright, "CRREL's First 25 Years, 1961–1968" (CRREL, 1986), 1–65; Chester Langway Jr., *The History of Early Polar Ice Cores* (U.S. Army Corps of Engineers, 2008); Martin-Nielsen, " 'The Deepest' "; Kristian Nielsen, Henry Nielsen, and Janet Martin-Nielsen, "City under the Ice: The Closed World of Camp Century in Cold War Culture," *Science as Culture* 23 (2014): 443–464。对丹斯加德的冰芯研究的最广泛的论述是 Maiken Llock, *Klima, kold krig og iskener* (Aarhus: Aarhus University Press, 2006)。有关当时对"世纪营"的描述,参见 Walter Wager, *Camp Century: City Under the Ice* (Chilton Books, 1962)。

16. 参见 James Fleming, *The Callendar Effect: The Life and Work of Guy Stewart Callendar (1898–1964)* (Boston: American Meteorological Society, Springer, 2007);以及 Ed Hawkins and Phil Jones, "On Increasing Global Temperatures: 75 Years after Callendar," *Quarterly Journal of the Royal Meteorological Society* 139, no. 677 (2013): 1961–1963。

17. 有关本段所述事件的完整叙述,参见 Spencer Weart, "The Discovery of Global Warming," https://history.aip.org/climate/;有关其每年更新的在线资源的精简版本,参见 *The Discovery of Global Warming*, 2nd ed. (Cambridge, MA: Harvard University Press, 2008)。

18. Heymann, "The Evolution."

19. Roger Revelle, "Atmospheric Carbon Dioxide," *Restoring the Quality of Our Environment: Report of the Environmental Pollution Panel, President's Science Advisory Committee* (White House, 1965), 127.

20. Paul Edwards, "History of Climate Modeling," *WIREs Climate Change* 2 (2011): 128–139.

21. Sam Randalls, "History of the 2 Degree Climate Target," *WIREs Climate Change* 1 (2010): 598–605.

22. Paul Edwards, *A Vast Machine: Computer Models, Climate Data, and the Politics of Global Warming* (Cambridge, MA: MIT Press, 2010), 287–322.

23. Mike Hulme, "Problems with Making and Governing Global Kinds of Knowledge," *Global Environmental Change* 20, no. 4 (2010): 558–564.

24. Janet Martin-Nielsen, "Ways of Knowing Climate: Hubert H. Lamb and Climate Research in the UK," *WIREs Climate Change* 6, no. 5 (2015): 465–477.

25. 有关美国气候预测的更广泛的文化历史,参见 Jamie Pietruska, *Looking Forward: Prediction and Uncertainty in Modern America* (Chicago: University of Chicago Press, 2017)。

26. 关于冰芯所揭示的内容,参见 Willi Dansgaard, S. J. Johnsen, and C. C. Lang-

way Jr., "One Thousand Centuries of Climatic Record from Camp Century on the Greenland Ice Sheet," *Science* 166, no.3909 (1969): 377–390; Richard Alley, *The Two-Mile Time Machine: Ice Cores, Abrupt Climate Change, and Our Future* (Princeton, NJ: Princeton University Press, 2000)。

27. Dansgaard, Johnsen, and Langway, "One Thousand Centuries," 377–380.

28. 有关古气候学的历史，请参阅 chapter 8, Woodward, *The Ice Ages*; H. Le Treut, R. Somerville, U. Cubasch, Y. Ding, C. Mauritzen, A. Mokssit, T. Peterson, and M. Prather, "Historical Overview of Climate Change," *Climate Change 2007: The Physical Science Basis, Contribution of Working Group I to the Fourth Assessment Report of the Intergovernmental Panel on Climate Change*, ed. S. Solomon, D. Qin, M. Manning, Z. Chen, M. Marquis, K. B. Averyt, M. Tignor, and H. L. Miller (Cambridge and New York: Cambridge University Press, 2007); Chris Caseldine, "Conceptions of Time in (Paleo) Climate Science and Some Implications," *WIREs Climate Change* 3 (2012): 329–338; R. W. Fairbridge, "History of Paleoclimatology," *Encyclopedia of Paleoclimatology and Ancient Environments*, ed. V.Gornitz (New York: Springer,2009), 414–428; Matthias Dörries, "Politics, Geological Past, and the Future of Earth," *Historical Social Research* 40, no. 2 (2015): 22–36。

29. Dansgaard, Johnsen, and Langway, "One Thousand Centuries," 380.

30. Spencer Weart, "The Rise of Interdisciplinary Climate Science," *PNAS* 110 (2013): 3658.

31. Wallace Broecker, "Absolute Dating and the Astronomical Theory of Glaciation," *Science* 151 (1966): 299–304.

32. Wallace Broecker, "The Carbon Cycle and Climate Change: Memoirs of My 60 Years in Science," *Geochemical Perspectives* 1 (2012): 276–277; Wallace Broecker, "When Climate Change Predictions Are Right for the Wrong Reasons," *Climatic Change* 142 (2017): 1–6; Wallace Broecker, *The Great Ocean Conveyor: Discovering the Trigger for Abrupt Climate Change* (Princeton, NJ: Princeton University Press, 2010), 19–25.

33. 摘自 George Kukla, R. K. Matthews, and J. M. Mitchell, "The End of the Present Interglacial," *Quaternary Research* 2, no. 3 (1972): 261–269。

34. 关于苏联气候科学家在使用类比的争论中所扮演的角色，参见 Jonathan Oldfield, "Imagining Climates Past, Present and Future: Soviet Contributions to the Science of Anthropogenic Climate Change, 1953–1991," *Journal of Historical Geography* 60 (2018): 41–51。

35. Barry Saltzman, *Dynamical Paleoclimatology: Generalized Theory of Global Climate Change* (San Diego, CA: Academic Press, 2002).

36. Alley, *Two-Mile Time Machine*, 21; J. Jouzel, "A Brief History of Ice Core Sci-

ence Over the Last 50 Years," *Climate of the Past Discussions* 9 (3 July 2013): 3711-3767.

37. Author interview, 10 April 2015.

38. 最近,一些人提出了解释丹-奥事件的其他机制,如海冰反馈或热带过程,温施还提出了一种可能性,即这些事件代表的是由于冰盖相互作用而造成的风场移动所引起的局地或区域变化,而不是全球变化。Amy Clement and Larry Peterson, "Mechanisms of Abrupt Global Change of the Last Glacial Period," *Reviews of Geophysics* 46 (2008): 1-39; Carl Wunsch, "Abrupt Climate Change: An Alternative View," *Quaternary Research* 65 (2006): 191-203.

39. *Global Change: Impacts on Habitability: A Scientific Basis for Assessment: A Report by the Executive Committee of a Workshop held at Woods Hole, Massachusetts, June 21-26, 1982*, submitted on behalf of the executive committee on 7 July 1982 by Richard Goody (Chairman), NASA and Jet Propulsion Lab. 另见 *Earth Observations from Space: History, Promise, and Reality* (Washington, DC: National Academies Press, 1995)。

40. *Global Change*, 3-4.

41. *Toward an Understanding of Global Change: Initial Priorities for US Contributions to the International Geosphere-Biosphere Program* (Washington, DC: National Academies Press, 1988), v.

42. *Earth System Science: A Closer View*, Report of the Earth System Sciences Committee, NASA Advisory Council (Washington, DC: NASA, 1988), 12.

43. 该图后来被称为布雷瑟顿图,由未来的国际地圈-生物圈计划的主席贝里恩·摩尔(Berrien Moore)绘制,根据 Sybil Seitzinger et al., "International Geosphere-Biosphere Programme and Earth System Science: Three Decades of Co-Evolution," *Anthropocene* 12 (December 2015): 3-16。引自 Moore in "Berrien Moore, Earth System Science at 20," Oral History Project, Edited Oral History Transcript, Berrien Moore Ⅲ, interviewed by Rebecca Wright, National Weather Center, Norman, OK, 4 April 2011。

44. *Earth System Science*, 19.

45. Gregory Good, "The Assembly of Geophysics: Scientific Disciplines as Frameworks of Consensus," *Studies in the History and Philosophy of Modern Physics* 31, no. 3 (2000): 259-292.

46. Sybil P. Seitzinger, Owen Gaffney, Guy Brasseur, Wendy Broadgate, Phillipe Ciais, Martin Claussen, Jan Willem Erisman, Thorsten Kiefer, Christiane Lancelot, Paul S. Monks, Karen Smyth, James Syvitski, and Mitsuo Uematsu, "International Geosphere-Biosphere Programme and Earth System Science: Three Decades of Co-Evolution," *Anthropocene* 12 (2015): 3-16.

47. *Earth System Science*, 1.

48. *Earth System Science*, 5.

49. *Earth System Science*, 15 and 10.

第八章

1. Juergen Wiechselgartner and Roger Kasperson, "Barriers in the Science-Policy-Practice Interface: Toward a Knowledge-Action-System in Global Environmental Change Research," *Global Environmental Change* 20 (May 2010): 276.

2. H. H. Lamb and M. J. Ingram, "Climate and History: Report on the International Conference on 'Climate and History,' Climatic Research Unit, University of East Anglia, Norwich, England, 8–14 July 1979," *Past & Present* 88, no. 1 (1 August 1980): 137.

3. T. M. L. Wigley, M. J. Ingram, and G. Farmer, eds., *Climate and History: Studies in Past Climates and Their Impact on Man* (Cambridge: Cambridge University Press, 1985), 4.

4. Rudwick, *Earth's Deep History*, 4.

5. Rudwick, *Earth's Deep History*, 4.

6. 这一术语和专家群体的起源可追溯到1986年创刊的《气候动力学》(*Climate Dynamics*)杂志。

7. 有关GFD的历史,参见维罗尼斯的GFD计划非正式历史,网址是http://www.whoi.edu/page.do?pid=110017。

8. 1990年,当政府间气候变化专门委员会第一份报告发表时,空间分辨率(网格大小)约为500平方千米。网格向上延伸到大气层,水平方向横贯地球。由于与地球表面积相比,大气层非常薄,因此竖直方向网格划分得更细——通常以1千米为单位。到1996年,水平空间分辨率减半至250平方千米。到2001年,减小到180平方千米,2007年为110平方千米。

9. https://eo.ucar.edu/staff/rrussell/climate/modeling/climate-model-resolution.html.

10. Nadir Jeevanjee, "A Perspective on Climate Model Hierarchies," *Journal of Advances in Modeling Earth Systems* 9, no. 4 (August 2017): 1760.

11. 例如,参见David Ferreira, John Marshall, Paul O'Gorman, and Sara Seager, "Climate at High-Obliquity," *Icarus* 243 (2014): 236–248。

12. Nadir Jeevanjee, Pedram Hassanzadeh, Spencer Hill, and Aditi Sheshadri, "A Perspective on Climate Model Hierarchies," *Journal of Advances in Modeling Earth Systems* 9, no. 4 (2017): 1760–1771.

13. Caitlin De Silvey, Simon Naylor, and Colin Sackett, eds., *Anticipatory History* (Axminster, Devon: Uniform Books, 2011).

14. 这个方法的一个例子是Alessandro Antonello and Mark Carey, "Ice Cores and the Temporalities of the Global Environment," *Environmental Humanities* 9, no. 2 (2017): 181–203。

15. 参见 Mike Hulme, Suraje Dessai, Irene Lorenzoni, and Donald Nelson, "Unstable Climates: Exploring the Statistical and Social Constructions of 'Normal' Climate," *Geoforum* 40 (2009): 197–206。

16. 例如，参见 Gisli Palsson, Bronislaw Szerszynski, Sverker Sörlin, John Marks, Bernard Avril, Carole Crumley, Heide Hackmann, Poul Holm, John Ingram, Alan Kirman, Mercedes Pardo Buendía, and Rifka Weehuizen, "Reconceptualizing the 'Anthropos' in the Anthropocene: Integrating the Social Sciences and Humanities in Global Environmental Change Research," *Environmental Science & Policy* 28 (2013): 3–13。

参考文献

第一章

关于地球的整体形象的经典研究有 Tim Ingold, "Globes and Spheres: The Topology of Environmentalism," K. Milton, ed., *Environmentalism: The View from Anthropology* (London: Routledge, 1993), 31–42; Dennis Cosgrove, "Contested Global Visions: One-World, Whole-Earth, and the Apollo Space Photographs," *Annals of the Association of American Geographers* 84 (1994): 270–294。关于全球认知性质的近期研究包括 Mike Hulme, "Problems with Making and Governing Global Kinds of Knowledge," *Global Environmental* Change 20, no. 4 (2010): 558–564; 特刊 "Visualizing the Global Environmental: New Research Directions," *Geo* 3, no. 2 (2016); Ursula Heise, *Sense of Place and Sense of Planet: The Environmental Imagination of the Global* (Oxford: Oxford University Press, 2008); Sebastian Grevsmühl, *La Terre vue d'en haut: l'invention de l'environnement global* (Paris: Editions de Seuil, 2014)。

第二章

在丁铎尔的众多著作中,*Glaciers of the Alps* (London: Murray,1860),*Heat Considered as a Mode of Motion* (London: Longmans, 1863),以及 *The Forms of Water in Clouds and Rivers, Ice and Glaciers* (London: King, 1872)与本章的主题最为相关。得益于罗兰·杰克逊(Roland Jackson)最近出版的传记 *The Ascent of John Tyndall* (Oxford: Oxford University Press, 2018)以及丁铎尔的通信项目(该项目已经出版了计划的19卷系列中的4卷,由匹兹堡大学出版社出版),我们现在可以比以往任何时候都更深入了解丁铎尔的私人世界。要想了解丁铎尔的社会背景和文化背景,参见 Gowan Dawson and Bernard Lightman, eds., *Victorian Scientific Naturalism* (Chicago: University of Chicago Press, 2014); Bernard Lightman and Michael Reidy, eds., *The Age of Scientific Naturalism: Tyndall and His Contemporaries* (London: Routledge, 2014)。关于登山、英雄主义和科学之间关系的经典文章是 Bruce Hevly, "The Heroic Science of Glacier Motion," *Osiris* 11 (1996): 66–86。近期有关男性气质和登山运动的讨论,参见 Michael Reidy, "Mountaineering, Masculinity, and the Male Body in Mid-Victorian Britain," Robert Nye and Erika Milam, eds., "Scientific Masculinities," *Osiris* 30 (November 2015): 158–181。

克罗尔仍在等待他的传记记者。他在 James Campbell Irons, *Autobiographical Sketch of James Croll, with Memoir of His Life and Work* (London: Edward Stanford,

1896)中讲述了自己的故事。关于这一时期的地质学发展,参见 Mott Greene, *Geology in the Nineteenth Century: Changing Views of a Changing World* (Cornell, NY: Cornell University Press, 1982),鲁德威克关于这个话题的大量学术研究的整合,即 *Earth's Deep History: How It Was Discovered and Why It Matters* (Chicago: University of Chicago Press, 2014)。关于冰期这一观点的卓越的历史研究,参见 John Imbrie and Katherine Palmer Imbrie, *Ice Ages: Solving the Mystery* (Cambridge, MA: Harvard University Press, 1979), Jamie Woodward, *The Ice Age: A Very Short Introduction* (Oxford: Oxford University Press, 2014)。

第三章

在 *Teneriffe, An Astronomer's Experiment: Or, Specialities of a Residence above the Clouds* (London: Lovell Reeve, 1858)一书中,皮亚齐·史密斯兴致勃勃地讲述了他试图证明山顶天文学的可行性。要了解他对金字塔的痴迷,还可参阅他和杰茜访问埃及之前撰写的 *Our Inheritance in the Great Pyramid* (London: Alexander Strahan, 1864),以及他们回国后撰写的三卷本 *Life and Work at the Great Pyramid* (Edinburgh: Edmonston and Douglas, 1867)。H. A. 布吕克(H. A. Brück)和 M. T. 布吕克(M. T. Brück)所写的传记 *The Peripatetic Astronomer: The Life of Charles Piazzi Smyth* (Bristol and Philadelphia: Adam Hilger, 1988)很好地描述了他的一生,但遗憾的是它缺少脚注。凯瑟琳·安德森(Katharine Anderson)在她的 *Predicting the Weather: Victorians and the Science of Meteorology* (Chicago: University of Chicago Press, 2005)一书中深入分析了皮亚齐·史密斯的雨带光谱学和云摄影,将其视为维多利亚时代气象学视觉文化的一部分。拉里·沙夫(Larry Schaff)在《摄影史》(*History of Photography*)上发表了一系列文章,将皮亚齐·史密斯在大金字塔和特内里费岛的工作放在摄影技术和美学发展的背景下进行研究:"Charles Piazzi Smyth' s 1865 Conquest of the Great Pyramid," vol. 3, no. 4(1979): 331–354; "Piazzi Smyth at Tenerife: Part I, the Expedition and the Resulting Book," vol.4, no.4 (1980):289–307; "Piazzi Smyth at Tenerife: Part Ⅱ, Photography and the Disciplines of Constable and Harding," vol.5, no.1 (1981): 27–50。关于皮亚齐·史密斯在制定度量衡标准方面的作用,参见 Simon Schaffer, "Metrology, Metrication and Victorian Values," *Victorian Science in Context* (Chicago: University of Chicago Press, 1997), 438–474。Klaus Hentschel, *Mapping the Spectrum: Techniques of Visual Representation in Research and Teaching* (Oxford: Oxford University Press, 2002)一书中探讨了在呈现光谱序列时所面临的一系列惊人的认识论和实践方面的挑战。关于"磁场征服运动"的经典文章是 John Cawood, "The Magnetic Crusade: Science and Politics in Early Victorian Britain," *Isis* 70, no.4 (1979): 492–518。从1896年开始的《国际云图集》的一系列版本展示了对云类型的识别和排序的技术演变。

关于亚历山大·冯·洪堡,参阅安德烈·伍尔夫(Andrea Wulf)最近的传记 *The*

Invention of Nature: The Adventures of Alexander von Humboldt, Lost Hero of Science（New York: Knopf, 2015），并查阅主要文献：Alexander von Humboldt, *Personal Narrative of Travels to the Equinoctial Regions of the New Continent During the Years 1799–1804 by A. von Humboldt and A. Bonpland*（London: Longman Hurst, 1814）; Alexander von Humboldt, *Cosmos: A Sketch of a Physical Description of the Universe*, trans. E. C. Otte（New York: Harper, 1858）。

第四章

人类与环境的关系是不断变化的，理查德·格罗夫（Richard Grove）的开创性著作 *Green Imperialism: Colonial Expansion, Tropical Island Edens and the Origins of Environmentalism*（Cambridge: Cambridge University Press, 1995）讲述了对这种变化的理解与帝国项目之间的关系。当时的教育体系塑造了年轻时的沃克，要了解这种教育体系，参见 Andrew Warwick, *Masters of Theory: Cambridge and the Rise of Mathematical Physics*（Oxford: Oxford University Press, 2003），该书描述了19世纪剑桥大学的一名数学荣誉毕业生所经受的智力和体力的双重考验。Mike Davis, *Late Victorian Holocausts: El Niño Famines and the Making of the Third World*（London: Verso, 2002）一书追踪了印度历次饥荒的帝国原因。在 *El Niño and World History*（London: Palgrave Macmillan, 2018）一书中，格罗夫和亚当森探讨了从史前至今的厄尔尼诺现象。

关于太阳黑子和太阳物理学的历史，参见 Graeme Gooday, "Sunspots, Weather and the Unseen Universe: Balfour Stewart's Anti-Materialist Representation of Energy," *Science Serialized: Representation of the Sciences in Nineteenth Century Periodicals*, ed. Sally Shuttleworth and Geoffrey Cantor（Cambridge, MA: MIT Press, 2004）。Deborah Coen, *Climate in Motion: Science, Empire and the Problem of Scale*（Chicago: University of Chicago Press, 2018）概述了哈布斯堡君主制在引领多尺度气候科学方面所起的作用。

第五章

Robert Marc Friedman, *Appropriating the Weather: Wilhelm Bjerknes and the Construction of a Modern Meteorology*（Ithaca, NY: Cornell University Press, 1989）讲述了卑尔根气象学流派的历史，该流派在第一次世界大战期间及其后几年中将经验预报与动力物理学相结合，形成了一种新的气象学。Frederik Nebeker, *Calculating the Weather: Meteorology in the 20th Century*（San Diego, CA: Academic Press, 1995）从更广泛的角度描述了气象学在整个世纪的发展，包括计算机对其的影响和数值气象学在第二次世界大战后的兴起。Kristine Harper, *Weather by the Numbers: The Genesis of Modern Meteorology*（Cambridge, MA: MIT Press, 2008）描述了类似的历史时期，并深入探讨了业务气象学家对数值天气预报发展的贡献。Paul Edwards, *A*

Vast Machine: Computer Models, Climate Data and the Politics of Global Warming (Cambridge, MA: MIT Press, 2010)对气候科学产生过程中数据、模型和政治之间的关系进行了精湛分析,并描述了乔安妮·辛普森在工作中使用的模型和数据的框架。关于天气控制,参见 Kristine Harper, *Make It Rain: State Control of the Atmosphere in Twentieth-Century America* (Chicago: University of Chicago Press, 2017)。Jacob Darwin Hamblin, *Arming Mother Nature: The Birth of Catastrophic Environmentalism* (Oxford: Oxford University Press, 2013) 讨论了天气控制的军事用途, James Fleming, *Fixing the Sky: The Checkered History of Weather and Climate Control* (New York: Columbia University Press, 2012) 则向当代地球工程师发出控制天气的风险警告。

第六章

有关海洋学早期的历史概述,见 Margaret Deacon, *Scientists and the Sea, 1650–1900: A Study of Marine Science* (Aldershot: Ashgate, 1997)。Helen Rozwadowski, *Fathoming the Ocean: The Discovery and Exploration of the Deep Sea* (Cambridge, MA: Harvard University Press, 2005)从19世纪中叶继续描述这段历史,并将其置于更广泛的文化背景中。Eric Mills, *The Fluid Envelope of Our Planet: How the Study of Ocean Currents Became a Science* (Toronto: University of Toronto Press, 2009)描述了海洋学从描述性科学向物理科学转变的历史,以斯托梅尔进入海洋学领域的那一刻为结束。斯托梅尔生动的自传回忆录收录在一书难求的 Henry Stommel, Nelson Hogg, and Rui Xin Huang, *Collected Works of Henry M. Stommel*, 3 vols (Boston: American Meteorological Society, 1995)中,该书包含了他所有已发表和大部分未发表的工作。更容易买到的是"Henry Stommel," *Oceanus* 35 (Special Issue, 1992),其中包含了斯托梅尔众多的往事回忆。关于斯托梅尔在海洋学之外的影响,参阅 Tiffany Vance and Ronald Doel, "Graphical Methods and Cold War Scientific Practice: The Stommel Diagram's Intriguing Journey from the Physical to the Biological Environmental Sciences," *Historical Studies in the Natural Sciences 40*, no. 1 (2010): 1–47。*Ocean Circulation and Climate: Observing and Modelling the Global Ocean*, ed. Gerold Siedler, John Church, and John Gould (San Diego, CA: Academic Press, 2001)记录了2001年该领域的全面概况,包括对中海动力学实验的回顾评价。Carl Wunsch, *Modern Observational Physical Oceanography: Understanding the Global Ocean* (Princeton, NJ: Princeton University Press, 2015)展现了观测如何成为当今物理海洋学的核心,并介绍了物理海洋学的发展历史。

第七章

丹斯加德的回忆录 *Frozen Annals: Greenland Ice Cap Research* (Odder, Denmark: Narayana Press, 2004)生动有趣地描绘了早期格陵兰岛冰芯钻探考察的智慧和实践经验。参见 Ronald Doel, Kristine Harper, and Matthias Heymann, eds., *Exploring*

Greenland: Cold War Science and Technology on Ice (New York: Palgrave Macmillan, 2016)以及 Janet Martin-Nielsen, *Eismitte in the Scientific Imagination: Knowledge and Politics at the Center of Greenland* (New York: Palgrave Macmillan, 2013),这两本书很好地介绍了格陵兰岛在冷战时期的战略重要性、地球物理学在这一时期军事防御工作中的重要性,以及丹麦这个小国在通常由美苏主导的故事中所扮演的角色。Richard Alley, *The Two-Mile Time Machine: Ice Cores, Abrupt Climate Change, and Our Future* (Princeton, NJ: Princeton University Press, 2000)描述了20世纪90年代开始在格陵兰岛进行的冰芯研究,大致从丹斯加德叙述结束的地方开始。Wallace Broecker, *The Great Ocean Conveyor: Discovering the Trigger for Abrupt Climate Change* (Princeton, NJ: Princeton University Press, 2010)第一个描述了古气候数据(包括冰芯)在理解全球气候变化中所起的作用。关于全球变暖发现的权威描述依然是Spencer Weart, *The Discovery of Global Warming* (Cambridge, MA: Harvard University Press, 2008, 2nd ed.)。关于从气候学向气候科学过渡的有价值总结,参见Matthias Heymann and Dania Achermann, "From Climatology to Climate Science in the Twentieth Century," S. White, C. Pfister, and F. Mauelshagen, eds., *The Palgrave Handbook of Climate History* (London: Palgrave Macmillan, 2018), 605–632。Joshua Howe, *Behind the Curve: Science and the Politics of Global Warming* (Seattle: University of Washington Press, 2014) 是一部在政治上细致入微的历史。*Earth System Science: A Closer View* (Washington, DC: NASA, 1988)是了解该学科诞生的一扇迷人的窗口。

第八章

关于地质学家如何为自然界建立历史的维度,令人信服的论证可参阅鲁德威克的三部曲著作:*Bursting the Limits of Time: The Reconstruction of Geohistory in the Age of Revolution* (Chicago: University of Chicago Press, 2005); *Worlds Before Adam: The Reconstruction of Geohistory in the Age of Reform* (Chicago: University of Chicago Press, 2008);以及 *Earth's Deep History: How It Was Discovered and Why It Matters* (Chicago: University of Chicago Press, 2014)。关于历史与气候之间的关系,有一部分理论干预,虽少,但在不断增加。例如,参见Dipesh Chakrabarty, "The Climate of History: Four Theses," *Critical Inquiry* 35, no. 2 (2009): 197–222; Fabien Locher and Jean-Baptiste Fressoz, "Modernity's Frail Climate: A Climate History of Environmental Reflexivity," *Critical Inquiry* 38, no. 3 (2012): 579–598;以及 Andreas Malm, "Who Lit This Fire? Approaching the History of the Fossil Economy," *Critical Historical Studies* 3, no. 2 (2016): 215–248。自 Paul Crutzen and Eugene Stoermer, "The 'Anthropocene,'" *IGBP Newsletter* 41 (2000): 17–18中首次提出"人类世"这一术语以来,该概念已经引发了关于人为气候变化的历史性质的辩论。关于近期这一概念的批判性历史,参见Christophe Bonneuil and Jean-Baptiste Fressoz, *The Shock of the Anthropocene: The Earth, History and Us*, trans. David Fernbach (London: Verso, 2016)。

部分图片来源

图3.1、图3.2、图3.4、图3.6、图3.8、图3.9、图3.11：爱丁堡皇家天文台。

图3.12、图3.13：英国皇家学会。

图5.3、图5.4、图5.5、图5.6：哈佛大学拉德克利夫学院施莱辛格图书馆。

图7.2、图7.3：William Bourke Wright, *The Quaternary Ice Age*（London: Macmillan, 1937）。

图书在版编目(CIP)数据

世界之水：跟随气候科学家认识冰川、云雾与洋流 / (英)莎拉·德里著；袁元译. -- 上海：上海科技教育出版社, 2024. 8. --(哲人石丛书). -- ISBN 978-7-5428-8155-7

Ⅰ. P467-49

中国国家版本馆CIP数据核字第2024RN5840号

责任编辑 林赵璘　匡志强
装帧设计 李梦雪

SHIJIE ZHI SHUI
世界之水——跟随气候科学家认识冰川、云雾与洋流
[英]莎拉·德里　著
袁　元　译

出版发行 上海科技教育出版社有限公司
（上海市闵行区号景路159弄A座8楼　邮政编码201101）
网　　址 www.sste.com　www.ewen.co
经　　销 各地新华书店
印　　刷 上海商务联西印刷有限公司
开　　本 720×1000　1/16
印　　张 19.5
版　　次 2024年8月第1版
印　　次 2024年8月第1次印刷
书　　号 ISBN 978-7-5428-8155-7/N·1224
图　　字 09-2023-0073号
定　　价 78.00元

WATERS OF THE WORLD:
THE STORY OF THE SCIENTISTS WHO UNRAVELLED THE MYSTERIES OF OUR SEAS, GLACIERS, AND ATMOSPHERE – AND MADE THE PLANET WHOLE

by

SARAH DRY

This edition arranged with The Curious Minds Agency GmbH & Louisa Pritchard Associates
through BIG APPLE AGENCY, INC., LABUAN, MALAYSIA.